零点起飞电脑培训学校

中文版 Photoshop CS4图像处理培训教程

导向工作室 编著

人民邮电出版社
北京

图书在版编目（CIP）数据

中文版Photoshop CS4图像处理培训教程 / 导向工作室编著. -- 北京 : 人民邮电出版社, 2010.3
（零点起飞电脑培训学校）
ISBN 978-7-115-22098-1

Ⅰ. ①中… Ⅱ. ①导… Ⅲ. ①图形软件, Photoshop CS4－技术培训－教材 Ⅳ. ①TP391.41

中国版本图书馆CIP数据核字(2010)第007521号

内 容 提 要

本书主要讲解图像处理的基本概念、Photoshop CS4 的基础操作、编辑图像的基本操作、图像的绘制与修饰、图像选区的创建与获取、图像颜色的调整、路径及形状的绘制、图像中输入与编辑文字、图层的具体操作和图层样式的应用、滤镜特效应用等方面的知识。

本书内容翔实，结构清晰，图文并茂，基本每一课均以课前导读、课堂讲解、上机实战、常见疑难解析以及课后练习的结构进行讲述。大量的案例或练习，可以引领读者快速有效地掌握实用技能。

本书适合作为各类大中专院校及社会培训学校 Photoshop 相关专业的教材，也可供从事平面设计、广告设计、图像处理等工作的人员学习和参考。

零点起飞电脑培训学校

中文版 Photoshop CS4 图像处理培训教程

◆ 编　　著　导向工作室
　责任编辑　李　莎
◆ 人民邮电出版社出版发行　　北京市崇文区夕照寺街 14 号
　邮编　100061　　电子函件　315@ptpress.com.cn
　网址　http://www.ptpress.com.cn
　北京鑫正大印刷有限公司印刷
◆ 开本：787×1092　1/16
　印张：16.75
　字数：481 千字　　2010 年 3 月第 1 版
　印数：1－10 000 册　　2010 年 3 月北京第 1 次印刷

ISBN 978-7-115-22098-1

定价：28.00 元

读者服务热线：(010)67132692　印装质量热线：(010)67129223
反盗版热线：(010)67171154

前　言

自2002年推出以来，“零点起飞电脑培训学校”丛书在8年时间里先后被上千所各类学校选为教材。随着电脑软硬件的快速升级，以及电脑教学方式的不断发展，原来图书的软件版本、硬件型号，以及教学内容、教学结构等很多方面已不太适应目前的教学和学习需要。鉴于此，我们认真总结教材编写经验，用了3~4年的时间深入调研各地、各类学校的教材需求，组织优秀的、具有丰富的教学经验和实践经验的作者团队对该丛书进行了升级改版，以帮助各类学校或培训班快速培养优秀的技能型人才。

本着“学用结合”的原则，我们在教学方法、教学内容以及教学资源上都做出了自己的特色。

教学方法

精心设计5段教学法，全方位帮助学生学习基础知识、提升专业技能。

本书采用“课前导读→课堂讲解→上机实战→常见疑难解析→课后练习”的5段教学法，激发学生的学习兴趣，细致而巧妙地讲解理论知识，重点训练动手能力，有针对性地解答常见问题，并通过课后练习帮助学生强化巩固所学的知识和技能。

◎ 课前导读：以情景对话的方式引入本课主题，介绍本课相关知识点会应用于哪些实际情况，及其与前后知识点之间的联系，以帮助学生了解本课知识点在Photoshop图像处理当中的作用，及学习这些知识点的必要性和重要性。

◎ 课堂讲解：深入浅出地讲解理论知识，着重实际训练，理论内容的设计以“必需、够用”为度，强调“应用”，配合经典实例介绍如何在实际工作当中灵活应用这些知识点。

◎ 上机实战：紧密结合课堂讲解的内容给出操作要求，并提供适当的操作思路以及专业背景知识供学生参考，要求学生独立完成操作，以充分训练学生的动手能力，并提高其独立完成任务的能力。

◎ 常见疑难解析：我们根据十多年的教学经验，精选出学生在知识学习和实际操作中经常会遇到的问题并进行答疑解惑，以帮助学生彻底吃透理论知识和完全掌握其应用方法。

◎ 课后练习：结合每课内容给出大量难度适中的上机操作题，学生可通过练习，强化巩固每课所学知识，从而能温故而知新。

教学内容

由浅入深地设计教学内容，引导学生小步子前进。

本书的教学目标是循序渐进地帮助学生掌握Photoshop CS4的应用，能够对图像做基本变换操作、合成图像、调整图像颜色、在图像中应用特殊效果。为此，本书主要讲述了Photoshop CS4中图像变换的基本操作、图像颜色的调整、文字的输入与编辑、路径的创建、“图层”面板及图层样式的应用、滤镜的具体使用方法等。全书共16课，可分为8部分，各部分具体内容如下。

◎ 第1部分（第1~3课）：主要讲解Photoshop CS4的基本操作方法，其中包括工作界面的介绍、图像文件的各种调整方法，以及颜色的填充方法。

◎ 第2部分（第4~6课）：主要讲解选区的创建与调整、图像的绘制与修饰，以及图像颜色的调整。

◎ 第3部分（第7~8课）：主要讲解在图像中输入文字并编辑所输入文字的方法，以及路径的运用方法，包括钢笔工具、“路径”面板与形状工具等的操作方法。

◎ 第 4 部分（第 9～10 课）：主要讲解图层的具体使用方法，包括各种图层的创建方式，“图层”面板中各按钮的含义，图层的调整，图层混合模式和图层样式的编辑与运用。

◎ 第 5 部分（第 11 课）：主要讲解通道和蒙版的使用方法，通道的创建和编辑，以及快速蒙版与图层蒙版的使用方法。

◎ 第 6 部分（第 12～13 课）：主要讲解滤镜中所有命令对话框的设置及操作方法。

◎ 第 7 部分（第 14 课）：主要讲解“动作”面板与批处理图像的操作方法。

◎ 第 8 部分（第 15～16 课）：主要讲解图像的后期印刷输出方法，还介绍了相关的平面设计专业知识，并通过综合实例帮助学生灵活运用所学知识。

教学资源

提供立体化教学资源，使教师得以方便地获取各种教学资料，丰富教学手段。

本书提供的配套教学资源不仅有书中的素材、源文件，而且提供了多媒体课件、演示动画，此外还有模拟试题和供学生做拓展练习使用的素材等。

◎ 书中的实例素材与效果文件：书中涉及的所有案例的素材、源文件，以及最终效果文件，方便教学使用。

◎ 多媒体课件：精心制作的 PowerPoint 格式的多媒体课件，方便教师教学。

◎ 演示动画：提供本书“上机实战”部分的详细的操作演示动画，供教师教学或学生反复观看。

◎ 模拟试题：汇集大量 Photoshop 图像处理的相关练习及模拟试题，包括选择、填空、判断、上机操作等题型，并为本书专门提供两套模拟试题，既方便教师的教学活动，也可供学生自测使用。

◎ 可用于拓展训练的各种素材：与本书内容紧密相关的可用作拓展练习的大量图片、文档或模板等。

特别提醒：以上配套教学资源请访问人民邮电出版社教学服务与资源网（http://www.ptpedu.com.cn）搜索下载，或者发电子邮件至 lisha@ptpress.com.cn 索取。

本书由导向工作室组织编写，参与资料收集、编写、校对及排版的人员有李秋菊、陆红佳、肖庆、黄晓宇、赵莉、熊春、马鑫、蔡飓、侯莉娜、李洁羽、蒲乐、耿跃鹰、卢妍、王德超、黄刚、刘斌、潘锐言、周秀、付子德、向导、冯明茏、杨丽等，在此一并致谢！虽然编者在编写本书的过程中倾注了大量心血，精益求精，但恐百密之中仍有疏漏，恳请广大读者及专家不吝赐教。

编者

2010 年 1 月

目　录

第 1 课 Photoshop CS4 快速入门

学生：老师，我想处理我的照片，调整一下图像的颜色，或者将人物放到另一个风景照片中，可以吗？

老师：当然可以。处理图像最好用的软件之一是 Photoshop，它是一个专业的图像处理软件，功能非常强大，能调整图像色调、合成图像，制作特殊图像效果。

学生：真的吗？Photoshop 拥有如此神奇的功能？

老师：是的！只要掌握了它的使用方法，我们就可以随心所欲地对图像进行各种处理。它也是广告设计师十分宠爱的一个软件，世界各地的设计师能通过它制作出各种富有创意的广告画面。

学生：看来 Photoshop 真的很重要。老师，那我们就赶快学习吧！

老师：好的，那我们就先来学习一些入门知识！

学习目标

- 了解 Photoshop 的应用领域
- 熟悉 Photoshop 的启动和退出
- 掌握 Photoshop 的工作界面
- 熟悉工作界面中的各项设置
- 了解图像处理的基本概念

1.1 课堂讲解

本课主要讲述 Photoshop 的应用领域、启动与退出软件、Photoshop CS4 的工作界面与图像基本概念等知识。通过相关知识点的学习和案例的制作，读者可初步掌握这些常用的基本概念，有利于后面章节的学习。

1.1.1 Photoshop 的应用领域

Photoshop 具有创新的个性化的工作界面、多种工具以及控制面板，使用户能够迅速地掌握并运用 Photoshop 进行平面设计，制作出独具特色的图像效果。

从功能上看，Photoshop 可分为图像编辑、图像合成、调整色调及特效制作等部分。图像编辑是图像处理的基础，可以对图像做各种变换，如放大、缩小、旋转、倾斜、镜像、透视等，也可进行复制、去除斑点、修补、修饰图像的残损等操作。这在对人物图像的处理中有非常大的用处，使得人们可以通过 Photoshop 去除人像上不满意的部分，进行美化加工，得到满意的效果，如 图 1-1 所示。

图 1–1 照片处理前后效果

图像合成是将几幅图像通过图层操作、工具应用组合成一幅完整的画面，并且传达明确的意义。Photoshop 提供的绘图工具能够让多幅图像按照创意很好地融合，使图像合成得天衣无缝，如图 1-2 和图 1-3 所示。

图 1–2 合成图像 1

图 1–3 合成图像 2

调整图像颜色是 Photoshop 的一大特色。通过各种调整颜色命令可方便快捷地对图像的颜色进行明暗、色调的调整和校正，也可在不同颜色之间进行切换以满足图像在不同领域（如网页设计、印刷、多媒体）的应用，如图 1-4 所示。

特效制作在 Photoshop 中主要是综合应用滤镜、通道及工具完成的，包括图像的特效创意和特效字的制作，如油画、水墨画、素描等常用的传统美术效果都可通过 Photoshop 特效制作完成，如图 1-5 所示。而各种特效字的制作更是很多美术设计师热衷于 Photoshop 研究的原因，如图 1-6 所示。

图 1-4　调整颜色前后效果

图 1-5　油画效果

图 1-6　特效字

1.1.2　Photoshop CS4 的启动与退出

在学习使用 Photoshop CS4 之前，必须学会软件的启动与退出。下面介绍启动和退出 Photoshop CS4 的方法。

1. 启动 Photoshop CS4

使用 Photoshop CS4 进行图像处理，必须先启动。启动 Photoshop CS4 主要有如下几种方法。

◎　双击桌面上的 Photoshop CS4 快捷方式图标 Ps。

◎　选择【开始】→【所有程序】→【Adobe Photoshop CS4】命令。

◎　双击“我的电脑”中已经存盘的任意一个后缀名为“.psd”的文件。

2. 退出 Photoshop CS4

退出 Photoshop CS4 主要有如下两种方法。

◎　单击 Photoshop CS4 工作界面标题栏右侧的“关闭” ✕ 按钮。

◎　选择【文件】→【退出】命令。

1.1.3　Photoshop CS4 的工作界面

打开 Photoshop CS4 后，其工作界面如图 1-7 所示，主要由标题栏、菜单栏、工具属性栏、浮动面板、工具箱、图像窗口和状态栏等部分组成。下面先来了解一下各组成部分。

图 1–7　工作界面

1. 菜单栏

在 Photoshop CS4 中，菜单栏用于完成图像处理中的各种操作和设置，共有 9 个菜单项。

◎ 文件：在其中可进行文件的操作，如文件的打开、保存等。
◎ 编辑：其中包含一些编辑命令，如剪切、复制、粘贴、撤消操作等。
◎ 图像：主要用于对图像进行操作，如处理文件和画布的尺寸、分析和修正图像的色彩、转换图像的模式等。
◎ 图层：在其中可执行图层的创建、删除等操作。
◎ 选择：主要用于选取图像区域，且对其进行编辑。
◎ 滤镜：包含了众多的滤镜命令，可对图像或图像的某个部分进行模糊、渲染、扭曲等特殊效果的制作。
◎ 视图：主要用于对 Photoshop CS4 的编辑屏幕进行设置，如改变文档视图的大小、缩小或放大图像的显示比例、显示或隐藏标尺和网格等。
◎ 窗口：用于对 Photoshop CS4 工作界面的各个面板进行显示和隐藏。
◎ 帮助：通过该菜单项可快速访问 Photoshop CS4 帮助手册，其中包括几乎所有 Photoshop CS4 的功能、工具及命令等信息，还可以访问 Adobe 公司的站点，查看注册软件、插件信息等。

选择任意一个菜单，展开对应的子菜单命令。当这些命令呈灰色时，则表示未被激活，当前不能使用。命令后面的按键组合，表示在键盘中按该键即可执行相应的命令。“选择”菜单中包含的命令如图 1-8 所示。

2. 标题栏

标题栏左侧显示了 Photoshop CS4 的程序图标 和图像文件名称，右侧的 3 个按钮分别用于对图像窗口进行最小化 、最大化/还原 和关闭 操作。

3. 工具箱

默认状态下，Photoshop CS4 工具箱位于窗口左侧。在 Photoshop CS4 中工具箱可以由双列方式变为单列方式，单列方式的工具箱可以有效地节约工具界面的空间。通过单击工具箱上方的 区域即可将工具箱变为单列方式，如图 1-9 所示。图 1-10 列出了工具箱中各工具及子工具的名称和位置，便于初学者认识和掌握。

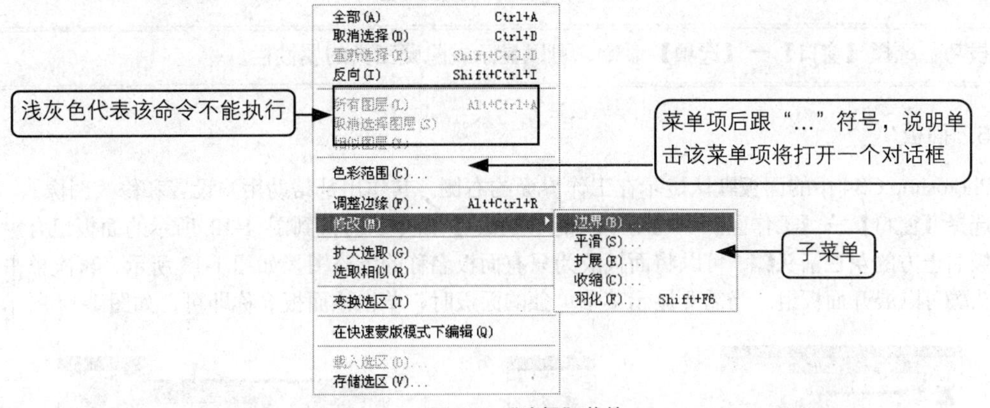

图 1-8 “选择”菜单

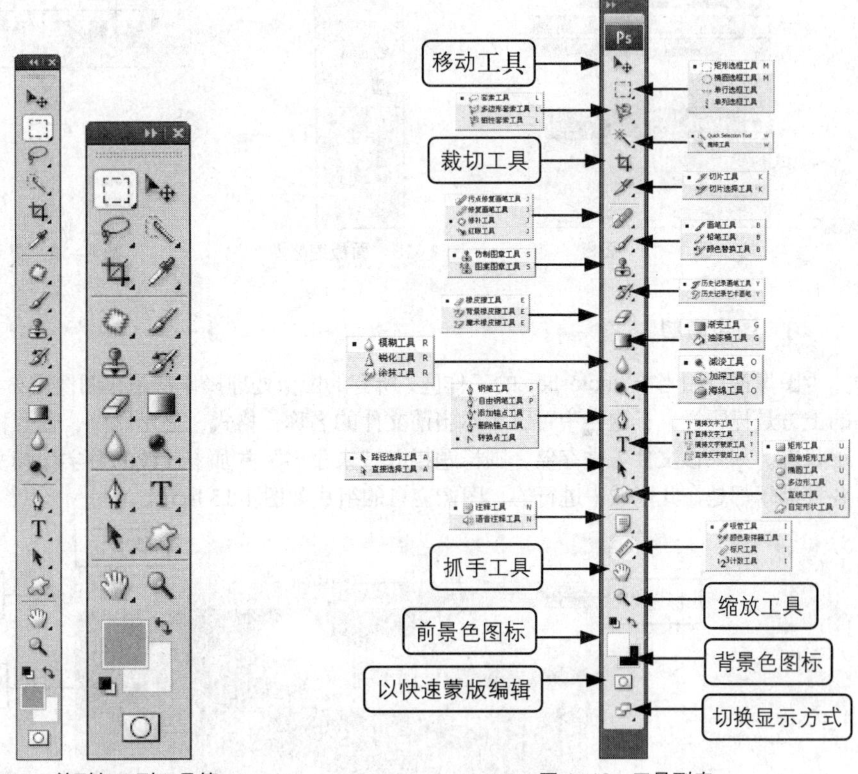

图 1-9 单列与双列工具箱　　图 1-10 工具列表

4. 工具属性栏

工具属性栏用于对当前所选工具进行参数设置。属性栏位于菜单栏的下方，当用户选中工具箱中的某一工具时，工具属性栏将显示相应工具的属性设置，用户可以很方便地利用它来设定该工具的各种属性。图 1-11 所示为橡皮擦工具的属性栏。

画笔： 300 模式： 画笔 不透明度： 100% 流量： 100% 抹到历史记录

图 1-11 橡皮擦工具属性栏

技巧：选择【窗口】→【选项】命令，可以显示或隐藏工具的属性栏。

5. 面板

Photoshop CS4 中的面板默认显示在工作界面的右侧，其作用是帮助用户设置和修改图像。

选择【窗口】→【工作区】→【基本功能（默认）】命令，将得到图 1-12 所示的面板组合。单击面板右上方的灰色箭头◀◀，可以将面板改为只有面板名称的缩略图，如图 1-13 所示，再次单击灰色箭头▶▶可以展开面板组。当需要显示某个单独的面板时，单击该面板名称即可，如图 1-14 所示。

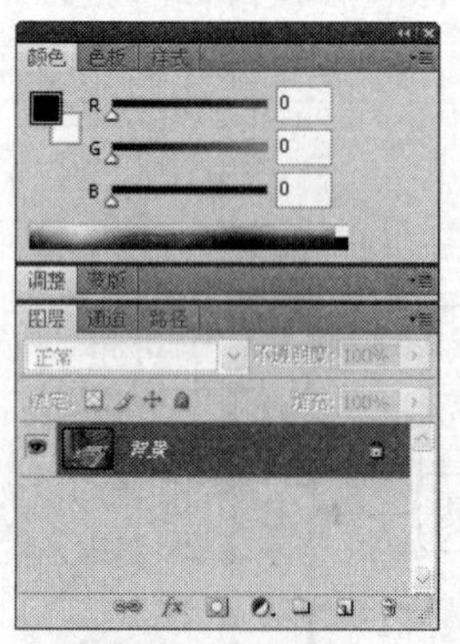

图 1-12 面板

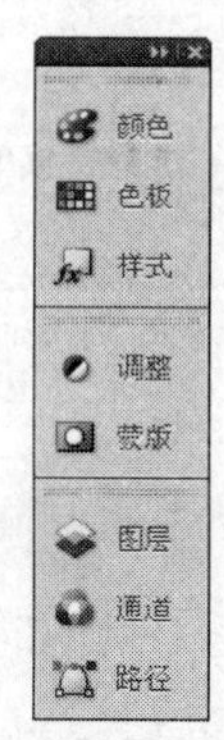

图 1-13 面板缩略图

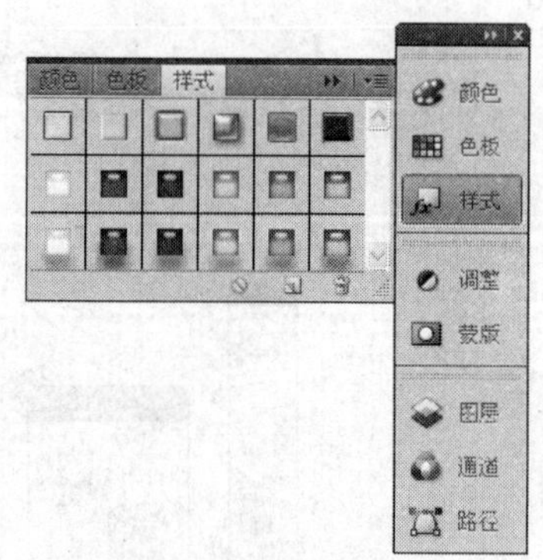

图 1-14 显示面板

6. 图像窗口

图像窗口相当于 Photoshop 的工作区，所有的图像处理操作都是在图像窗口中进行的。图像窗口的上方是标题栏，标题栏中可以显示当前文件的名称、格式、显示比例、色彩模式、所属通道和图层状态。如果该文件未被存储，则标题栏以“未命名”并加上连续的数字作为文件的名称。图像的各种编辑都是在此区域中进行的，图像窗口的组成如图 1-15 所示。

图 1-15 图像窗口

7. 状态栏

状态栏主要用于显示当前图像的显示比例、图像文件的大小以及当前工具使用提示等信息，如图 1-16 所示。

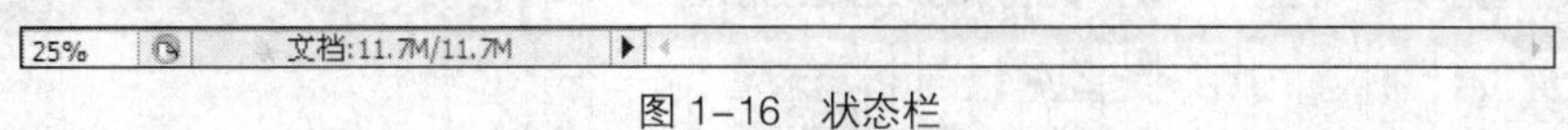

图 1–16　状态栏

8. 案例——重组面板

本案例将对颜色面板组进行拆分，并将拆分后的 3 个面板分别组合到“调整”和“图层”面板组中，然后将所做的界面设置进行保存。

重组面板的具体操作如下。

❶ 打开 Photoshop CS4 的工作界面，如图 1-17 所示。

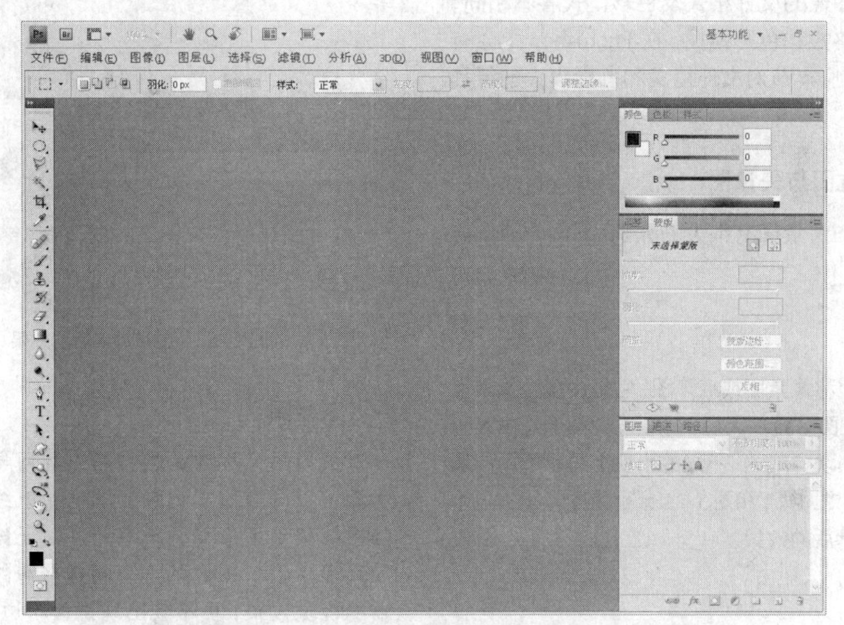

图 1–17　Photoshop CS4 工作界面

❷ 将鼠标光标移到“颜色”面板组中的“样式”标签上，按住鼠标左键不放向左侧拖动，在灰色区域中释放鼠标，即可将“样式”面板从“颜色”面板组中拆分出来。

❸ 将“颜色”和“色板”面板从“颜色”面板组中拆分出来，拆分后的“颜色”面板组如图 1-18 所示。

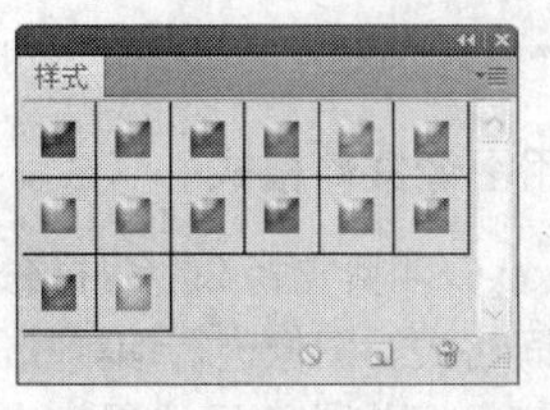

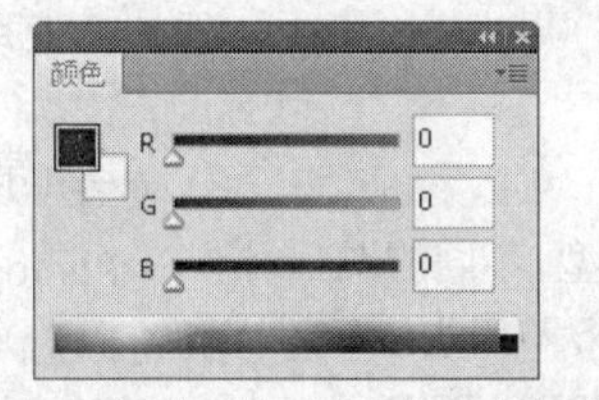

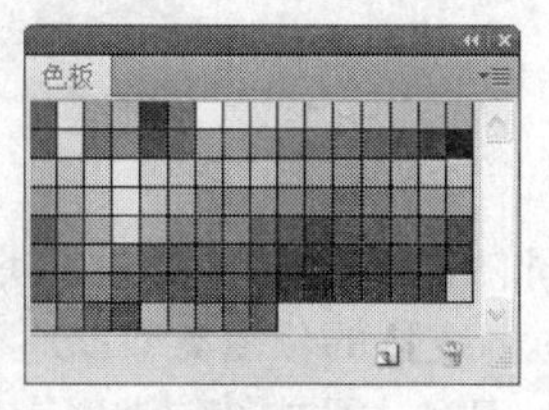

图 1–18　拆分后的“颜色”面板组效果

❹ 将“样式”面板拖动到“调整”面板组中间的空白区域，释放鼠标后完成合并，如图 1-19 所示。

❺ 参照步骤❹的方法，将“颜色”和“色板”面板合并到“图层”面板组中，如图 1-20 所示。

❻ 选择【窗口】→【工作区】→【存储工作区】命令，打开图 1-21 所示的“存储工作区”对话框，输入名称后单击 存储 按钮，即可存储设置的工作界面。

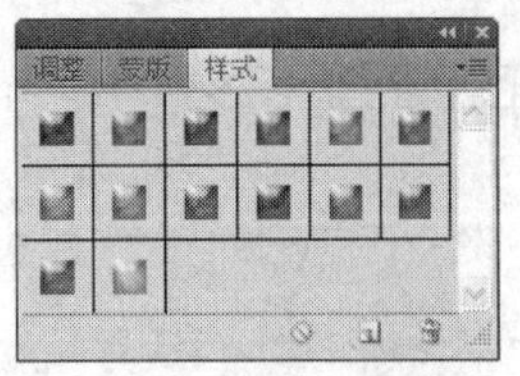

图 1-19 “调整”面板组

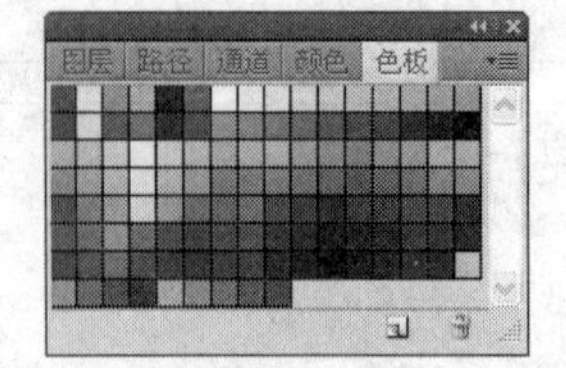

图 1-20 “图层”面板组

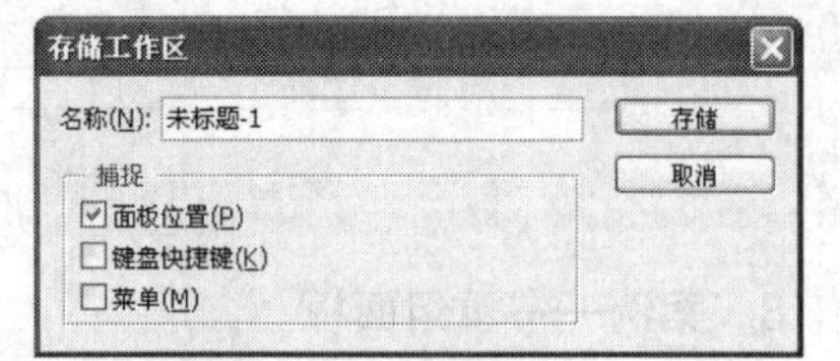

图 1-21 存储工作区

1.1.4 图像处理的基本概念

不同图像的文件格式及色彩模式各不相同。某些文件格式和色彩模式，在 Photoshop 中会有一定的限制。本节对文件格式和色彩模式进行具体讲解。

1. 位图与矢量图

位图与矢量图有很大的区别。下面分别作详细的介绍。

位图

位图也称像素图或点阵图，它是由多个像素点组成。将位图尽量放大后，可以发现图像是由大量的正方形小块构成的，不同的小块上显示不同的颜色和亮度。图 1-22 和图 1-23 分别为图像正常显示和放大显示后的效果。

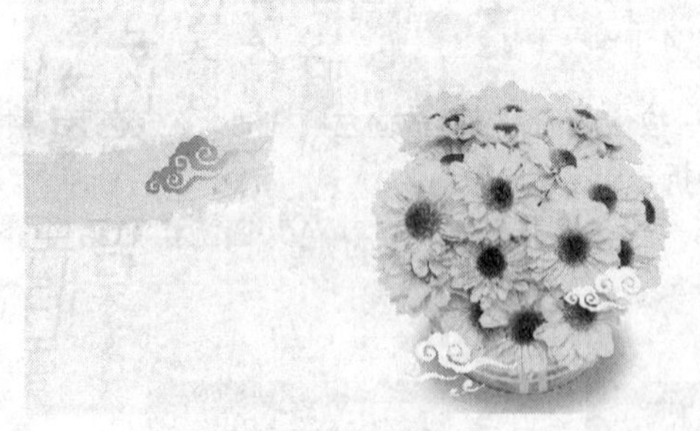

图 1-22 原图像

不同的位图文件具有不同的类型，不同的图像处理软件支持的位图类型也是不尽相同的。Photoshop CS4 主要支持的类型是 PSD、PDD、PDF 和 PDP，还支持 BMP、GIF、DCS3、JPG、PCX、RAW、PNG、TGA、TIF、TIFF 和 PSB 等类型。

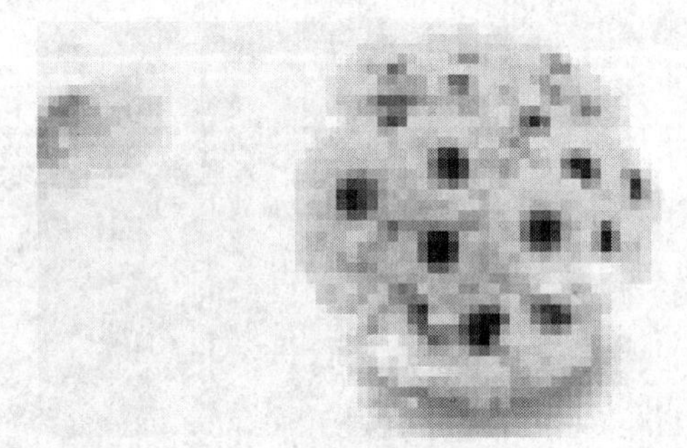

图 1-23 图像放大后的效果

矢量图

矢量图又称向量图，是以几何学进行内容运算、以向量方式记录的图像，以线条和色块为主。矢量图形与分辨率无关，无论将矢量图放大多少倍，图像都具有同样平滑的边缘和清晰的视觉效果，更不会出现锯齿状边缘的现象，而且文件尺寸小，通常只占用少量空间。矢量图在任何分辨率下均可正常显示或打印，而不会损失细节。因此，矢量图形在标志设计、插图设计及工程绘图上具有很大的优势。其缺点是绘制的图像一般色彩简单，不易绘制出色彩变化丰富的图像，也不便于在各种软件之间进行转换使用。

2. 常用图像文件格式

Photoshop CS4 共支持 20 多种格式的图像，并可以对不同格式的图像进行编辑和保存，使用时可以根据工作环境的不同选用相应的图像文件格式，以获得最理想的效果。

下面来了解一下常用图形文件格式的特点及其用途。

PSD（*.PSD）

PSD 格式是 Photoshop 自带的文件格式，可以保存图像的层、通道等信息，它是在未完成图像处理任务之前，一种常用且可以较好地保存图像信息的格式。由于 PSD 格式所包含的图像数据信息较多，因此相比其他格式的图像文件也比较大，但使用这种格式存储的图像修改起来比较方便，这也是它最大的优点。

BMP（*.BMP）

BMP 格式是微软公司软件的专用格式，也是常见的位图格式。BMP 格式支持 RGB、索引颜色、灰度和位图颜色模式，但不支持 Alpha 通道，是最通用的图像文件格式之一。

TIFF（*.TIF）

TIFF 格式是一种无损压缩格式，便于在应用程序和计算机平台之间进行图像数据交换。因此，TIFF 格式是应用非常广泛的一种图像格式，可以在许多图像软件之间进行转换。TIFF 格式支持带 Alpha 通道的 CMYK、RGB 和灰度的颜色模式，支持不带 Alpha 通道的 Lab、索引颜色和位图文件。另外，它还支持 LZW 压缩。

JPEG（*.JPG）

JPEG 是一种有损压缩格式，它支持真彩色，生成的文件较小，也是常用的图像格式之一。JPEG 格式支持 CMYK、RGB 和灰度的颜色模式，但不支持 Alpha 通道。

在生成 JPEG 格式的文件时，可以通过设置压缩的类型，产生不同大小和质量的文件。压缩越大，图像文件越小，相应的图像质量就越差。

GIF（*.GIF）

GIF 格式的文件是 8 位图像文件，最多为 256 色，不支持 Alpha 通道。GIF 格式产生的文件较小，常用于网络传输。在网页上见到的图片大多是 GIF 格式和 JPEG 格式。GIF 格式与 JPEG 格式相比，其优势在于 GIF 格式的文件可以保存动画效果。

PNG（*.PNG）

PNG 格式主要用于替代 GIF 格式的文件。GIF 格式的文件虽然较小，但图像的颜色和质量较差。PNG 格式可以使用无损压缩方式压缩文件，它支持 24 位图像，产生的透明背景没有锯齿边缘，所以可以产生较好的图像效果。

EPS（*.EPS）

EPS 格式可以存储矢量和位图图形，几乎被所有的图像、示意图和页面排版程序所支持。其最大的优点在于可以在排版软件中以低分辨率预览，而在打印时以高分辨率输出。不支持 Alpha 通道，可以支持裁切路径。

EPS 格式支持 Photoshop 所有的颜色模式，可以用来存储矢量图和位图。在存储位图时，还可以将图像的白色像素设置为透明的效果，它在位图模式下也支持透明。

PCX（*.PCX）

PCX 格式与 BMP 格式一样支持 1~24bits 的图像，并可以用 RLE 的压缩方式保存文件。PCX 格式还可以支持 RGB、索引颜色、灰度和位图的颜色模式，但不支持 Alpha 通道。

PDF（*.PDF）

PDF 格式是 Adobe 公司开发的用于 Windows、MAC OS、UNIX 和 DOS 系统的一种电子出版软件的文档格式，适用于不同平台。该格式文件可以存储多页信息，其中包含图形和文件的查找和导航功能。因此，不需要排版或图像软件即可获得图文混排的版面。由于该格式支持超文本链接，因此是网络下载经常使用的文件格式。

PICT（*.PCT）

PICT 格式广泛用于 Macintosh 图形和页面排版程序，是作为应用程序之间传递文件的中间文件格式。PICT 格式支持带一个 Alpha 通道的 RGB 文件和不带 Alpha 通道的索引文件、灰度文件、位图文件。PICT 格式对于压缩具有大面积单色的图像非常有效。

3. 图像的色彩模式

图像的色彩模式是指同一属性下的不同颜色的集合。Photoshop CS4 支持的色彩模式有 10 多种，选择【图像】→【模式】命令，可以看到图 1-24 所示的色彩模式子菜单。下面分别对这些模式作一介绍。

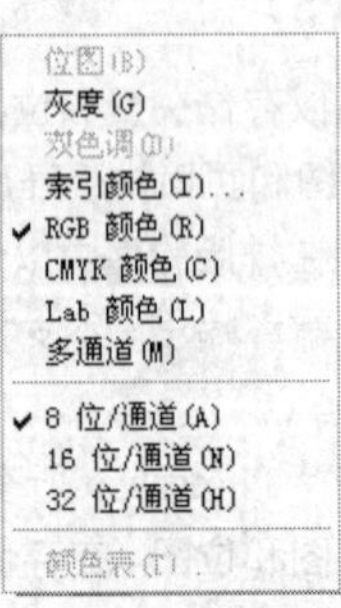

图 1-24　子菜单

位图模式

位图模式使用两种颜色（黑、白）值来表示图像中的像素。位图模式的图像也叫做黑白图像，其中的每一个像素都是用 1bit 的位分辨率来记录的，所需的磁盘空间最小。将图像要转换成位图模式时，必须先将图像转换成灰度模式，再转换成位图模式。

灰度模式

灰度模式的图像中只存在灰度，而没有色度、饱和度等色彩信息。灰度模式共有 256 个灰度级。灰度模式的应用十分广泛，在成本相对低廉的黑白印刷中，许多图像采用了灰度模式。

双色调模式

双色调模式通过使用 2~4 种自定油墨，来创建双色调（两种颜色）、三色调（3 种颜色）和四色调（4 种颜色）的灰度图像。要转换成双色调模式，必须先将图像转换成灰度模式，然后选择【图像】→【模式】→【双色调】命令，在打开的对话框中选择色调类型，再设置需要的颜色。

索引颜色模式

索引颜色模式又叫做映射色彩模式，该模式的像素只有 8 位，即图像只支持 256 种颜色。这些颜色是预先定义好的，并且安排在一张颜色表中，当用户从 RGB 模式转换到索引颜色模式时，RGB 模式中的所有颜色将映射到这 256 种颜色中。

RGB 颜色模式

RGB 颜色模式是最基本也是使用最广泛的颜色模式。它源于有色光的三原色原理，其中 R（Red）代表红色，G（Green）代表绿色，B（Blue）代表蓝色。彩色显示器就是利用 RGB 模式，它能发出 3 种不同强度的红、绿、蓝光，使荧光屏上的荧光材料产生不同颜色的亮点。

CMYK 颜色模式

CMYK 颜色模式是一种减色模式，其中 C（Cyan）代表青色，M（Magenta）代表品红色，Y（Yellow）代表黄色，K（Black）代表黑色。C、M、Y 分别是红、绿、蓝的互补色。由于这 3 种颜色混合在一起只能得到暗棕色，而得不到真正的黑色，因此另外引入了黑色。Black 中的 B 也可以代表 Blue（蓝色），为了避免歧义，这里用 K 代表黑色。在印刷过程中，使用这 4 种颜色的印刷板来产生各种不同的颜色效果。

Lab 颜色模式

Lab 模式是 Photoshop 在不同色彩模式之间转换时使用的内部颜色模式。它能毫无偏差地在不同系统和平台之间进行转换。该颜色模式有 3 个颜色通道，一个通道代表亮度（Luminance），另外两个通道代表颜色范围，分别用 a、b 表示。a 通道包含的颜色从深绿（低亮度值）到灰（中亮度值），再到亮粉红色（高亮度值）；b 通道包括的颜色从亮蓝（低亮度值）到灰（中亮度值），再到焦黄色（高亮度值）。

4. 案例——转换图像色彩模式

本案例将为图像转换颜色，将一个 RGB 色彩模式的图像转换为索引颜色模式。

转换图像色彩模式的具体操作如下。

❶ 选择【文件】→【打开】命令，在“打开”对话框中找到“小狗.jpg”图像文件，单击 打开(O) 按钮，即可打开“小狗.jpg”图像，选择【图像】→【模式】命令，在子菜单中可以看到图像色彩模式为 RGB 颜色，如图 1-25 所示。

图 1-25　查看图像色彩模式

❷ 在“模式”命令子菜单中选择“索引颜色”命令，打开“索引颜色”对话框，如图 1-26 所示。

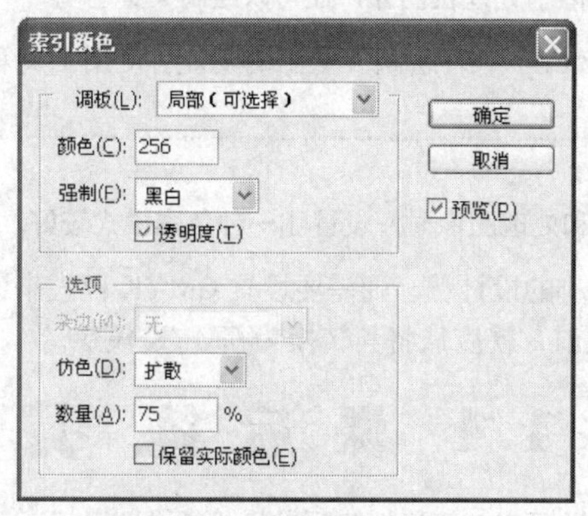

图 1-26　“索引颜色”对话框

❸ 在对话框中设置所需参数后，单击 确定 按钮即可完成图像色彩模式的转换。

提示：索引颜色模式虽然会使图像颜色信息丢失，但该模式下的图像文件的信息量比较小，因此它广泛应用于 Web 领域。

试一试

在“索引颜色”对话框中调整各选项，看看图像转换色彩模式后的效果。

1.2 上机实战

本课上机实战主要练习软件的启动，以及对工作界面的设置。

上机目标：

◎ 熟练掌握 Photoshop 的启动操作；

◎ 了解并掌握定义工作界面。

建议上机学时：1 学时。

1. 实例目标

本例将启动 Photoshop CS4 软件，在软件中自定义工作界面，并且进行保存。在操作过程中，需要注意几种软件启动方式，以及自定义工作界面的操作。

2. 操作思路

下面我们就来启动软件并自定义界面。根据上面的实例目标，制作本例的具体操作如下。

❶ 选择【开始】→【所有程序】→【Adobe Photoshop CS4】命令，或双击桌面上的 Photoshop CS4 快捷方式图标Ps，启动软件。

❷ 选择【窗口】→【工作区】→【绘画】命令，工作界面将自动切换到绘画相关的面板，如“画笔”面板、“颜色”面板和“样式”面板等。

❸ 将“导航器”面板拖动出来关闭，将“画笔”面板组合到“颜色”面板组中。

❹ 选择【窗口】→【工作区】→【存储工作区】命令，在打开的“存储工作区”对话框中设置名称，单击 存储 按钮即可得到新的自定义工作界面。

1.3 常见疑难解析

问：在 Photoshop CS4 中除了处理位图外，还可以绘制矢量图吗？

答：可以的，在 Photoshop CS4 中有绘制矢量图的功能。使用工具箱中的钢笔工具组和形状工具组可以直接绘制矢量图。

问：在 Photoshop 中设计和处理图像时，设置哪一种色彩模式较好？

答：如果该图像是用于印刷的设计稿，则需要设置 CMYK 模式来设计图像。如果已经是其他色彩模式的图像，在输出印刷之前，就应该将其转换为 CMYK 模式。

1.4 课后练习

（1）对“图层”面板组进行拆分，并将拆分后的 3 个面板分别组合到导航器、历史记录和颜色 3 个面板组中，然后将所做的界面设置进行保存。

（2）打开一幅 RGB 颜色模式的位图，选择【图像】→【模式】命令，分别在打开的子菜单中选择不同的颜色模式，查看每一种颜色模式的不同之处。

第 2 课 Photoshop CS4 的基本操作

学生：老师，在第 1 课中我们学习了文件格式、色彩模式等图像知识，也初步了解了Photoshop 的工作界面，但如何进行具体操作还很茫然。

老师：前面所介绍的这些图像知识，对于今后的设计工作是非常有用的。而对于软件的具体操作，将在本课开始作详细的介绍。

学生：那我们首先要学习的是什么呢？

老师：本课将首先介绍 Photoshop 的基本操作，主要有文件的基本操作、图像的查看操作、辅助工具的使用以及如何对图像填充颜色等。这些基本操作将为我们今后的实际运用带来很大的方便，因为任何一个图像文件，都是需要从简单操作开始的。

学生：哦，老师，那我们就赶快学习吧!

学习目标

- 掌握新建和打开图像文件的方法
- 掌握保存和关闭图像文件的方法
- 了解导航器的作用
- 熟练使用缩放工具和抓手工具
- 了解并掌握辅助工具的使用方法
- 掌握图像的各种填充方法

2.1 课堂讲解

本课将主要讲述 Photoshop CS4 中的各种基本操作，包括图像文件的基本操作、如何查看图像、辅助工具的使用以及图像颜色填充等。通过相关知识点的学习和案例的制作，掌握 Photoshop 的一些基础操作。

2.1.1 图像文件的基本操作

在学习使用 Photoshop CS4 处理图片之前，需要了解并掌握图像处理的基础知识。图像文件的基本操作主要包括打开、新建、保存和关闭等。下面进行具体讲解。

1. 新建图像文件

在 Photoshop 中要制作或者处理一个文件，首先需要新建一个空白文件。选择【文件】→【新建】命令或按【Ctrl+N】键，打开图 2-1 所示的“新建”对话框，设置文件名称、宽度、高度、分辨率等信息后，单击 确定 按钮即可新建图像文件。“新建”对话框中各选项含义如下。

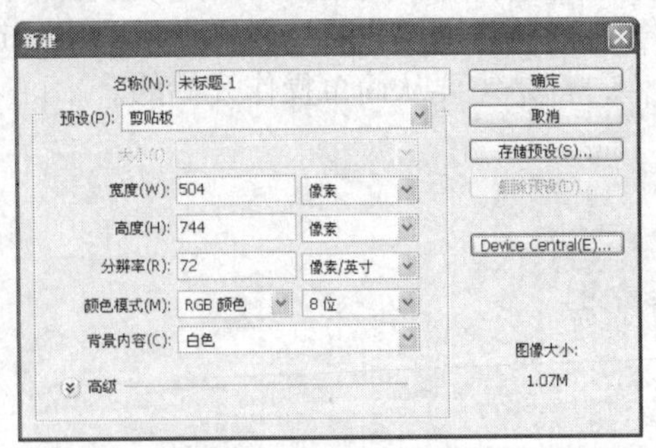

图 2-1 “新建”对话框

◎ “名称”文本框：用于设置新建文件的名称，其默认文件名为“未标题-1”。

◎ “预设”下拉列表框：用于设置新建文件的规格，单击右侧的 按钮，将弹出图 2-2 所示的下拉列表，在其中可选择 Photoshop CS4 自带的几种图像规格。

◎ “大小”下拉列表框：辅助“预设”后的图像规格，设置出更符合规范的图像尺寸。

◎ “宽度”/“高度”文本框：用于设置新建文件的宽度和高度，在其右侧的下拉列表框中可以设置度量单位。

◎ “分辨率”文本框：用于设置新建图像的分辨率。分辨率越高，图像品质越好。

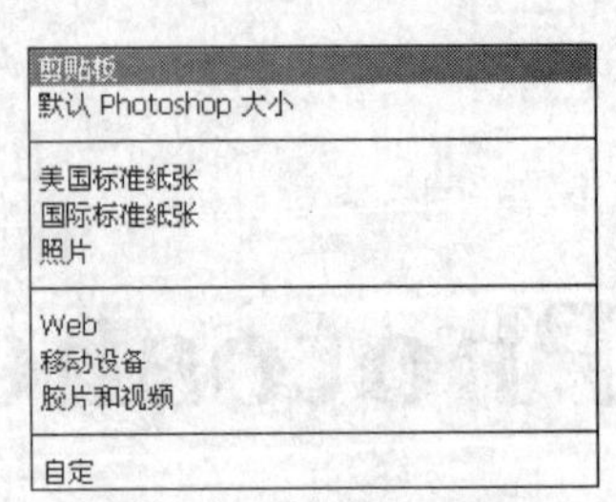

图 2-2 不同的尺寸规格

提示：平面设计中的印刷类图像文件的分辨率不得低于 300 像素，大型喷绘一般为 600 像素。分辨率越大，图像文件所占空间就越大。

◎ “颜色模式”下拉列表框：用于选择新建图像文件的色彩模式。在其右侧的下拉列表框中还可以选择是 8 位图像色彩模式还是 16 位图像色彩模式。

◎ “背景内容”下拉列表框：用于设置新建图像的背景色，系统默认为白色，也可设置背景色为透明色。

◎ 高级”按钮 ：单击该按钮，在“新建”对话框底部会显示“颜色配置文件”和“像素长宽比”下拉列表框，如图 2-3 所示。

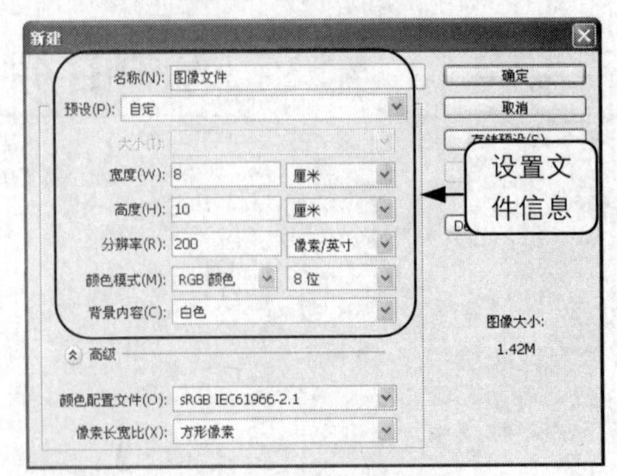

图 2-3 扩展后的对话框

在对话框中设置文件名称为“图像文件”，宽度、高度分别为 8cm × 10cm，分辨率为 200 像素/英寸，颜色模式为 RGB 颜色，8 位，背景为白色，单击 确定 按钮即可得到新建的图像文件，如图 2-4 所示。

图 2-4 新建的图像文件

2. 打开图像文件

在 Photoshop 中允许用户打开多个图像文件进行编辑，选择【文件】→【打开】命令或按【Ctrl+O】组合键，打开“打开”对话框，在“查找范围”下拉列表框中找到要打开文件所在的位置，选择要打开的图像文件，如图 2-5 所示，单击 打开(O) 按钮即可打开选择的文件。

图 2-5 打开选择的图像文件

3. 保存图像文件

新建文件后或对新建文件进行编辑完成后，必须对文件进行保存，以免因为误操作或者意外停电带来损失。选择【文件】→【存储】命令，打开“存储为”对话框，选择存储文件的位置，在“文件名”文本框中输入存储文件的名称，选择存储文件的格式，如图 2-6 所示，单击 保存(S) 按钮，即可完成图像的保存。

> 技巧：如果是对已存在的文件进行编辑，需要再次存储时，只需按【Ctrl+S】组合键或选择【文件】→【存储】命令即可。

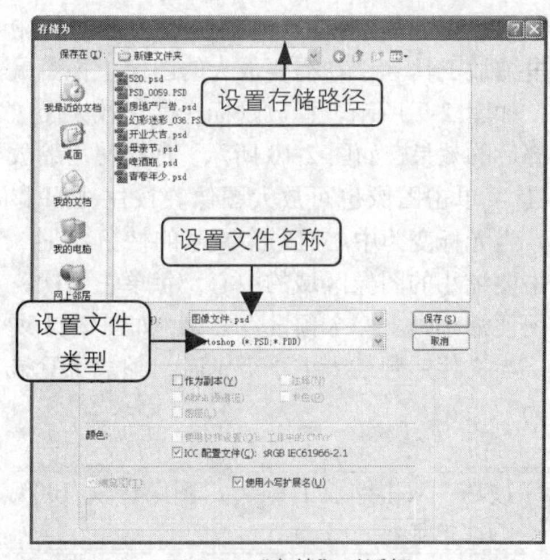

图 2-6 “存储”对话框

4. 关闭图像文件

关闭图像文件的方法有如下几种。

◎ 单击图像窗口标题栏最右端的“关闭”按钮 ×。
◎ 选择【文件】→【关闭】命令或按【Ctrl+W】组合键。
◎ 按【Ctrl+F4】组合键。

2.1.2 查看图像

掌握了 Photoshop 图像的基本操作后，还应学习如何查看图像，其中包括使用导航器查看、使用缩放工具和抓手工具查看等操作方法。下面进行具体讲解。

1. 使用导航器查看图像

选择【文件】→【打开】命令，打开一幅图像文件，在“导航器”面板中会显示当前图像的预览效果，按住鼠标左键左右拖动“导航器”面板底部滑动条上的滑块，可实现图像缩小与放大显示，如图 2-7 所示。在滑动条左侧的数值框中输入数值，可以直接以输入的比例来完成缩放。

当图像放大超过 100%时，“导航器”面板的图像预览区中便会显示一个红色的矩形线框，表示当前视图中只能观察到矩形线框内的图像。将鼠标光标移动到预览区，此时光标变成手形状，这时按住左键不放并拖动，可调整图像的显示区域，如图 2-8 所示。

图 2–7 左右拖动滑块后图像缩小与放大显示效果

图 2–8 调整图像的显示区域

2. 使用缩放工具查看图像

在工具箱中选择缩放工具可放大和缩小图像，也可使图像呈 100%显示。在工具箱中单击缩放工具，在需要放大的图像上拖曳鼠标，如图 2-9 所示，释放鼠标，得到放大图像局部后的效果，如图 2-10 所示。直接使用缩放工具单击图像也可放大图像。按住【Alt】键，当光标变为中心有一个减号的按钮时，单击要缩小的图像区域的中心。每单击一次，视图便缩小到上一个预设百分比，如图 2-11 所示。当文件达到最大缩小级别时，缩放工具显示为 。

图 2–9 拖曳鼠标

图 2–10 放大图像

技巧：双击缩放工具，图像将以 100%的比例显示。

图 2-11　缩小图像

3. 使用抓手工具查看图像

使用工具箱中的抓手工具可以在图像窗口中移动图像。使用缩放工具放大图像，如图 2-12 所示，然后选择抓手工具，在放大的图像窗口中按住鼠标左键拖动，可以随意查看图像，如图 2-13 所示。

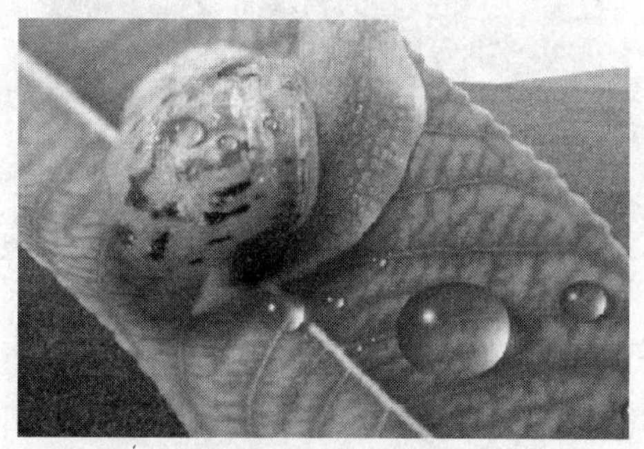

图 2-12　放大图像

图 2-13　移动图像

提示：图像的显示比例与图像实际尺寸是有区别的。图像的显示比例是指图像上的像素与屏幕的比例关系，而不是与实际尺寸的比例。改变图像的显示比例是为了操作方便，与图像本身的分辨率及尺寸无关。

2.1.3　使用辅助工具

Photoshop CS4 提供了多个方便用户处理图像的辅助工具，这些工具大多是放置在“视图”菜单中。辅助工具对图像不起任何编辑作用，仅用于测量或定位图像，使图像处理更精确，并可提高工作效率。下面进行具体讲解。

1. 使用标尺

在能够看到标尺的情况下，标尺会显示在现用窗口的顶部和左侧。选择【视图】→【标尺】命令或者按【Ctrl+R】组合键，即可在打开的图像文件左侧边缘和顶部显示或隐藏标尺，如图 2-14 所示。通过标尺可以查看图像的宽度和高度。将鼠标放到标尺的 X 轴和 Y 轴的 0 点处，单击鼠标并按住鼠标左键不放，拖曳光标到图像中的任一位置，如图 2-15 所示，松开鼠标左键，标尺的 X 轴和 Y 轴的 0 点就显示到当前鼠标光标移动时的坐标位置。

图 2-14　显示标尺

图 2-15　拖曳光标

2. 使用网格

在图像处理中设置网格线可以使图像处理

更加精准。选择【视图】→【显示】→【网格】命令或按【Ctrl+'】组合键，可以在图像窗口中显示或隐藏网格线，如图 2-16 所示。按【Ctrl+K】组合键打开“首选项”对话框，在“常规”下拉列表中选择“参考线、网格和切片”选项，然后在“网格”栏下可以设置网格的颜色、样式、网格线间隔和子网格数量，如图 2-17 所示。

图 2-16　显示网格线

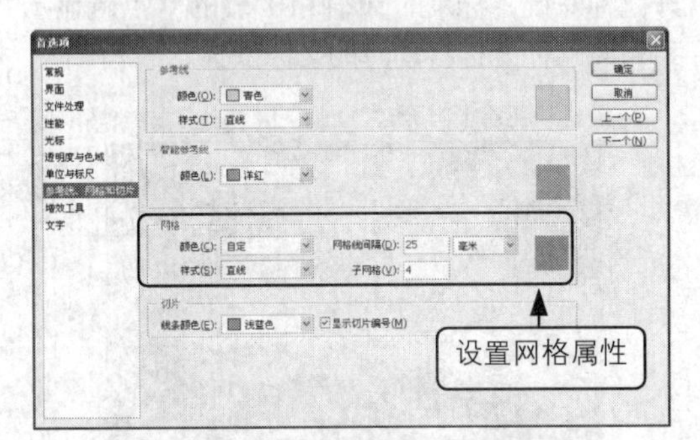

图 2-17　“首选项”对话框

3. 使用参考线

参考线不会被打印出来，是浮动在图像上的直线，用于给设计者提供参考位置。选择【视图】→【新建参考线】命令，打开图 2-18 所示的“新建参考线”对话框，在“取向”栏中选择参考线类型，在“位置”文本框中输入参考线位置，单击 确定 按钮即可在相应位置创建一条参考线，如图 2-19 所示。

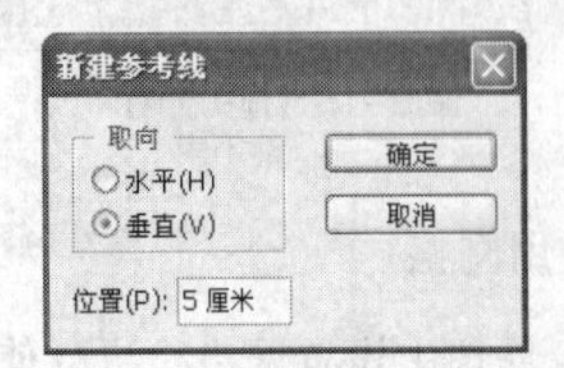

图 2-18　设置参考线类型和位置

图 2-19　创建的参考线

通过标尺还可以创建参考线。将鼠标光标置于窗口顶部或左侧的标尺处，按住鼠标左键不放并向图像区域拖动，这时鼠标指针呈╪或╫形状，释放鼠标后即可在释放鼠标处创建一条参考线，如图 2-20 所示。

图 2-20　拖动参考线

4. 案例——设置网格大小

本案例主要使用了图 2-21 所示的“蓝天白云”图像，设置网格大小后的效果如图 2-22 所示，通过调整网格大小，可以方便用户在对图像进行处理的同时进行各种操作。制作该实例的关键是在“首选项”对话框中对网格做具体的参数设置。

图 2-21　“蓝天白云”图像

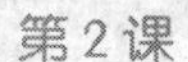

图 2-22　设置网格大小后的效果

设置网格大小的具体操作如下。

❶ 打开“蓝天白云.jpg”图像，选择【视图】→【显示】→【网格】命令，显示图像中的网格，如图 2-23 所示。

图 2-23　显示网格

❷ 选择【编辑】→【首选项】命令，打开“首选项”对话框，选择“参考线，风格和切片”选项，可以看到网格默认设置，如图 2-24 所示。

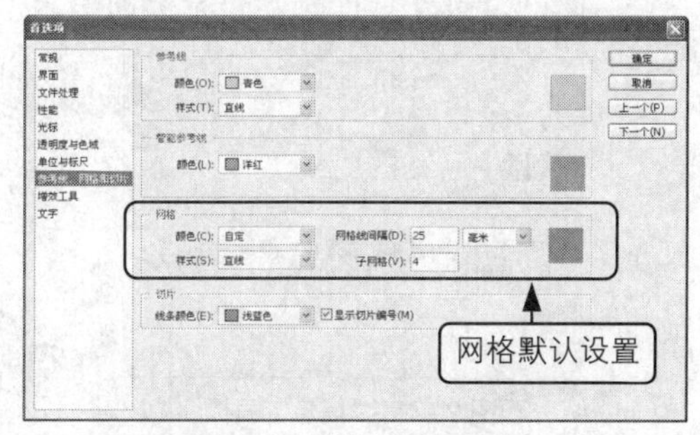

图 2-24　“首选项”对话框

❸ 在“颜色”下拉列表框中选择洋红色，在“网格线间隔”数值框中输入 55，在“子网格”数值框中输入“3”，如图 2-25 所示。

❹ 单击 确定 按钮，得到改变网格大小后的效果，如图 2-26 所示。

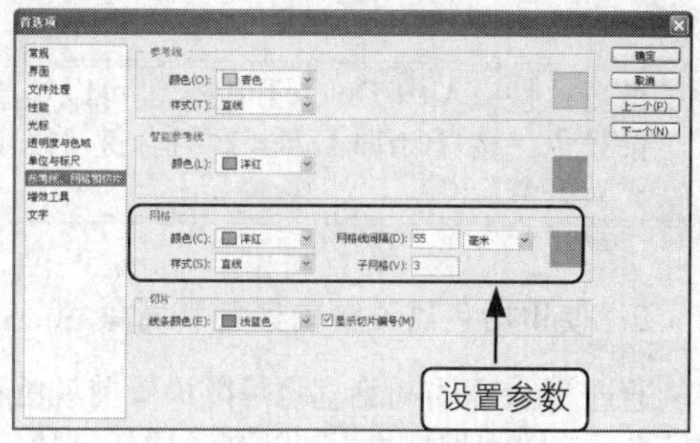

图 2-25　设置网格参数

图 2-26　改变风格大小后的效果

2.1.4　填充图像颜色

在 Photoshop 中，一般都是通过前景色和背景色、拾色器、颜色调板以及吸管工具等来设置图像颜色的。下面进行具体讲解。

1. 使用颜色切换按钮设置前景色和背景色

在 Photoshop 默认状态下，前景色为黑色，背景色为白色。在图像处理过程中通常要对颜色进行设置，为了更快速、高效地设置前景色和背景色，在工具箱中提供了设置前景色和前景色的按钮，如图 2-27 所示。按下切换前景色和背景色按钮，可以将前景色和背景色进行互换；按下默认的前景色和背景色按钮，可以将前景色和背景色恢复为默认的黑色和白色。

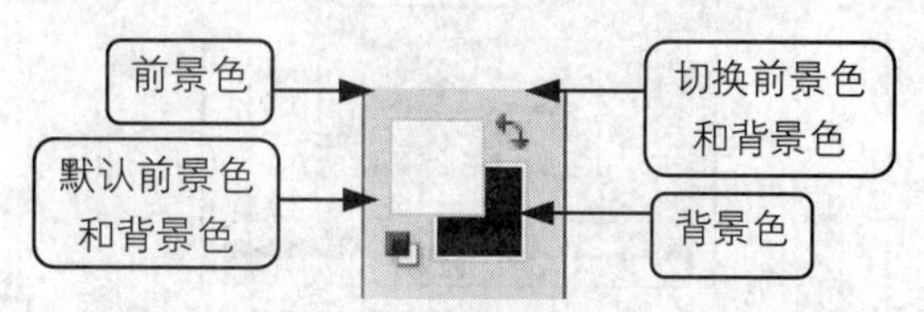

图 2-27　前景色/背景色切换按钮

技巧：按【Alt+Delete】组合键可以填充前景色；按【Ctrl+Delete】组合键可以填充背景色。

2. 使用拾色器设置前景色和背景色

通过“拾色器”对话框也可以设置前景色和背景色，可以根据用户需要随意设置任何颜色。

单击工具箱下方的前景色或背景色图标，即可打开图 2-28 所示的“拾色器”对话框。在对话框中拖动颜色滑条上的三角形滑块，可以改变左侧主颜色框中的颜色范围，用鼠标单击颜色区域，即可汲取需要的颜色，汲取后的颜色值将显示在右侧对应的选项中，设置完成后单击 确定 按钮即可。

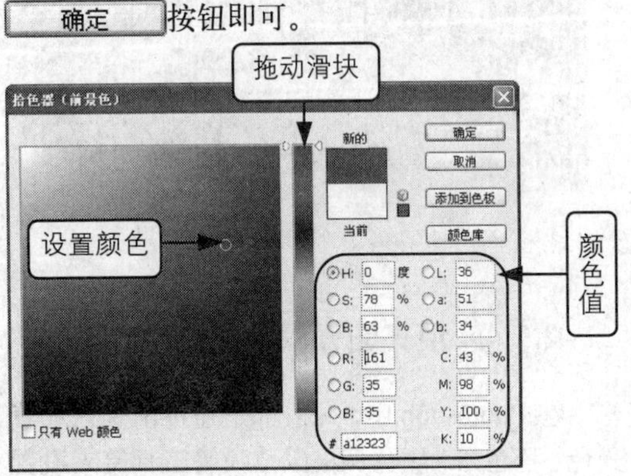

图 2-28 “拾色器”对话框

3. 使用“颜色”面板设置前景色和背景色

选择【窗口】→【颜色】命令或按【F6】键即可打开“颜色”面板，单击需要设置前景色或背景色的图标，再拖动右边的 R、G、B 三个滑块或直接在右侧的文本框中分别输入颜色值，即可设置需要的前景色和背景色，如图 2-29 所示。

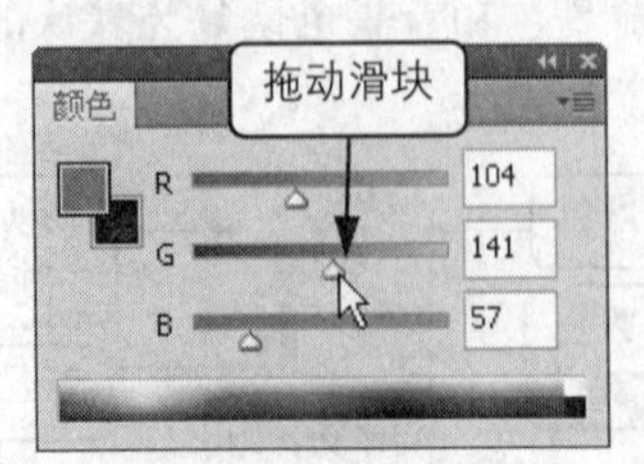

图 2-29 “颜色”面板

技巧：将鼠标移动到颜色条上所需的颜色处单击，此颜色值将显示在上方的新的颜色框中。

4. 使用吸管工具设置前景色和背景色

使用吸管工具可以在图像中汲取样本颜色，并将汲取的颜色体现在前景色/背景色的色标中。选择工具箱中的吸管工具，在图像中单击鼠标，鼠标单击处的图像颜色将成为当前背景色，如图 2-30 所示。

图 2-30 吸取颜色

在图像中移动鼠标的同时，“信息”面板中也将显示鼠标光标相对应的像素点的色彩信息，如图 2-31 所示。

信息

R:	239	C:	5%
G:	52	M:	91%
B:	37	Y:	87%
		K:	0%
8 位		8 位	
X:	21.73	W:	
Y:	5.13	H:	

点按图像以选取新的前景色。要用附加选项，使用 Shift、Alt 和 Ctrl 键。

图 2-31 “信息”面板

注意：“信息”面板可以用于显示当前位置的色彩信息，并根据当前使用的工具显示其他信息。使用工具箱中的任何一种工具在图像上拖动鼠标，“信息”面板中都会显示当前鼠标光标下的色彩信息。

5. 使用渐变工具创建填充效果

渐变工具可以创建出各种渐变填充效果。单击工具箱中的渐变工具，其工具属性栏如图 2-32 所示。

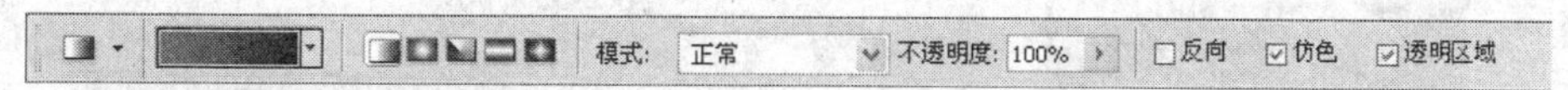

图 2–32 渐变工具的属性栏

各选项的含义如下。

◎ 下拉列表框：单击其右侧的按钮将打开图 2-33 所示的“渐变工具”面板，其中提供了 15 种颜色渐变模式供用户选择，单击面板右侧的按钮，在弹出的下拉菜单中可以选择其他渐变集。

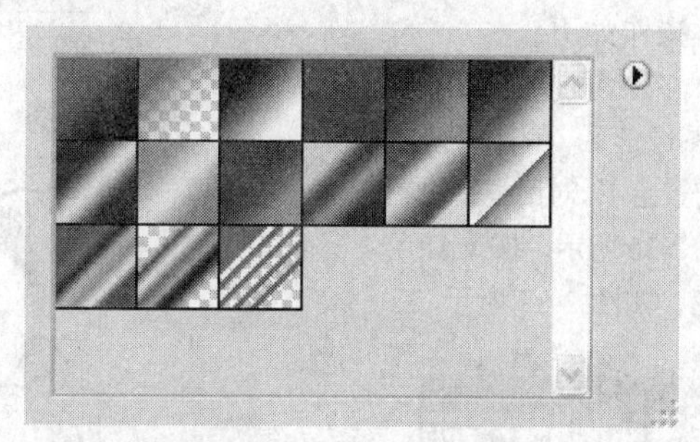

图 2–33 “渐变工具”面板

◎ “线性渐变”按钮：从起点（单击位置）到终点以直线方向进行颜色的渐变。
◎ “径向渐变”按钮：从起点到终点以圆形图案沿半径方向进行颜色的渐变。
◎ “角度渐变”按钮：围绕起点按顺时针方向进行渐变。
◎ “对称渐变”按钮：在起点两侧进行对称性的颜色渐变。
◎ “菱形渐变”按钮：从起点向外侧以菱形方式进行颜色的渐变。
◎ “模式”下拉列表框：用于设置填充的渐变颜色与其下面的图像如何进行混合。各选项与图层的混合模式作用相同。
◎ “不透明度”数值框：用于设置填充渐变颜色的透明程度。
◎ “反向”复选框：选中该复选框后产生的渐变颜色将与设置的渐变顺序相反。
◎ “仿色”复选框：选中该复选框可使用递色法来表现中间色调，使渐变更加平滑。
◎ “透明区域”复选框：选中该复选框可在下拉列表框中设置透明的颜色段。

设置渐变颜色和渐变模式等参数后，将鼠标指针移动到图像窗口中适当的位置单击，再拖动到另一位置后释放鼠标左键即可进行渐变填充。鼠标拖动的方向和长短不同，得到的渐变效果也各不相同。

6. 案例——填充小蜜蜂图像

本案例将填充小蜜蜂图像，主要使用了图 2-34 所示的“小蜜蜂”图像，填充的小蜜蜂效果如图 2-35 所示，通过设置前景色和“颜色”面板为图像填充颜色。制作该实例的关键是在“拾色器”对话框中设置颜色，然后对图像进行填充。

图 2–34 “小蜜蜂”图像

图 2–35　填充效果

填充小蜜蜂图像的具体操作如下。

❶ 打开“小蜜蜂.jpg”图像，选择魔棒工具，单击小蜜蜂的头部获取图像选区，单击前景色图标，打开“拾色器（前景色）”对话框，设置图像前景色为黑色，如图 2-36 所示，按【Alt + Delete】组合键填充颜色，如图 2-37 所示。

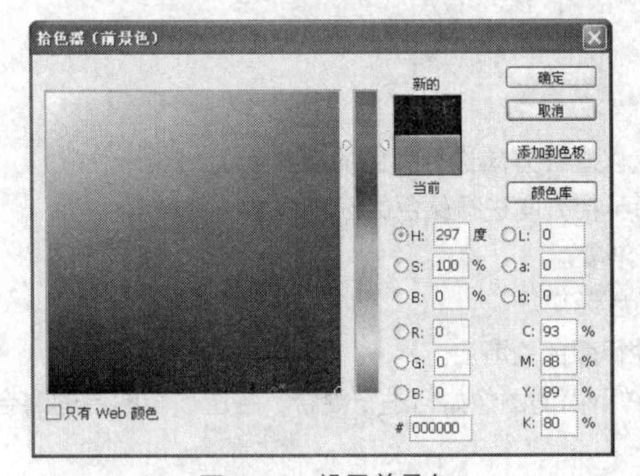

图 2–36　设置前景色

图 2–37　填充图像颜色

> 提示：魔棒工具和选区的具体操作方法，将在第 4 课进行详细介绍，这里只是介绍简单的应用。

❷ 选择魔棒工具，按住【Shift】键单击小蜜蜂的翅膀和触角，按【F6】键打开“颜色”面板，设置前景色为橘黄色（R255，G233，B0），如图 2-38 所示，然后为选区填充颜色，如图 2-39 所示。

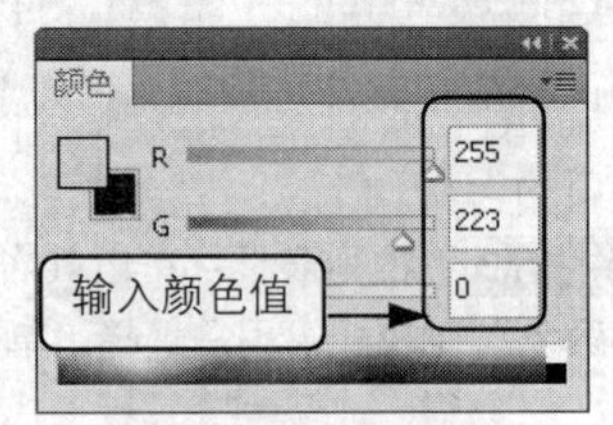

图 2–38　设置前景色

图 2–39　填充效果

❸ 再次使用魔棒工具，单击小蜜蜂的脸部、手部和尾巴，设置前景色为肉色（R255，G229，B168），然后为选区填充颜色，如图 2-40 所示。

图 2–40　填充颜色

❹ 使用前几步相同的操作方法，分别为小蜜蜂的身体填充浅绿色（R147，G244，B41）和橘红色（R255，G173，B0），填充小蜜蜂头上的花朵为红色（R237，G5，B21），再填充背景色为绿色（R38，G127，B9），最终填充效果如图 2-41 所示。

图 2-41　最终填充效果

试一试

在“颜色”面板中分别拖动 RGB 下面的滑块，试试怎样能较快地得到自己所需的颜色。

2.2 上机实战

本课上机实战将有两个案例，一个是新建、保存和打开文件，另一个是制作彩色光盘。综合练习本课的知识点，使用图像文件的基本操作以及图像颜色的设置和填充方式。

上机目标：

◎ 熟练掌握在“新建”对话框中设置文件属性；

◎ 掌握在“打开”对话框中根据保存路径找到所需的文件；

◎ 熟练掌握渐变工具的使用。

建议上机学时：2 学时。

2.2.1 新建、保存和打开文件

1. 实例目标

本实例将新建一个图像文件，然后对文件进行保存，最后打开保存后的图像文件。通过本实例的操作，读者可以熟练掌握 Photoshop CS4 中新建、保存和打开图像文件的操作方式。

2. 操作思路

新建、保存和打开图像文件的具体操作如下。

❶ 选择【文件】→【新建】命令，打开“新建”对话框，设置文件名称为“练习文件”，宽度和高度均为 10cm × 10cm，分辨率为 200，颜色为 RGB 模式，单击 确定 按钮得到一个空白图像文件。

❷ 选择【文件】→【保存】命令，在打开的“存储”对话框中设置保存路径，然后单击 保存(S) 按钮即可保存文件。

❸ 选择【文件】→【打开】命令，在打开的“打开”对话框中找到刚刚保存文件的路径，选择该文件，单击 打开(O) 按钮即可打开该图像文件。

2.2.2 制作彩色光盘

1. 实例目标

本案例制作的彩色光盘效果如图 2-42 所示，在绘制过程中主要使用了渐变工具，为图像设置五彩缤纷的颜色，然后对图像进行填充。

图 2-42　彩色光盘效果

2. 操作思路

根据上面的实例目标，本例的操作思路如图 2-43 所示。

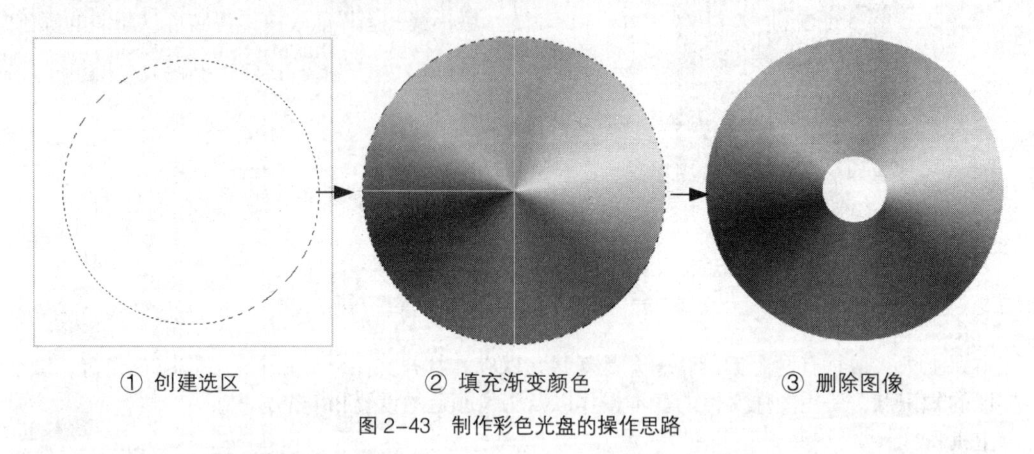

图 2-43　制作彩色光盘的操作思路

制作本例的具体操作如下。

❶ 选择【文件】→【新建】命令，打开“新建”对话框，设置文件名称为“彩色光盘”，宽度和高度均为 10cm × 10cm，分辨率为 150。

❷ 选择椭圆选框工具，按住【Shift】键绘制一个圆形选区。

❸ 按【Ctrl + R】组合键显示标尺，分别从上面和左边拖动出一条标尺线，交叉处为圆心。

❹ 选择渐变工具，单击属性栏中渐变色条右侧的按钮，打开渐变面板，选择“色谱”选项。

❺ 单击属性栏中的“角度渐变”按钮，在选区中心点按住鼠标左键向外拖动，填充选区颜色。

❻ 设置背景色为白色，选择椭圆选框工具，在光盘中心点再绘制一个圆形选区，按【Delete】键删除选区图像，然后将标尺线拖回到左侧和上方，完成光盘的绘制。

2.3　常见疑难解析

问：在新建图像文件时怎样设置背景颜色？

答：在新建图像之前，可以先在工具箱下方的前景色拾色器中设置好所需的颜色，然后在“新建”对话框的“背景内容”下拉列表框中选择颜色即可。

问：为什么有时候使用鼠标在图像的上边缘和左边缘拖动，不能将参考线拖动出来，怎样才能解决呢？

答：在没有显示标尺的情况下，可以选择【视图】→【新建参考线】命令，在打开的对话框中设置参数即可。如果要手动拖出参考线，首先要显示标尺。选择【视图】→【标尺】命令，或按【Ctrl + R】组合键将标尺显示出来，然后在图像的上边缘和左边缘拖动鼠标，即可得到参考线。

问：使用“网格”命令添加的网格效果可以直接用于作品中网格的制作吗？

答：网格在图像中的功能是辅助精确绘图，当使用其他软件打开图片或打印图片时，网格就不见了。如果要制作网格效果图，就要使用画笔工具沿网格绘制直线，这样保存或者打印图片时，才有网格效果。

问：在打开图像文件时，为什么有的文件需要很长的时间才能打开？

答：这时因为这幅图像文件太大了。一般情况下创建的文件只有几十 KB 或几百 KB，而有的文件（如建筑效果图、园林效果图等）可能有几百 MB，所以计算机在打开这类文件时要花费比较长的时间。

2.4 课后练习

（1）选择【文件】→【打开】命令，打开“草莓.jpg”图像文件，如图 2-44 所示，选择缩放工具，在图像中间按住鼠标左键拖动出一个方框，放大图像，然后使用抓手工具左右移动进行查看，如图 2-45 所示。

图 2-44 原文件

图 2-45 放大后查看图像

（2）打开一幅“捧花.jpg”图像文件，如图 2-46 所示，选择【窗口】→【导航器】命令，在“导航器”面板中拖动图像进行查看，如图 2-47 所示。

图 2-46 原图像文件

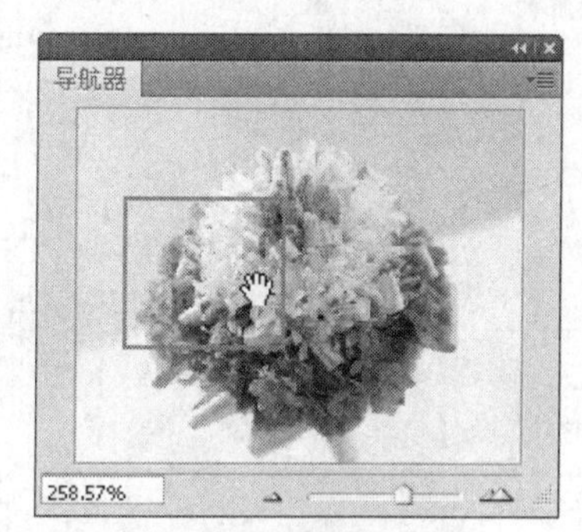

图 2-47 拖动查看图像文件

（3）打开“海边.jpg”图像文件，按【Ctrl+R】组合键显示标尺，然后使用鼠标拖动出参考线，如图 2-48 所示，使用移动工具双击该参考线，打开“首选项”对话框，在其中改变参考线的颜色，如图 2-49 所示。

（4）打开一幅“金鱼.jpg”图像文件，如图 2-50 所示，使用拾色器、吸管工具、渐变工具等，将其填充为一条彩色的金鱼，如图 2-51 所示。

图 2-48　显示参考线

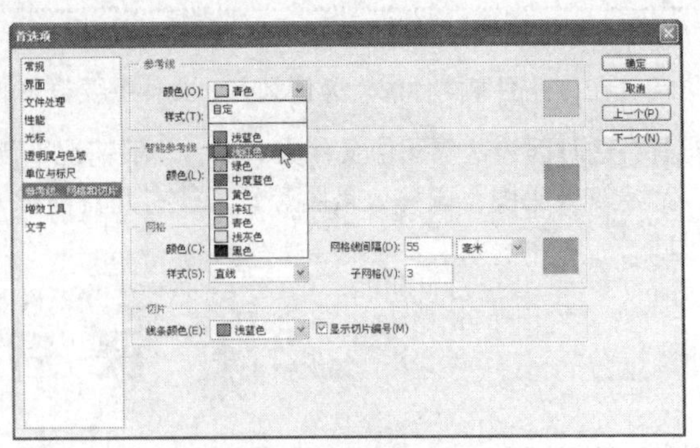

图 2-49　改变参考线颜色

图 2-50　素材文件

图 2-51　填充颜色后的效果

第 3 课 编辑图像的基本操作

学生：老师，通过前面的学习我们基本掌握了 Photoshop CS4 的工作界面、颜色模式，以及一些基本操作，可是我还不知道该如何对图像进行编辑。

老师：在前两课的学习中，主要了解了 Photoshop CS4 的一些相关知识，并且掌握了辅助功能的运用方法，但这些功能对于做图像处理还是远远不够的。图像的编辑操作包括调整图像和画布的大小，图像的倾斜、缩放、旋转、透视、扭曲、变形等。只有认真学习这些编辑图像的操作，以后才能更快更好地处理图像和设计作品。

学生：真的吗？只要掌握了这些基本操作方法，我就能够更熟练地对图像进行操作吗？

老师：是的！只要掌握了这些基本操作，对于一般的图像变形、画面尺寸调整就能做到得心应手。

学生：看来这一课很重要。老师，那我们就赶快学习吧！

学习目标

- 恢复与还原操作
- 使用“历史记录”面板
- 掌握图像大小与方向的调整方法
- 掌握画布大小的调整方法
- 熟悉图像变换操作
- 填充与描边图像

3.1 课堂讲解

本课将主要讲解编辑图像的基本操作，包括恢复与还原图像、调整图像大小和方向、图像的变换、复制与粘贴等知识。通过相关知识点的学习和几个案例的制作，可初步掌握图像的基本操作方法。

3.1.1 调整图像

新建或打开一幅图像之后，需要对图像进行一些基本操作。本节将主要讲述图像大小、方向的调整，图像的变换操作，复制与粘贴图像等，并将通过一个案例学习如何制作完整的作品。下面进行具体讲解。

1. 调整图像大小

一个图像的大小由宽度、长度、分辨率决定。在新建文件时，在“新建”对话框右侧会显示当前新建文件的大小。当图像文件完成创建后，如果需要改变其大小，可以选择【图像】→【图像大小】命令，然后在打开的图 3-1 所示的对话框中进行设置。

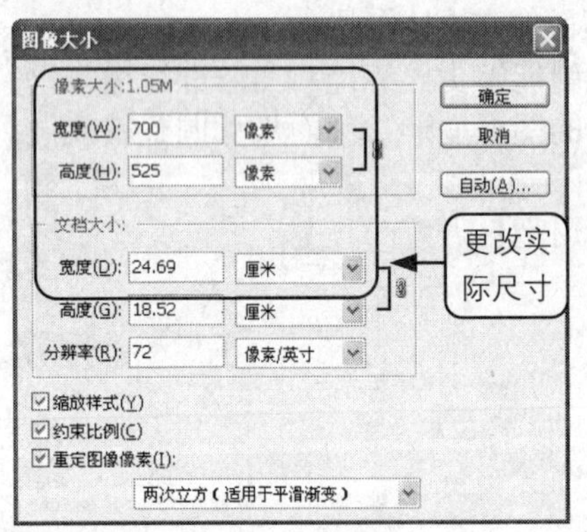

图 3-1 “图像大小”对话框

“图像大小”对话框中各选项含义如下。

◎ “像素大小”/“文档大小”栏：在数值框中输入数值来改变图像大小。其中“分辨率”数值框用于设置分辨率以改变图像大小。

◎ 缩放样式：选中该复选框，可以保证图像中的各种样式（如图层样式等）按比例进行缩放。当选中“约束比例”复选框后，该选项才能被激活。

◎ “约束比例”复选框：选中该复选框，在“宽度”和“高度”数值框后面将出现“链接”标志，表示改变其中一项设置时，另一项也将按相同比例改变。

◎ “重定图像像素”复选框：选中该复选框可以改变像素的大小。

2. 调整画布大小

使用“画布大小”命令可以精确设置图像画布的尺寸。选择【图像】→【画布大小】命令，打开“画布大小”对话框，在其中可以设置画布的“宽度”和“高度”。

“画布大小”对话框中各选项含义如下。

◎ “当前大小”栏：显示当前图像画布的实际大小。

◎ “新建大小”栏：设置调整后图像的宽度和高度，系统默认为当前大小。如果设定的宽度和高度大于图像的尺寸，Photoshop 则会在原图像的基础上增加画布面积；反之，则减小画布面积。

◎ “相对”复选框：选中该复选框，“新建大小”栏中的“宽度”和“高度”将在原画布的基础上增加或减少尺寸（而非调整后的画布尺寸）。正值表示增加尺寸，负值表示减小尺寸。

图 3-2 所示为原图像，选择【图像】→【画布大小】命令，打开“画布大小”对话框，显示当前画布的宽度为 17cm，高度为 19cm，“定位”位置默认为中央，表示增加或减少画布时图像中心的位置，增加或减少的部分会由中心向外进行扩展。改变宽度为 10cm，其余设置不变，得到调整画布大小后的图像如图 3-3 所示。

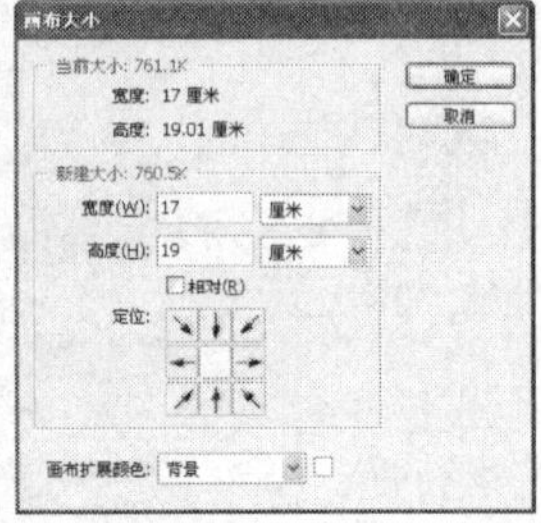

图 3-2 原图像

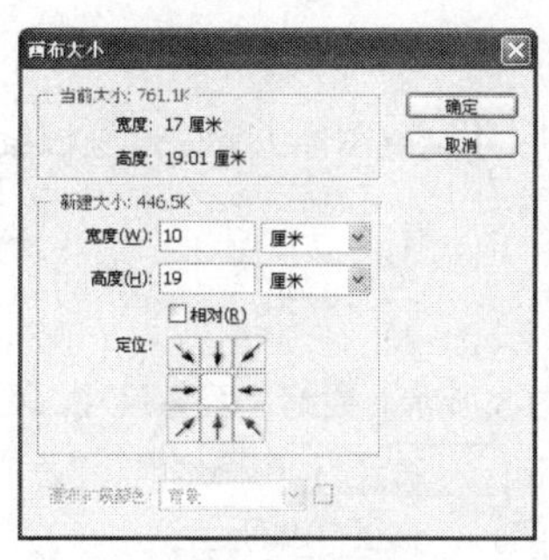

图 3–3　改变画布大小后的图像

3. 调整图像方向

调整图像的方向，可以选择【图像】→【旋转画布】命令，在打开的子菜单中选择相应命令即可，如图 3-4 所示。各调整命令的作用如下。

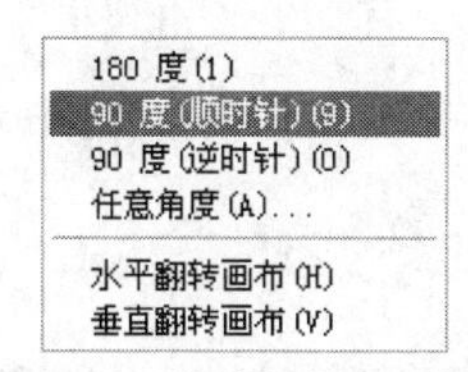

图 3–4 “旋转画布”子菜单

◎ 180°：选择该命令可将整个图像旋转 180°。

◎ **90°（顺时针）**：选择该命令可将整个图像顺时针旋转 90°。

◎ **90°（逆时针）**：选择该命令可将整个图像逆时针旋转 90°。

◎ **任意角度**：选择该命令，会打开图 3-5 所示的“旋转画布”对话框，在“角度”文本框中输入需要旋转的角度，数值范围在-359.99～359.99，旋转的方向由“顺时针”和“逆时针”单选项决定。

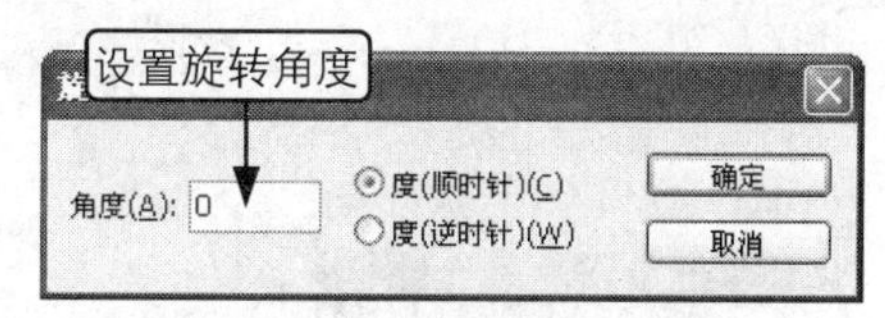

图 3–5　设置旋转角度

◎ **水平翻转画布**：选择该命令可将整个图像水平翻转。

◎ **垂直翻转画布**：选择该命令可将整个图像垂直翻转。

各种翻转效果如图 3-6 所示。

（a）原图像

（b）旋转 180°

（c）顺时针旋转 90°

（d）逆时针旋转 90°

（e）水平翻转

（f）垂直翻转

图 3–6　各种翻转效果

4. 案例——改变图像大小及方向

本案例将在 Photoshop CS4 中打开一幅图像文件，改变图像大小，并且调整图像方向。通过该案例的学习，可以掌握调整图像的方法。

改变图像大小及方向的具体操作如下。

❷ 打开“蜡烛.jpg”图像文件，如图 3-7 所示。

❷ 选择【图像】→【图像大小】命令，打开“图像大小”对话框，如图 3-8 所示。要缩小图像尺寸，可在“像素大小”栏中设置宽度为 600 像素，高度为 424 像素，然后单击 确定 按钮。

❷ 选择【图像】→【图像旋转】→【水平翻转画布】命令，将图像水平翻转，如图 3-9 所示。

图 3-7　素材图像

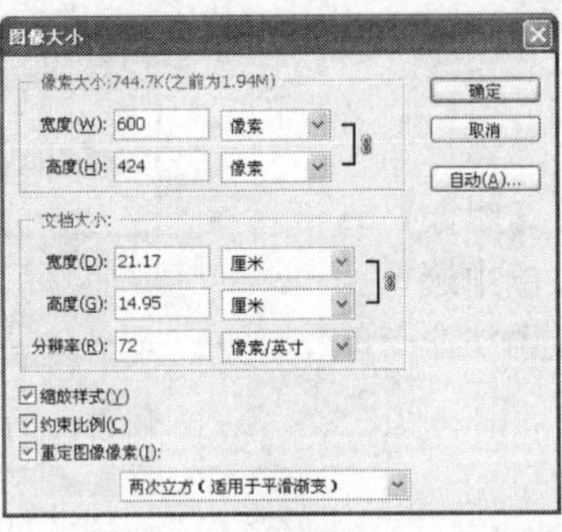

图 3-8　调整图像大小

图 3-9　水平翻转画布

试一试

取消选中“图像大小”对话框中的“缩放样式”复选框，观察改变图像大小后的效果。

3.1.2　编辑图像

编辑图像有多种操作方式。下面进行具体讲解。

1. 变换图像

变换图像是编辑处理图像经常使用的操作，它可以使图像产生缩放，旋转与斜切，扭曲与透视等效果。

缩放图像

在 Photoshop 中，可通过调整定界框使图像变形。选择【编辑】→【变换】→【缩放】命令可以使图像放大或缩小。如图 3-10 所示，拖动任意一个角即可对图像进行缩放。

图 3-10　缩放图像

旋转与斜切图像

如果要旋转图像，选择【编辑】→【变换】命令，然后在打开的子菜单中选择“旋转”或“斜切”命令，在打开的调整定界框中拖动方框中的任意一角即可对图像进行旋转与斜切，如图3-11所示。

图3-11　旋转与斜切图像

扭曲与透视图像

编辑图像时，为了增添某些效果，需要将图像进行扭曲或透视处理。选择【编辑】→【变换】命令，在打开的子菜单中选择“扭曲”或“透视”命令，在打开的调整定界框中拖动方框中的任意一角即可对图像进行扭曲与透视，如图3-12所示。

图3-12　扭曲与透视图像

变形图像

选择【编辑】→【变换】→【变形】命令，图像周围将出现6个调整方格，按住每个端点处的控制杆进行拖动，可以调整图像变形效果，如图3-13所示。

翻转图像

在图像编辑过程中，如需要使用对称的图像，则可以将图像翻转。选择【编辑】→【变换】命令，在打开的子菜单中选择“水平翻转”或“垂直翻转”命令即可翻转图像，如图3-14所示。

2. 复制与粘贴图像

复制就是对整个图像或图像的部分区域创建副本，然后将复制的图像或图像部分粘贴到另一处或另一图像文件中。复制与粘贴图像的具体操作如下。

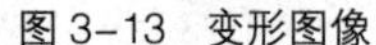

图 3-13　变形图像　　　　图 3-14　水平和垂直翻转图像

❶ 打开“苹果.jpg”图像文件，使用魔棒工具单击白色背景，然后按【Shift+Ctrl+I】组合键获取苹果图像的选区，如图 3-15 所示。选择【编辑】→【复制】命令复制选区中的图像。

❷ 打开另一幅图像文件“花朵背景.jpg”，选择【编辑】→【粘贴】命令将“苹果”图像粘贴到该图像中，如图 3-16 所示。

图 3-15　获取选区

图 3-16　粘贴图像

3. 裁剪图像

使用工具箱中的裁剪工具可以对图像的大小进行裁剪，以方便、快捷地获得需要的图像尺寸。需要注意的是，裁剪工具的属性栏在执行裁剪操作前后的显示状态不同。选择裁剪工具，属性栏如图 3-17 所示。

图 3-17　裁剪工具属性栏

属性栏中的各选项含义如下。

◎ “宽度”、“高度”和“分辨率”数值框：用于设置裁剪图像的宽度、高度和分辨率。

◎ 前面的图像 按钮：单击该按钮后裁剪完成的图像尺寸会与未裁剪的图像保持一致。

◎ 清除 按钮：清除上次操作设置的高度、宽度、分辨率等数值。

选择裁剪工具后，将鼠标光标移到图像窗口中，按住鼠标拖出选框，框选要保留的图像区域，如图 3-18 所示。在保留区域四周有一个定界框，拖动定界框上的控制点可调整裁剪区域的大小，如图 3-19 所示。此时，裁剪工具属性栏如图 3-20 所示。

◎ “裁剪区域”栏：选中“删除”单选项，裁剪区域以外的部分将被完全删除。选中“隐藏”单选项，裁剪区域以外的部分则被隐藏，选择【图像】→【显示全部】命令，则会取消隐藏。需要注意的是，在背景图层中，“裁剪区域”栏不会被激活。

◎ 屏蔽颜色：用于设置被裁剪部分的显示颜色，用户可以根据需要进行颜色的设置。

◎ “不透明度”数值框：用于设置裁剪区域的颜色阴影的不透明度，其数值范围为 1～100。

◎ “透视”复选框：用于改变裁剪区域的形状。

◎ ⊘按钮：单击该按钮可以取消当前裁剪操作。

◎ ✓按钮：单击该按钮或按【Enter】键可以对图像进行裁剪。

图 3-18 选框图像区域

图 3-19 调整区域大小

图 3-20 变换后的属性栏

4. 填充和描边图像

在 Photoshop CS4 中可以对图像进行填充和描边，但首先需要在图像中绘制一个选区，然后对图像进行操作。

填充图像

“填充”命令主要用于对选择区域或整个图层填充颜色或图案。选择【编辑】→【填充】命令，打开“填充”对话框，如图 3-21 所示。其中参数介绍如下。

◎ “使用”下拉列表框：在此下拉列表框中有多种填充内容，包括前景色、背景色、图案、历史记录、黑色、50%灰色及白色等。

◎ “混合”栏：在该栏中可以分别设置不透明度及填充模式。

在图像中建立一个选区，如图 3-22 所示，选择【编辑】→【填充】命令，打开“填充”对话框，在“使用”下拉列表框中选择“图案”，然后在“自定图案”下拉列表框中选择一种喜欢的图案，如图 3-23 所示，单击 确定 按钮得到图案填充效果，如图 3-24 所示。

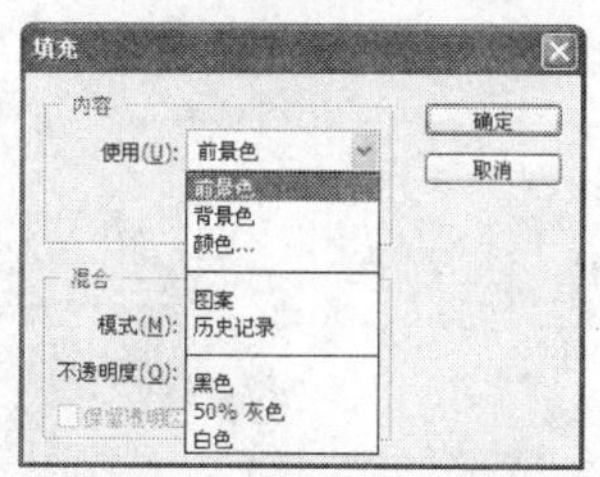

图 3-21 “填充”对话框

图 3-22 绘制选区

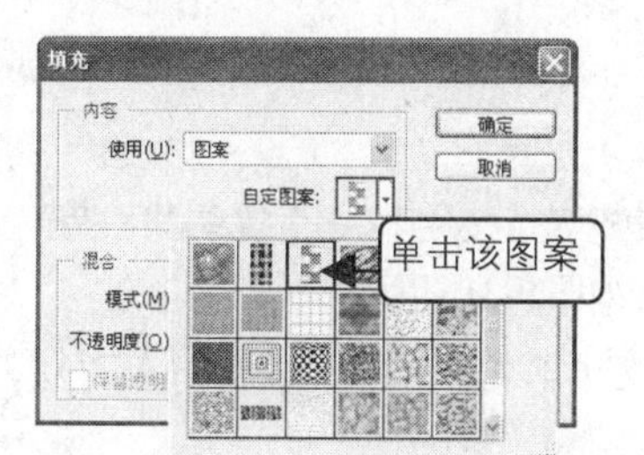

图 3-23 选择图案

图 3-24 填充效果

描边图像

“描边”命令用于在用户选定的区域边界线上，用前景色进行笔划式的描边。在图像中创建一个选区，如图 3-25 所示，选择【编辑】→【描边】命令，打开“描边”对话框，设置描边宽度、颜色和位置，如图 3-26 所示，单击 确定 按钮得到图像的描边效果，如图 3-27 所示。

图 3-25　绘制选区

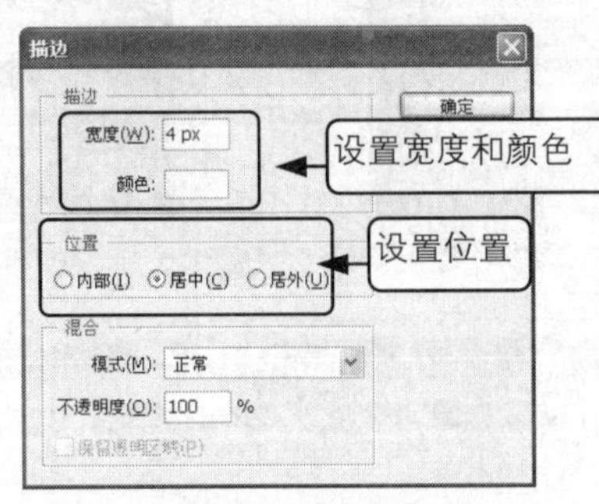

图 3-26　设置描边和颜色

图 3-27　描边效果

“描边”对话框中各选项含义如下。

◎ “宽度”数值框：可以设置描边的宽度，以像素点为单位。

◎ “颜色”栏：用于设置描边颜色。

◎ “位置”栏：设置描边的位置是选区内（居内）、选区上（居中）或选区外（居外）。

提示：创建选区的具体操作将在第 4 章做详细介绍。

5．案例——制作画框中的小提琴

本例将制作“画框中的小提琴”图像效果，主要使用了图 3-28 所示的“小提琴”和“边框”图像，制作后的效果如图 3-29 所示。制作该图像的关键是通过将小提琴复制到边框图像中，并调整图像大小。通过该案例的学习，可以掌握复制与粘贴图像的操作方法。

图 3-28 “小提琴”和“边框”图像

图 3-29 “画框中的小提琴”效果

制作该图像的具体操作如下。

❶ 打开“小提琴.psd”图像，为了快速获取小提琴图像选区，按住【Ctrl】键单击“图层”面板中图层 1 前的图层缩览图，如图 3-30 所示，得到图像选区，如图 3-31 所示。

❷ 按【Ctrl+C】组合键复制选区图像，然后打开“边框.jpg”图像，选择【编辑】→【粘贴】命令，将小提琴图像粘贴到边框图像中，如图 3-32 所示。

❸ 选择【编辑】→【变换】→【缩放】命令，在小提琴的四周将出现一个定界框，将鼠标光标放在右上

角按住【Shift + Alt】组合键向外拖动，以中心为原点，放大图像，如图 3-33 所示。拖动到合适的位置后，按【Enter】键确认，得到图 3-29 所示的效果。

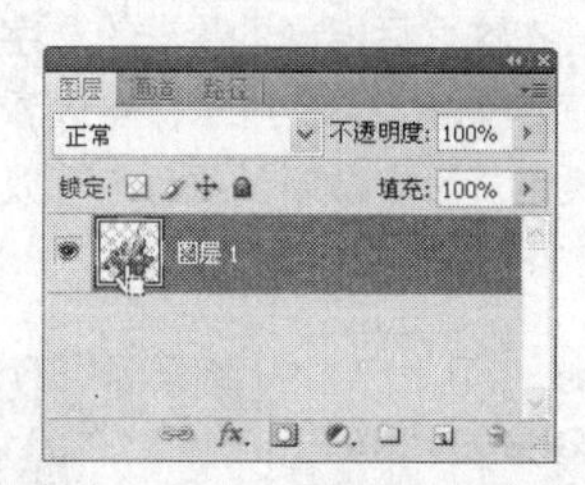

图 3-30　单击图层 1 的缩览图

图 3-31　获取图像选区

图 3-32　选择图案

图 3-33　拖动效果

试一试

在画面中绘制一个图像，选择【编辑】→【变换】命令，在其子菜单中选择各种变换命令，分别对图像应用变形操作。

3.1.3　撤消与重做

编辑图像时常有操作失误的情况，使用还原图像命令即可轻松回到原始状态，并且还可以通过该功能制作一些特殊效果。下面进行具体讲解。

1. 使用撤消命令还原图像

在编辑和处理图像的过程中，发现操作失误后应立即撤消误操作，然后重新操作。可以通过下面几种方法来撤消误操作。

◎ 按【Ctrl+Z】组合键可以撤消最近一次进行的操作，再次按【Ctrl+Z】组合键又可以重做被撤消的操作；每按一次【Alt+Ctrl+Z】组合键可以向前撤消一步操作；每按一次【Shift+Ctrl+Z】组合键可以向后重做一步操作。

◎ 选择【编辑】→【还原】命令可以撤消最近一次进行的操作；撤消后选择【编辑】→【重做】命令又可恢复该步操作；每选择一次【编辑】→【后退一步】命令可以向前撤消一步操作；每选择一次【编辑】→【前进一步】命令可以向后重做一步操作。

2. 使用“历史记录”面板还原图像

如果在 Photoshop 中对图像进行了误操作，可以使用“历史记录”面板恢复图像在某个阶段操作时的效果。

使用“历史记录”面板可以很方便地将图像恢复到一个指定的状态，用户只需要单击“历史记录”面板中的操作步骤，即可回到该步骤状态。其具体操作如下。

❶ 首先对一幅图像进行操作，“历史记录”面板将显示操作步骤，如图 3-34 所示。

❷ 单击“裁切”记录就可以将图像恢复到使用裁切工具的状态，在这之后所做的操作（文字工具、自由变换、移动等）将被撤消。选择还原操作后的“历史记录”面板如图 3-35 所示，可以看到“裁切”记录后的操作都变成了灰色，表示这些操作都已被撤消。如果用户没有做新的操作，可以单击这些状态来重做一步或多步操作。

图 3-34 使用操作显示

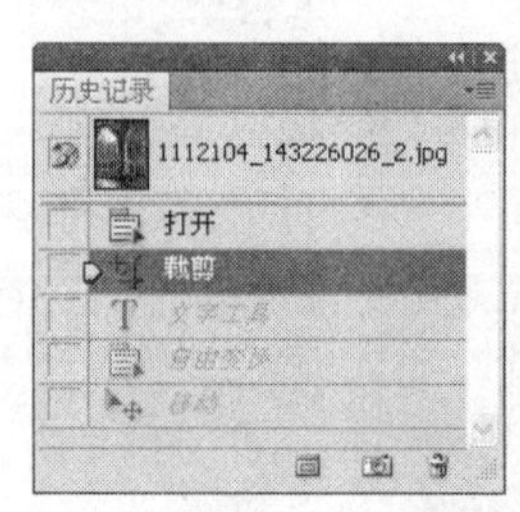

图 3-35 恢复到裁切工具

3.2 上机实战

本小节安排了两个实例，主要练习图像的复制、变换操作，以及图像尺寸的调整等。

上机目标：

◎ 熟练掌握图像的透视变换操作；

◎ 了解并掌握照片的尺寸以及调整方法。

建议上机学时：2 学时。

3.2.1 制作立体图片

1. 实例目标

本例将制作一个立体图片效果，完成后的参考效果如图 3-36 所示。本例主要通过复制图像，对图像做变形操作来强化巩固本章的相关知识。

图 3-36 立体图片效果

2. 操作思路

下面开始绘制立体图片，在画面中一共需要用到 3 张素材图像。根据上面的实例目标，本例的操作思路如图 3-37 所示。

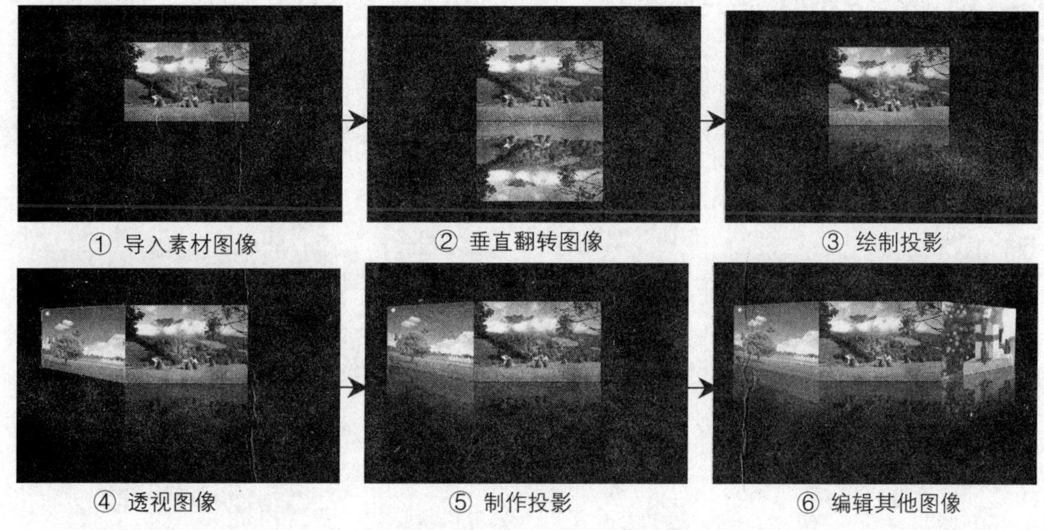

图 3–37　绘制立体图片的操作思路

制作本例的具体操作如下。

❶ 新建文件，按下【Delete】键恢复前景色为黑色，背景色为白色。再按【Alt + Delete】组合键填充图像背景为黑色。打开“图片 3.jpg”素材文件，拖入到新建文件中，调整图像大小及位置。

❷ 选择橡皮擦工具，对图像底部进行适当地涂抹擦除图像，得到投影效果。

❸ 打开“图片 3.jpg”素材文件，拖入到新建文件中，选择【图像】→【变换】→【透视】命令，使用鼠标选择定界框左侧的端点进行拖动，得到图像透视效果。

❹ 复制该图像，垂直翻转此图像并进行透视变换，然后使用橡皮擦工具擦除底部图像，得到投影效果。

❺ 打开“图片 2.jpg”素材文件，采用相同的方式，为图像做透视操作，并制作投影效果。

提示：橡皮擦工具的使用方法将在第 5 课进行详细介绍。

3.2.2　调整照片尺寸

1. 实例目标

本例将为一张照片更改尺寸，首先要了解照片修改后的尺寸，然后在“画布大小”对话框中输入数值即可。本例完成后的参考效果如图 3-38 所示。

图 3–38　更改照片尺寸效果

2. 专业背景

照片的尺寸都是以英寸为单位的，为了方便中国人使用，可以换算为厘米（cm）来使用。目前通用标准照片尺寸大小是有较严格规定的。现在国际通用的照片尺寸如下。

◎ 1 英寸证件照的尺寸应是 3.6cm × 2.7cm。

◎ 2 英寸证件照的尺寸应是 3.5cm × 5.3cm。

◎ 5 英寸（最常见的照片大小）照片的尺寸是 12.7cm × 8.9cm。

◎ 6 英寸（国际上比较通用的照片大小）照片的尺寸是 15.2cm × 10.2cm。

◎ 7 英寸（放大）照片的尺寸是 17.8cm × 12.7cm。

◎ 12 英寸照片的尺寸是 30.5cm × 25.4cm。

3. 操作思路

了解照片尺寸的相关知识后便可开始修改照片了。根据上面的实例目标，本例的操作思路如图 3-39 所示。

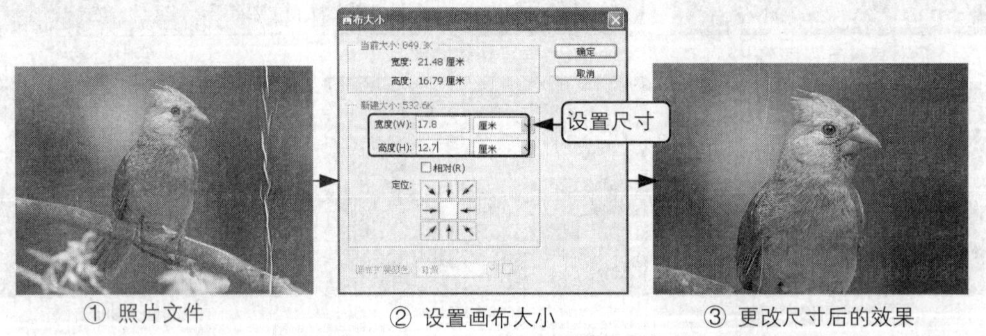

图 3-39 更改照片尺寸的操作思路

制作本例的具体操作如下。

❶ 打开“鸟.jpg”素材文件，选择裁剪工具先对画面区域进行框选，在图像中获取需要保留的图像。

❷ 选择【图像】→【画布大小】命令，打开“画布大小”对话框。

❸ 设置照片大小 7 英寸，即宽度和高度 17.8cm × 12.7cm。单击 确定 按钮，在弹出的对话框中再单击 确定 按钮，得到改变尺寸后的照片。

提示：如果要放大图像，同样需要先设置图像的宽度和高度，然后单击 确定 按钮，放大的部分图像会与背景色相同。

3.3 常见疑难解析

问：“剪切”和“拷贝”之间有什么区别？为什么执行这两个操作之后，还要选择“粘贴”命令才能完成操作？

答：二者的区别是：选择“剪切”命令，源图像选区中的图像被删除；而选择“拷贝”命令，不会对源图像产生任何影响。无论使用“剪切”还是“拷贝”命令，都将对象暂时保存在内存中，所以必须选择“粘贴”命令，才能将对象放在目标位置。

问：如果想要将一张平面图制作成包装盒效果，一般会使用什么方法？

答：在 Photoshop CS4 中，使用变换命令可以对图像进行缩放、旋转、斜切、扭曲、翻转、透视等操作。因此，要将平面图制作成包装盒效果，使用变换命令是最常用的方法之一。

问：当操作较多后，在应用还原命令时，为什么有些操作不能还原呢？

答：这是因为撤消命令设置的步数太少。默认情况下，Photoshop 的撤消步数为 20，选择【编辑】→【首选项】→【性能】命令，在打开的对话框中改变历史记录步数。

3.4 课后练习

（1）打开素材文件“游泳池.jpg”，使用各种工具进行操作，然后在“历史记录”面板中查看操作步骤，进行还原处理。

（2）打开素材文件“飞鸟.jpg”，使用横排文字工具 T 在画面中输入一行文字，如图 3-40 所示，选择【编辑】→【变换】命令，在其子菜单中选择各种变换命令，对图像进行相应的变换操作，效果如图 3-41、图 3-42 和图 3-43 所示。

图 3-40 输入文字

图 3-41 倾斜文字

图 3-42 旋转文字

图 3-43 缩放文字

（3）打开素材文件“花朵.jpg”，如图 3-44 所示，使用磁性套索工具获取花朵图像选区，按【Ctrl+C】组合键复制选区中的图像，再打开素材文件“花朵 2.jpg”，选择【编辑】→【粘贴】命令，将花朵图像粘贴到花朵 2 素材图像中，如图 3-45 所示。

图 3-44 获取选区

图 3-45 粘贴图像

（4）打开素材文件“边框.jpg”，如图 3-46 所示，选择【图像】→【画布大小】命令，在打开的“画布大小”对话框中缩小画面的宽度，默认【定位】位置为中央。接着打开“风景.jpg”图像，按【Ctrl+A】组合键全选图像，选择【编辑】→【拷贝】命令，然后切换到“边框”文件中，选择【编辑】→

【粘贴】命令，按【Ctrl＋T】组合键对图像进行缩小操作，制作出图 3-47 所示的效果。

图 3–46　边框图像

图 3–47　最终效果

第 4 课
创建和调整选区

学生：老师，通过前面的学习我掌握了 Photoshop CS4 中的图像基本操作，但我发现在绘制图像时还会遇到很多问题。怎样才能快速绘制一个圆形或正方形，以及怎样快速选择部分图像呢？

老师：在 Photoshop 中可以通过创建选区来绘制图像，还可以获取图像的选区，对选区内的图像进行变换操作。

学生：选区的操作复杂吗？

老师：选区的使用并不复杂，但需要用心学习。内容主要有创建选区和调整选区两部分。掌握了选区的基本操作技能，即可进行巧妙的应用。

学生：老师，那我们就赶快学习吧！

学习目标

- 绘制固定形状选区
- 自由绘制选区
- 快速获取选区
- 修改选区
- 变换选区
- 存储和移动选区

4.1 课堂讲解

本课将主要讲述选区的创建和选区的调整，包括创建规则选区、快速获取图像选区、修改选区、变换选区、载入选区等操作。通过相关知识点的学习和 4 个案例的制作，可掌握各种选区工具和命令的应用，以及如何对选区进行调整等操作。

4.1.1 创建选区

在 Photoshop 中建立选区的方法有很多，可以使用工具或命令来创建，这些方法都是根据几何形状或像素颜色来进行选择的。而大多数操作都不是针对整个图像，因此就需要创建选区来指明操作对象，这个过程就是建立选区的过程。下面进行具体讲解。

1. 矩形选框工具

使用矩形选框工具主要用于创建外形为矩形的规则选区。矩形的长和宽可以根据需要任意控制，还可以创建具有固定长宽比的矩形选区。选取矩形选框工具，在对应的属性栏中可以进行羽化、样式等设置，如图 4-1 所示。

图 4-1 矩形选框工具属性栏

其中各选项介绍如下。

- ◎ 按钮组：用于控制选区的创建方式，选择不同的按钮将进入不同的创建类型，表示创建新选区，表示添加到选区，表示从选区减去，表示与选区交叉。
- ◎ “羽化”数值框：通过该数值框可以在选区的边缘产生一个渐变过渡，达到柔化选区边缘的目的。取值范围为 0～255 像素，数值越大，像素化的过渡边界就越宽，柔化效果也就越明显。
- ◎ “样式”下拉列表框：在其下拉列表框中可以设置矩形选框的比例或尺寸，有“正常”、“固定比例”和“固定大小”3 个选项。
- ◎ “消除锯齿”复选框：用于消除选区的锯齿边缘。使用矩形选框工具时不能使用该选项。
- ◎ 调整边缘...按钮：单击该按钮，打开“调整边缘”对话框如图 4-2 所示，在其中可以定义边缘的半径、对比度和羽化程度等，可以对选区进行收缩和扩充，另外还有多种显示模式（如快速蒙版模式和蒙版模式等）可选。

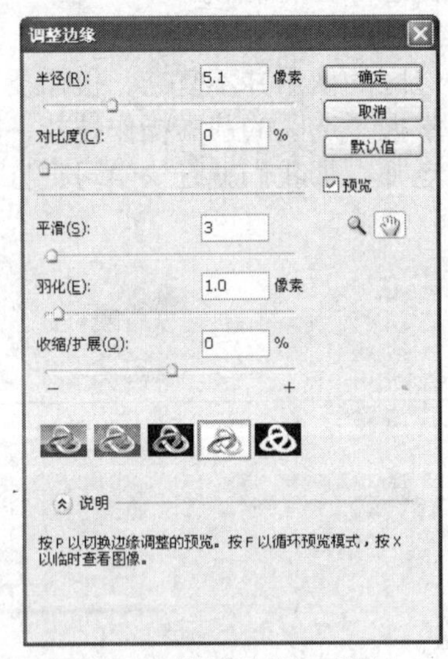

图 4-2 “调整边缘”对话框

绘制矩形选区，应首先在工具属性栏中设置参数，然后将鼠标光标移动到图像窗口中，按住鼠标左键拖动即可建立矩形选区，如图 4-3 所示。在创建矩形选区时按住【Alt】键，则可创建由图像窗口中心开始的选区，如图 4-4 所示。

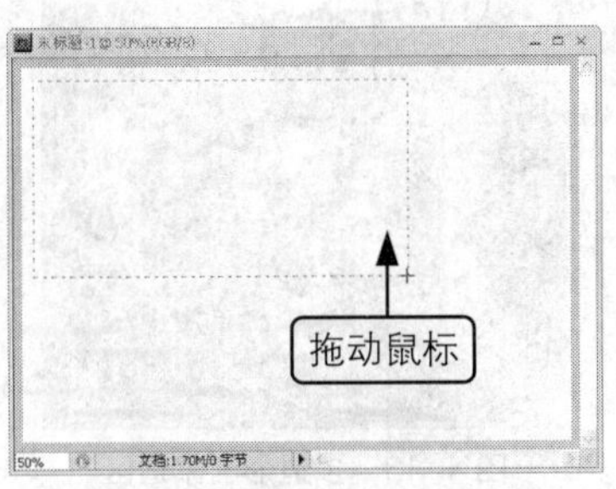

图 4-3　从图像窗口的一角拖动

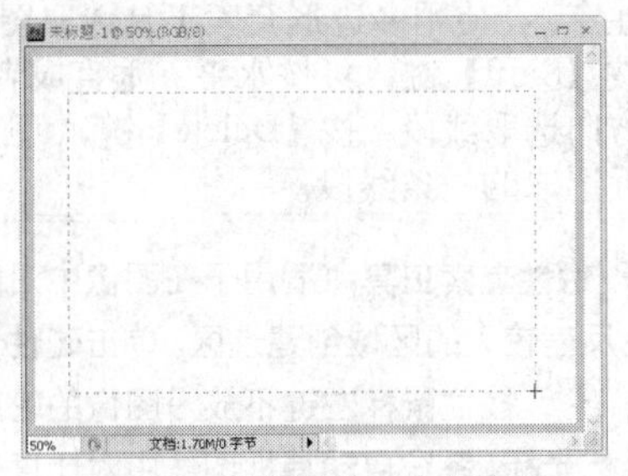

图 4-4　从图像窗口中心拖动

技巧：如果要创建正方形选区，可先按住【Shift】键，然后按下鼠标左键并拖动即可。

2. 椭圆选框工具

选取工具箱中的椭圆选框工具，然后在图像上拖动鼠标，即可创建椭圆形选区，如图 4-5 所示。按住【Shift】键同样可以绘制圆形选区，如图 4-6 所示。

图 4-5　绘制椭圆形选区

图 4-6　绘制圆形选区

3. 单行、单列选框工具

用户在 Photoshop CS4 中绘制表格式的多条平行线时，使用单行选框工具和单列选框工具会十分方便。在工具箱中选择单行选框工具或单列选框工具，在图像上单击鼠标，即可创建一个宽度为 1 像素的单行或单列选区，如图 4-7 和图 4-8 所示。

图 4-7　绘制单行选区

图 4-8　绘制单列选区

4. 套索工具组

套索工具用于创建不规则选区。套索工具组包括自由套索工具、多边形套索工具和磁性套索工具。在工具箱中的按钮处单击鼠标右键，将弹出图 4-9 所示的套索工具组下拉列表。

套索工具　L
■ 多边形套索工具　L
磁性套索工具　L

图 4-9　套索工具组

其中各按钮的作用如下。

◎ 套索工具：用于创建手绘类不规则选区。

在工具箱中选取套索工具，在图像中按住鼠标左键并拖动鼠标光标，如图 4-10 所示，完成选取后释放鼠标，绘制的套索线将自动闭合形成选区，如图 4-11 所示。

图 4-10 绘制选区

图 4-11 绘制完成后的选区

◎ 多边形套索工具：使用多边形套索工具可以选取比较精确的图形，该工具适用于选取边界为直线或边界曲折的复杂图形。先在图像中单击创建选区的起始点，然后沿着需要选取的图像区域移动鼠标，并在多边形的转折点处单击鼠标，作为多边形的一个顶点，如图 4-12 所示；当回到起始点时，光标右下角将出现一个小圆圈，即生成最终的选区，如图 4-13 所示。

图 4-12 创建选区边界

图 4-13 多边形套索选区

注意：在使用多边形套索工具选取图像时，按【Shift】键，可按水平、垂直或者 45°方向选取线段；按【Delete】键，可删除最近选取的一条线段。

◎ 磁性套索工具：适用于在图像中沿图像颜色反差较大的区域创建选区。单击磁性套索工具，按住鼠标左键不放沿图像的轮廓拖动鼠标光标，系统自动捕捉图像中对比度较大的图像边界并自动产生节点，如图 4-14 所示，当光标到达起始点时单击鼠标即可完成选区的创建，如图 4-15 所示。

图 4-14 磁性节点

图 4-15 绘制完成的选区

技巧：在使用磁性套索工具创建选区的过程中，可能由于鼠标没有移动好而造成生成了一些多余的节点，按【Backspace】键或【Delete】键来删除最近创建的磁性节点，然后从删除节点处继续绘制选区。

5. 魔棒工具

魔棒工具用于选择图像中颜色相似的不规则区域。选择魔棒工具，然后在图像中的某个点上单击，即可将该图像附近颜色相同或相似的区域选取出来。

选择魔棒工具后，属性栏中显示其选项，如图 4-16 所示。

图 4-16　魔棒工具属性栏

其中各选项介绍如下。

◎ “容差”数值框：用于控制选定颜色的范围。数值越大，颜色区域越广。

◎ “连续”复选框：选中该复选框，只选择与单击点相连的同色区域，如图 4-17 所示；未选中该复选框，将整幅图像中符合要求的色域全部选中，如图 4-18 所示。

图 4-17　选择复选框后的选区

图 4-18　未选中复选框后的选区

◎ “对所有图层取样”复选框：当选中该复选框并在任意一个图层上应用魔棒工具，此时所有图层上与单击处颜色相似的区域都会被选中。

6. 快速选择工具

快速选择工具是魔棒工具的快捷版本，可以不用任何快捷键进行加选，其属性栏中也有新选区、添加到选区、从选区减去 3 种模式可选，如图 4-19 所示。

图 4-19　快速选择工具属性栏

使用快速选择工具快速选择颜色差异大的图像会非常直观、快捷。使用时按住鼠标左键不放可以像绘画一样选择区域，如图 4-20 所示。

图 4-20　使用快速选择工具获取选区

7. “色彩范围”命令

“色彩范围”命令是从整幅图像中选取与指定颜色相似的像素，其选取的区域比魔棒工具选取的区域更广。选择【选择】→【色彩范围】命令，打开“色彩范围”对话框，如图 4-21 所示。其中各选项介绍如下。

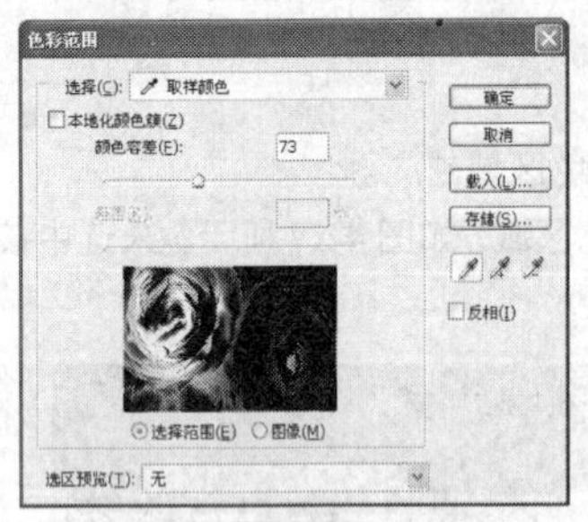

图 4-21 “色彩范围”对话框

◎ “选择”下拉列表框：用于选择图像中的各种颜色，也可通过图像的亮度选择图像中的高光、中间调和阴影部分。用户可用拾色器在图像中任意选择一种颜色，然后根据容差值来创建选区。

◎ “颜色容差”数值框：用于调整颜色容差值的大小。

◎ “选区预览”下拉列表框：用于设置预览框中的预览方式，包括“无”、“灰度”、“黑色杂边”、“白色杂边”和“快速蒙版”5 种预览方式，用户可以根据需要自行选择。

◎ “选择范围”单选项：选中该单选项，在预览区中将以灰度显示选择范围内的图像，白色表示被选择的区域，黑色表示未被选择的区域，灰色表示选择的区域为半透明。

◎ “图像”复选框：选中该单选项，在预览区内将以原图像的方式显示图像的状态。

◎ “反向”复选框：选中该复选框，可实现在预览图像窗口中选中区域与未选中区域之间的相互切换。

◎ 吸管工具：工具用于在预览图像窗口中单击取样颜色，和工具分别用于增加和减少选择的颜色范围。

8. 案例——绘制弯弯的月亮

本实例将给图 4-22 所示的“小兔”图像绘制月亮和星星，绘制后的效果如图 4-23 所示，绘制了月亮和星星，整个卡通画面显得更加饱满。制作该图像的关键步骤是通过增加选区，绘制出多个圆环图像。

图 4-22 “小兔”图像

图 4-23 月亮的星星效果

制作该图像的具体操作如下。

❶ 打开“小兔.jpg”图像，选择工具箱中的椭圆选框工具，按住【Shift】键在画面左上方绘制一个圆形选区，如图 4-24 所示。

图 4-24 绘制圆形选区

❷ 单击属性栏中的“从选区减去”按钮，在圆形选区中拖动选区，得到一个月牙选区，如图 4-25 所示。

❸ 设置前景色为淡黄色，按【Alt+Delete】组合键填充选区颜色，如图 4-26 所示。

❹ 选取多边形套索工具，单击属性栏中的“添加到选区”按钮，在画面中绘制星光选区，同样填充前景色为淡黄色，如图 4-27 所示。

图 4-25　绘制月牙选区

图 4-26　绘制星光选区

图 4-27　填充星光图像

试一试

选择一种绘制选区工具，分别单击属性栏中各种控制选区的创建方式按钮，对选区应用增添、减少和交叉等操作。

9. 案例——获取图像选区

本实例将为图 4-28 所示的“花朵”图像获取选区。制作该图像的关键是使用魔棒工具获取背景图像选区，然后使用“色彩范围”命令获取图像选区。

图 4-28 “花朵”图像

制作该图像的具体操作如下。

❶ 打开“花朵.jpg”图像，选择工具箱中的魔棒工具，设置工具属性栏中的参数，如图 4-29 所示。

图 4-29　魔棒工具属性栏

❷ 在图像蓝色背景中的任意位置单击选择蓝色背景所在的区域，然后按【Shift+Ctrl+I】组合键将选区反选，如图 4-30 所示。

❸ 选择【选择】→【色彩范围】命令，打开【色彩范围】对话框，设置颜色容差为 103，然后单击图像中的白色花瓣，如图 4-31 所示。

图 4–30　反选选区

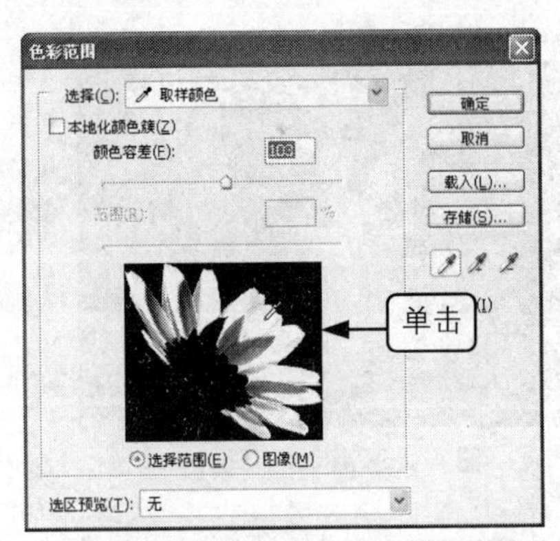

图 4–31　设置取样颜色

❹ 单击对话框中的按钮，在白色花瓣中灰色图像处单击鼠标，如图 4-32 所示，单击确定按钮获取花瓣图像选区，如图 4-33 所示。

图 4–32　增加取样颜色

图 4–33　获取花瓣图像选区

想一想

本例练习了在“色彩范围”对话框中使用添加色彩范围的功能，想一想如果选择吸管工具单击图像，会有什么效果呢？

4.1.2　调整选区

本节将主要讲述如何调整选区，并将学习两个案例的制作。读者应结合这些实例熟练掌握图层的复制、删除、合并、对齐、分布、链接、显示/隐藏和建立图层编组等操作。下面进行具体讲解。

1. 全选和取消选择

在一幅图像中，如果要获取整幅图像的选区，选择【选择】→【全部】命令或按【Ctrl＋A】组合键即可全选选区。选区操作完毕后应及时取消选区，否则以后的操作始终对选区内的图像有效，选择【选择】→【取消选择】命令或按【Ctrl+D】组合键即可取消选区。

技巧：选择【选择】→【反选】命令或按【Shift+Ctrl+I】组合键，可以选取图像中除选区以外的图像区域。该命令常用于配合选框工具、套索工具等选取工具，对图像中复杂的区域进行间接选取。

2. 移动选区

在图像中创建选区后，将选框工具移动到选区内，按下鼠标左键并拖动光标，即可移动选区，如图 4-34 所示。

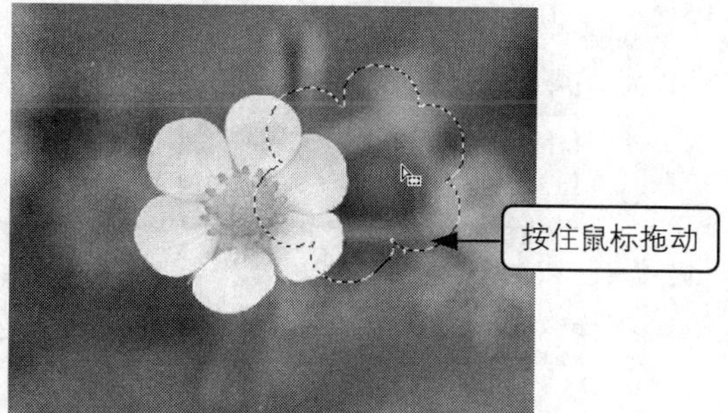

图 4-34 移动图像选区

3. 修改选区

当用户在图像中创建图像选区后，可以对选区进行扩大、缩小、扩边和平滑等修改操作。

扩展边界

选择【选择】→【修改】→【边界】命令，打开“边界选区”对话框，如图 4-35 所示。在“宽度”文本框中输入数值（取值范围为 1～64 像素），单击 确定 按钮即可在原选区边缘的基础上向内或向外进行扩边。图 4-36 所示为扩边前的选区。图 4-37 所示为将“宽度”设置为 12 像素，进行扩边后的选区。

图 4-35 “边界选区”对话框

图 4-36 扩边前的选区

图 4-37 扩边后的选区

平滑选区

选择【选择】→【修改】→【平滑】命令，打开图 4-38 所示的“平滑选区”对话框。在“取样半径”文本框中输入数值，可以使原选区范围变得连续而平滑。

扩展选区

选择【选择】→【修改】→【扩展】命令，打开图 4-39 所示的“扩展选区”对话框。在“扩展量”文本框中输入数值（取值范围为 1～16），然后单击 确定 按钮即可将选区扩大。

收缩选区

选择【选择】→【修改】→【收缩】命令，打开图 4-40 所示的“收缩选区”对话框。在“收缩量”文本框中可输入数值（取值范围为 1～16），

然后单击 确定 按钮即可将选区缩小。

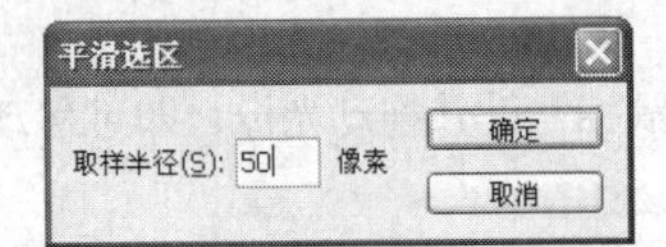

图 4-38 “平滑选区”对话框

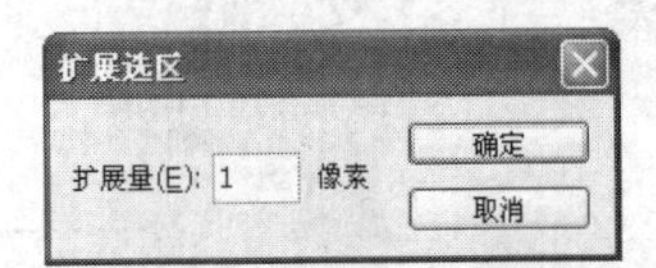

图 4-39 “扩展选区”对话框

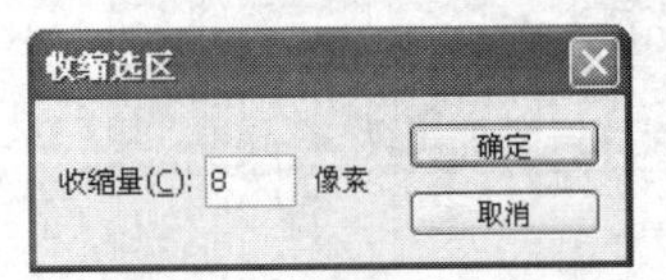

图 4-40 “收缩选区”对话框

羽化选区

羽化是图像处理中经常用到的一种效果。羽化效果可以在选区和背景之间建立一条模糊的过渡边缘，使选区产生“晕开”的效果。选择【选择】→【修改】→【羽化】命令，打开“羽化选区”对话框，如图 4-41 所示。在“羽化半径”数值框中输入数值（取值范围为 0～250），单击 确定 按钮即可羽化选区。羽化半径越大，得到的选区的边缘越平滑。图 4-42 和图 4-43 所示分别为将羽化半径设置为 30 像素和 60 像素的填充效果。

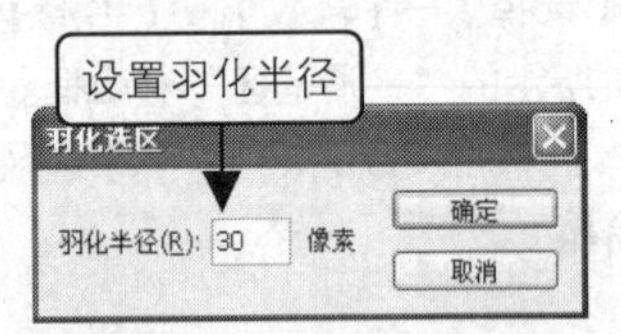

图 4-41 “羽化选区”对话框

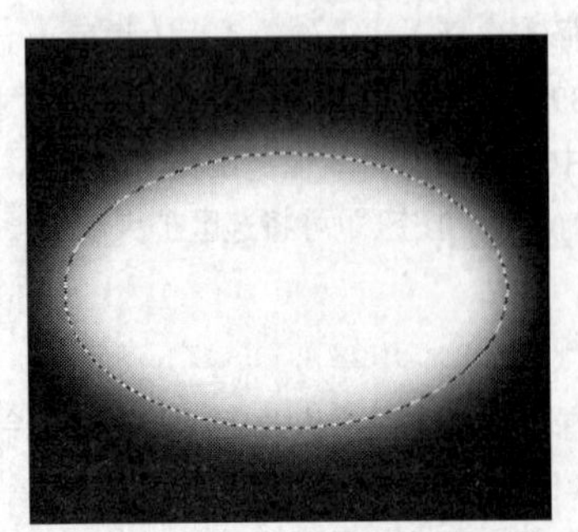

图 4-42 羽化半径为 30

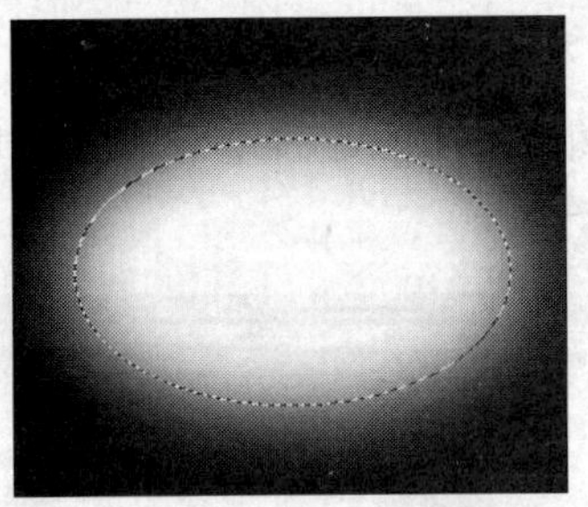

图 4-43 羽化半径为 60

技巧：按【Shift+F6】组合键可以打开“羽化选区”对话框。

4. 变换选区

“变换选区”命令可以对选区实施自由变形，而不会影响选区中的图像。选择【选择】→【变换选区】命令，选区的边框上出现 8 个控制点后，将鼠标移入控制点中，按住鼠标左键拖曳控制点可以改变选区的尺寸，如图 4-44 所示；当鼠标在选区之外时，鼠标光标将变为旋转样式指针，拖动鼠标会带动选区在任意方向上旋转，如图 4-45 所示。鼠标在选区内时，鼠标光标将变成移动式光标，拖动鼠标可将选区移动到需要的位置。

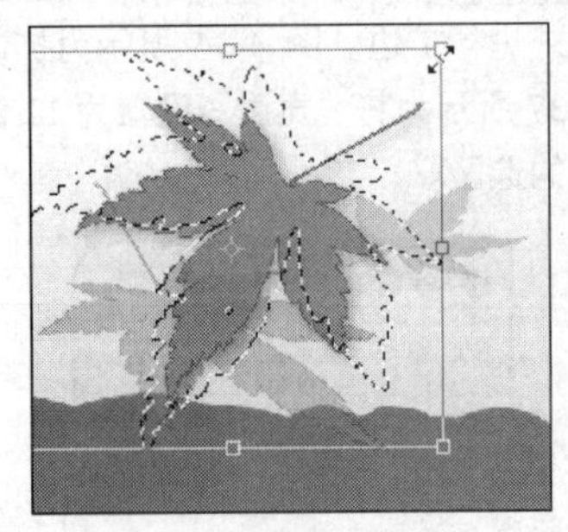

图 4-44 改变选区大小

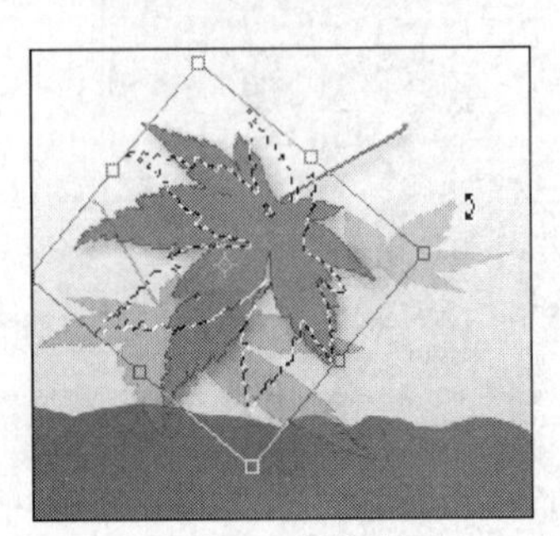

图 4-45 旋转选区

选区大小调整完毕后，按下【Enter】键确定操作；按下【Esc】键取消调整操作，并将选区恢复到调整前的状态。

5. 存储选区

对于创建好的选区，如果以后需要使用或在其他图像中使用，可以将其进行保存。选择【选择】→【存储选区】命令或在选区内单击鼠标右键，在弹出的快捷菜单中选择“存储选区”命令，打开“存储选区”对话框，如图4-46所示。其中选项介绍如下。

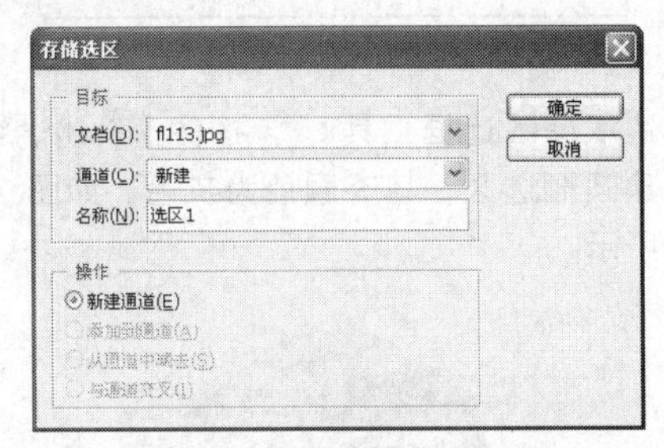

图4-46 “存储选区”对话框

◎ “文档”下拉列表框：用于选择是在当前文档中创建新的Alpha通道，还是创建新的文档，并将选区存储为新的Alpha通道。

◎ “通道”下拉列表框：用于设置保存选区的通道，在其下拉列表中显示了所有的Alpha通道和“新建”选项。

◎ “操作”栏：用于选择通道的处理方式，包括“新建通道”、“添加到通道”、“从通道中减去”和“与通道交叉”4个选项。

6. 载入选区

载入选区时，选择【选择】→【载入选区】命令，打开图4-47所示的“载入选区”对话框。在“通道”下拉列表框中选择存储选区时输入的通道名称，单击 确定 按钮即可载入该选区。

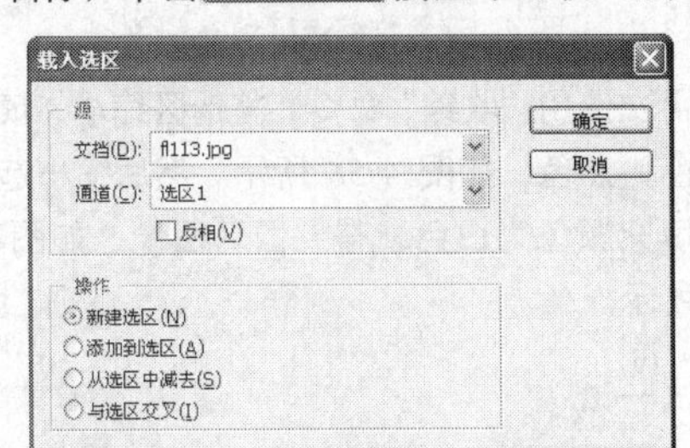

图4-47 “载入选区”对话框

7. 案例——添加艺术边框

本例将给图4-48所示的“玫瑰”图像添加艺术边框，制作效果如图4-49所示。制作该图像的关键是使用椭圆选框工具创建图像选区，然后羽化选区，对图像进行图案填充。

图4-48 “玫瑰”图像

图4-49 添加艺术边框图像

制作该图像的具体操作如下。

❶ 打开“玫瑰.jpg”图像文件，选择工具箱中的椭圆选框工具，在图像中绘制一个椭圆选区，如图4-50所示。

图4-50 创建椭圆选区

❷ 选择【选择】→【修改】→【羽化】命令，打开“羽化选区”对话框，设置羽化半径为20像素，如图4-51所示，单击 确定 按钮。

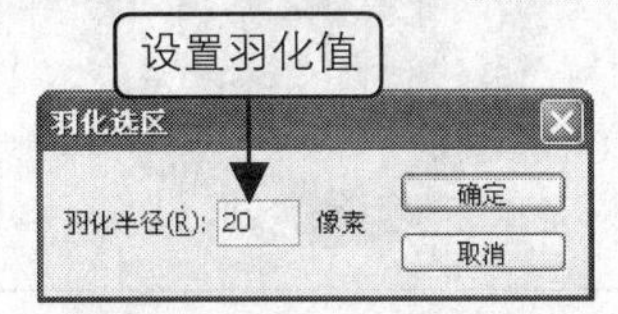

图4-51 设置羽化半径

❸ 按【Shift+Ctrl+I】组合键反选选区，然后选择【编辑】→【填充】命令，打开"填充"对话框，在"使用"下拉列表框中选择"图案"，在"自定图案"下拉列表框中设置一种图案，如图 4-52 所示，单击 确定 按钮，得到的图像效果如图 4-53 所示。

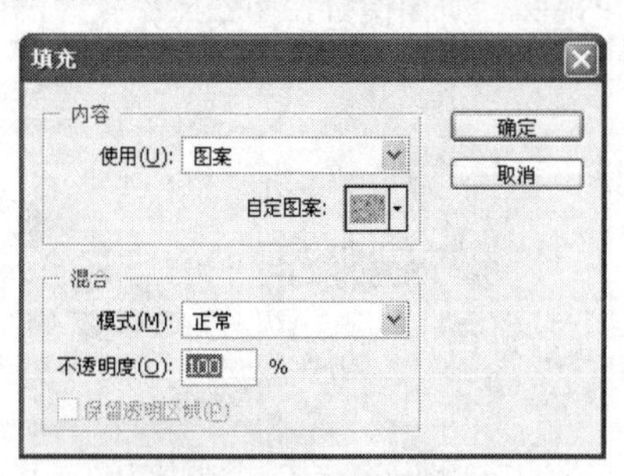

图 4-52　设置图案

图 4-53　边框效果

想一想

在本例中为什么要对选区进行羽化后才进行图案填充呢？

8．案例——制作圆环

本实例将绘制一个"圆环"图像，如图 4-54 所示。主要使用椭圆选框工具创建一个圆形选区，然后对选区进行修改，多次操作后得到圆环图像。

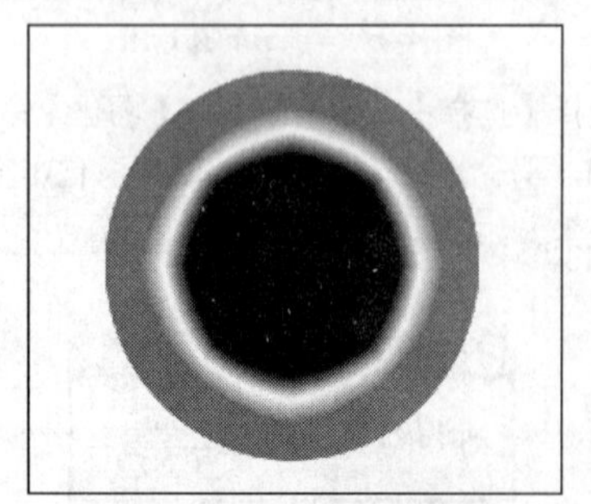

图 4-54　"圆环"图像

制作该图像的具体操作如下。

❶ 选择【文件】→【新建】命令，在"新建"对话框中设置宽度为 7cm、高度为 6cm 的文件，如图 4-55 所示。

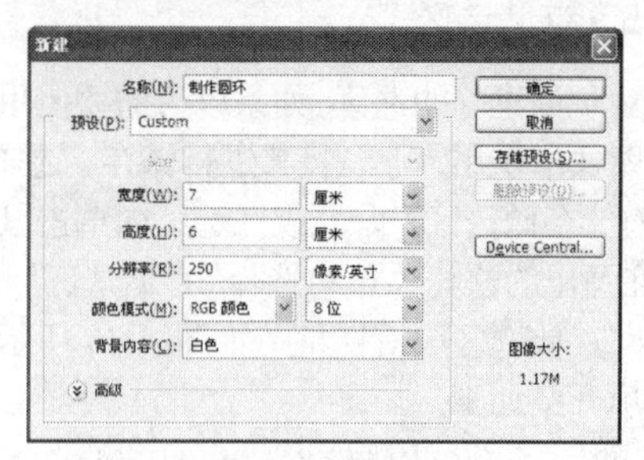

图 4-55　新建文件

❷ 选取椭圆选框工具，按住【Shift】键创建圆形选区，填充颜色为灰色，如图 4-56 所示。

图 4-56　绘制圆形

❸ 选择【选择】→【修改】→【收缩】命令，设置收缩量为 20，然后将得到的选区填充颜色为白色，如图 4-57 所示。

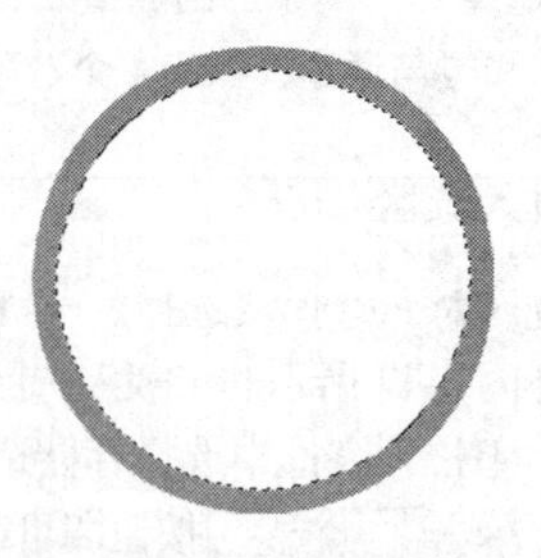

图 4-57　收缩选区填充颜色

❹ 再次使用"收缩"命令，将选区缩小，填充颜色为黑色，如图 4-58 所示。然后缩小选区，填充颜色为白色，得到圆环图像，如图 4-59 所示。

试一试

使用其他选框工具创建选区，并进行收缩操作。

图 4-58　再次收缩选区

图 4-59　圆环图像

4.2　上 机 实 战

本章上机实战将分别制作卡通投影图像和星光图像效果。综合练习本课的知识点，学习创建与编辑选区的具体操作。

上机目标：

◎　熟练掌握选框工具的使用；

◎　熟练掌握“羽化半径”对话框的使用；

◎　理解并掌握选区的修改。

建议上机学时：2 学时。

4.2.1　添加投影

1. 实例目标

本例将为图 4-60 所示的卡通图像制作投影效果，最终效果如图 4-61 所示。主要通过创建选区、羽化选区的操作，得到投影的基本区域，然后对选区填充颜色即可。

图 4-60　卡通人物

图 4-61　添加投影效果

2. 操作思路

用户在掌握了一定的选区操作知识后便可开始设计与制作，根据上面的实例目标，本例的操作思路如图 4-62 所示。

制作本例的主要操作步骤如下。

❶　打开“卡通人物.psd”图像文件，单击“图层”面板底部的“创建新图层”按钮 ，在图层 0 下方新建图层 3。

❷ 使用多边形套索工具，在图像中绘制人物投影选区。

❸ 按【Shift + F6】组合键，打开“羽化选区”对话框，设置羽化半径为 20，单击 确定 按钮。

❹ 设置前景色为黑色，背景色为白色。选择渐变工具，在选区中做线性渐变填充，得到投影效果。

① 创建选区　　② 添加投影

图 4-62　制作投影效果的操作思路

4.2.2 绘制星光图像

1. 实例目标

本实例将为图 4-63 所示的图像添加星光效果，完成后的参考效果如图 4-64 所示。本例使用了图 4-63 所示的夜空图像，关键是在画面中通过绘制选区、羽化选区、变换选区等操作，制作满天繁星的效果。

图 4-63　夜空图像

图 4-64　星光图像

2. 操作思路

了解和掌握了选框工具与各种调整选区操作方法后，根据上面的实例目标，本例的操作思路如图 4-65 所示。

① 创建选区

② 填充选区

③ 变换图像选区

图 4-65　绘制星光图像的操作思路

制作本例的主要操作步骤如下。

❶ 打开“夜空.jpg”图像文件，选择椭圆选框工具，单击属性栏中的“添加到选区”按钮，绘制一个

十字选区。

❷ 为选区填充白色，适当缩小后放到画面中。

❸ 再绘制一个十字选区，按【Shift + F6】组合键打开“羽化选区”对话框，设置羽化半径为 20，单击 确定 按钮为选区制作羽化效果。

❹ 选择【选择】→【变换选区】命令，对选区做旋转、缩小操作，然后填充白色。

❺ 将鼠标指针放到选区中，移动选区，每移动到一个位置便填充白色，直至得到漫天的星光效果。

4.3 常见疑难解析

问：如何将矩形选区变成圆角矩形选区？

答：选择【选择】→【修改】→【平滑】命令，即可将矩形选区变成圆角矩形选区。

问：在图像中创建选区后，怎样移动选区而不移动选区内图像呢？

答：使用选区工具，在属性栏选中“新选区”按钮，将鼠标指针移至选区内，当鼠标指针变为⬚时，即可按住鼠标左键移动选区。

问：在使用“色彩范围”命令对图像创建选区时，“色彩范围”对话框内的预览窗口太小，很难正确汲取颜色，有什么方法可以解决呢？

答：用吸管工具在狭小的预览框中的确很难汲取颜色，这时可在图像编辑区汲取颜色，如果图像编辑区内的图像显示太小，可先将图像放大，然后汲取颜色。

问：为什么按【Ctrl+M】组合键无法选择单列或单行选框工具？

答：在弹出矩形选框工具组时可以看到，只有在矩形选框工具⬚和椭圆选框工具◯的后面有“M”字样，而在单行选框工具⬚和单列选框工具⬚的后面没有“M”字样，这表示不能通过快捷键切换，因此按【Ctrl+M】组合键只能在矩形选框工具和椭圆选框工具之间切换。

4.4 课后练习

（1）新建一个图像文件，利用椭圆选框工具◯创建一个椭圆选区，然后选择其他选区创建工具，并结合【Shift】键和【Alt】键对当前选区进行增加或减少操作，最后对选区进行不同的羽化和填充不同的颜色。注意观察应用不同工具时选区的变化。

（2）打开“游戏人物.jpg”图像文件，如图 4-66 所示，制作如图 4-67 所示的朦胧光环效果，主要练习使用椭圆选框工具、缩小选区命令、删除命令等。

图 4-66　原图像

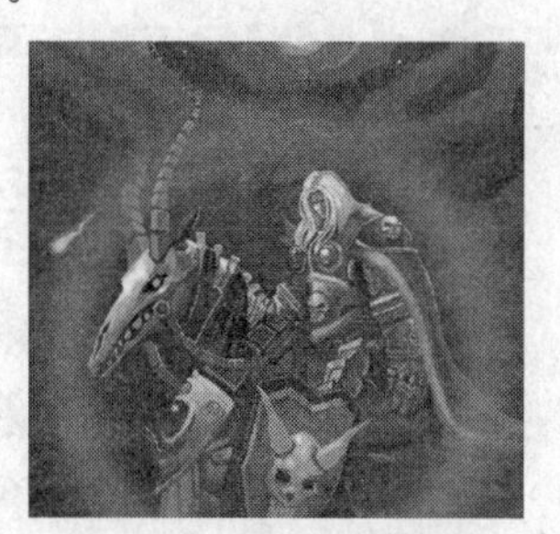

图 4-67　朦胧光环效果

第 5 课 绘图与图像修饰

学生：老师，通过前面的学习我基本掌握了 Photoshop CS4 中的部分工具和一些常用编辑命令的使用，但我发现对于一些破损的图像，或是需要修改的画面都不能进行处理。

老师：这是因为你还没有掌握 Photoshop 的图像修饰功能。Photoshop 的修饰功能可以用来修复画面中的污渍、去除多余图像、复制图像、对图像局部颜色进行处理等。这些工具的功能非常强大，我们需要用心学习。

学生：真的吗？掌握了这些工具是不是就能进行设计作品的制作了？

老师：这是不够的，还需要学习图像的绘制，这要涉及画笔工具和铅笔工具等。通过“画笔”面板的设置，才能在修复图像的基础上。对图像加以绘制，得到更加完整的画面效果。

学生：看来图像的绘制和修饰非常重要。老师，那我们就赶快学习吧！

学习目标

- 掌握画笔工具的使用
- 熟悉“画笔”面板的各项参数设置
- 了解历史记录画笔工具的使用方法
- 掌握图章工具组的使用方法
- 熟练掌握修复画笔工具组的使用方法
- 了解擦除图像的操作方法

5.1 课 堂 讲 解

本课将具体讲解图像处理的基本应用操作——图像绘制与编辑，主要介绍基本图像的绘制、艺术效果图形的绘制和图像的基本编辑。通过本课相关知识点的学习和 4 个案例的制作，可初步掌握画笔、铅笔、形状、修复、图章、模糊等工具的设置与应用。

5.1.1 绘制图像

1. 画笔工具

画笔工具用于创建比较柔和的线条，其效果类似水彩笔或毛笔。单击工具箱中的画笔工具，可显示画笔属性栏，如图 5-1 所示，通过属性栏可设置画笔的各种属性参数。

图 5–1 画笔工具属性栏

其中各选项含义如下。

◎ “画笔”栏：用于设置画笔笔头的大小和使用样式，单击“画笔”右侧的按钮，打开图 5-2 所示的画笔设置面板。其中各选项的含义如下。

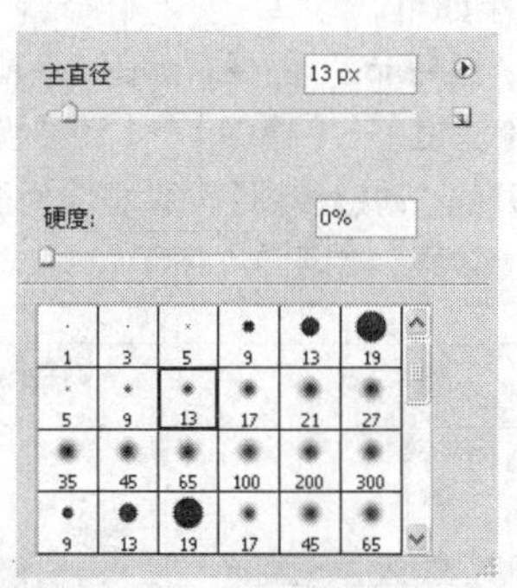

图 5–2 画笔设置面板

◎ “主直径”数值框：用于设置画笔笔头的大小。在其右侧的文本框中输入数值或拖动其底部滑杆上的滑块可以设置画笔的大小。

◎ “硬度”数值框：用于设置画笔边缘的晕化程度。数值越小，晕化越明显，类似毛笔在宣纸上绘制后产生的湿边效果。

◎ “模式”下拉列表框：用于设置画笔工具对当前图像中像素的作用形式，即当前使用的绘图颜色与原有底色之间进行混合的模式。

◎ “不透明度”数值框：用于设置画笔颜色的透明度。数值越大，不透明度越高。单击其右侧的按钮，拖动弹出的滑动条上的滑块也可实现透明度的调整。

◎ “流量”数值框：用于设置绘制时颜色的压力程度。数值越大，画笔笔触越浓。

◎ 喷枪工具：单击该按钮可以启用喷枪工具进行绘图。

使用画笔工具可以绘制预设的画笔效果。选择画笔工具，将前景色设置为所需的颜色，单击属性栏中的“切换画笔面板”按钮，在弹出的画笔面板中选择需要的画笔样式，如具有形状动态、散布、颜色动态等属性，也可对这些属性进行更改或添加新的属性，如图 5-3 所示。设置适当的画笔大小和间距后，将光标移动到图像中，单击或按住鼠标左键并拖动即可，效果如图 5-4 所示。

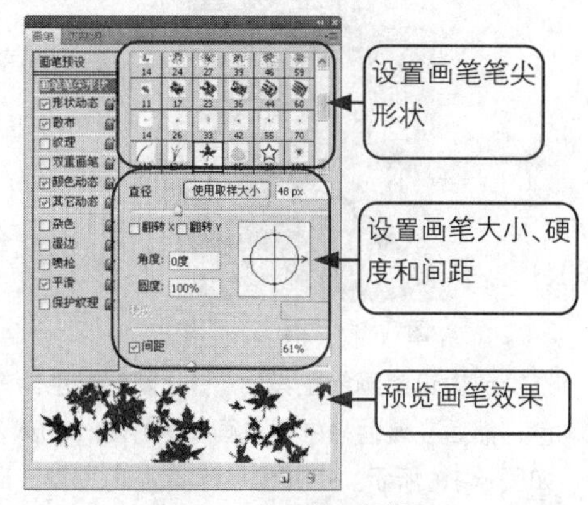

图 5–3 画笔面板设置

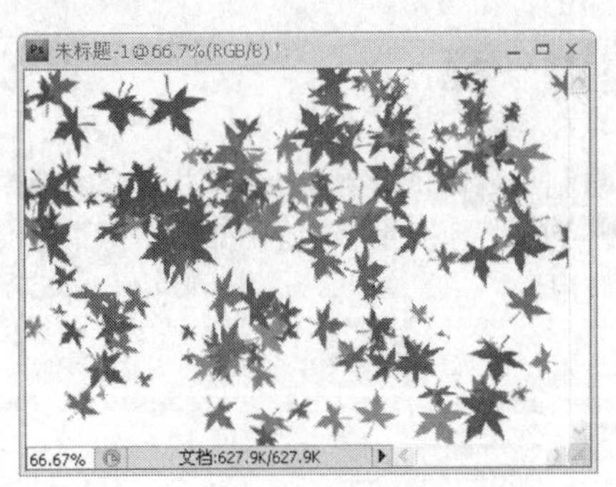

图 5-4　使用画笔工具绘制的图像

注意：单击画笔面板右上角的三角形按钮，即可在弹出的菜单中选择更多的笔尖形状。

2. 铅笔工具

使用铅笔工具可绘制硬边的直线或曲线。它与画笔工具的设置和使用方法相同，只是在工具属性栏中增加了一个“自动抹除”复选框，如图 5-5 所示。

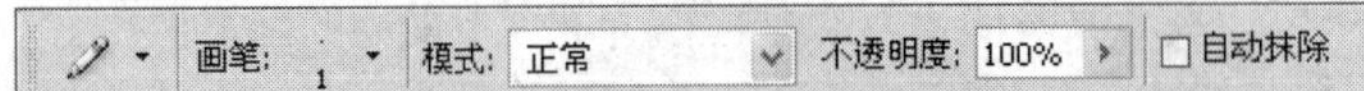

图 5-5　铅笔工具属性栏

当用户在与前景色相同的图像区域中绘画时，选中属性栏中的“自动抹除”复选框，铅笔工具将自动擦除前景色，并填充为背景色，如图 5-6 所示。

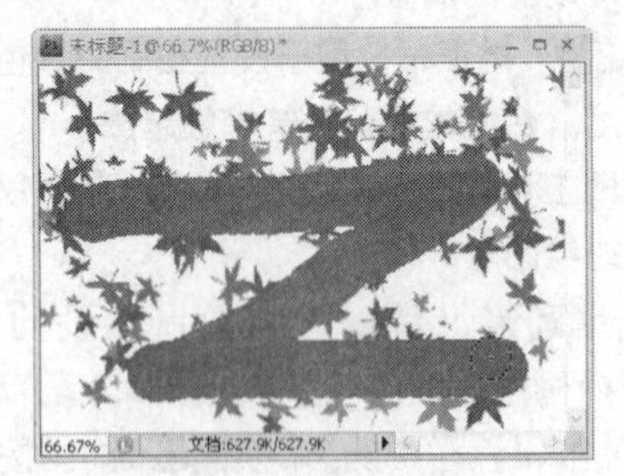

图 5-6　抹除图像

3. 历史记录画笔工具

使用历史记录画笔工具能够依照“历史记录”面板中的快照和某个状态，将图像的局部或全部还原到以前的状态。选择该工具，其属性栏与画笔工具类似，如图 5-7 所示。

使用历史记录画笔工具恢复图像效果，其具体操作如下。

❶ 打开“怪鸟.jpg”图像，如图 5-8 所示。

❷ 选择【滤镜】→【模糊】→【动感模糊】命令，在打开的“动感模糊”对话框中为图像添加动感模糊效果，如图 5-9 所示。

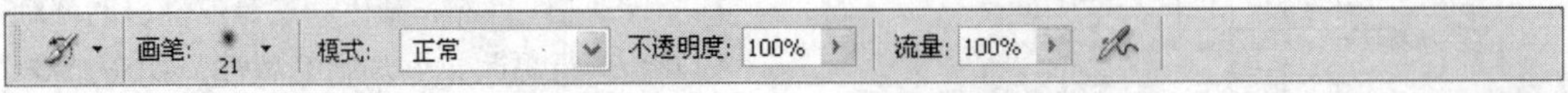

画笔: 21　模式: 正常　不透明度: 100%　流量: 100%

图 5-7　历史记录画笔工具属性栏

图 5-8　“怪鸟”图像

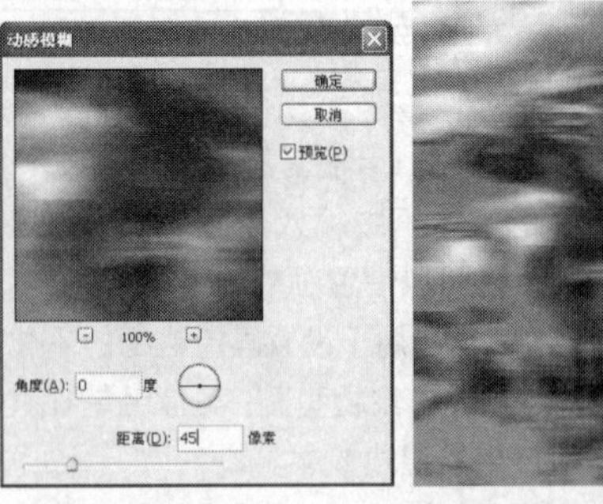

图 5-9　设置动感模糊效果

❸ 选择历史记录画笔工具，设置背景色为白色，然后在属性栏中设置画笔大小为 200px，如图 5-10 所示。在图像中涂抹怪鸟图像，得到部分恢复的图像，如图 5-11 所示。

技巧：历史记录艺术画笔工具的操作方法与历史记录画笔工具类似，其工具属性栏也是相似的。但历史记录艺术画笔工具能绘制出更加丰富的图像效果（如油画效果）。

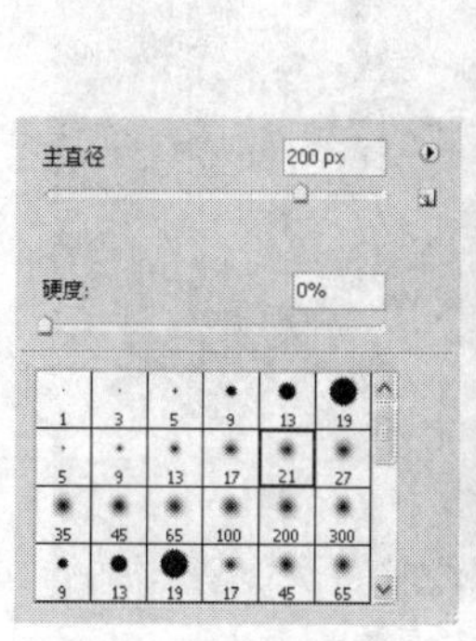

图5-10　设置画笔属性　　图5-11　涂抹效果

4. 案例——绘制草丛图像

本例制作的“草丛”图像效果如图 5-12 所示。制作该图像的关键在于画笔设置，在“画笔”面板中需要勾选多个选项进行参数设置。

图5-12　绘制的“草丛”图像效果

制作该图像的具体操作如下。

❶ 选择【文件】→【新建】命令，打开“新建”对话框，设置宽度为500像素，高度为300像素，其余参数设置如图 5-13 所示，单击 确定 按钮得到空白图像文件，如图5-14所示。

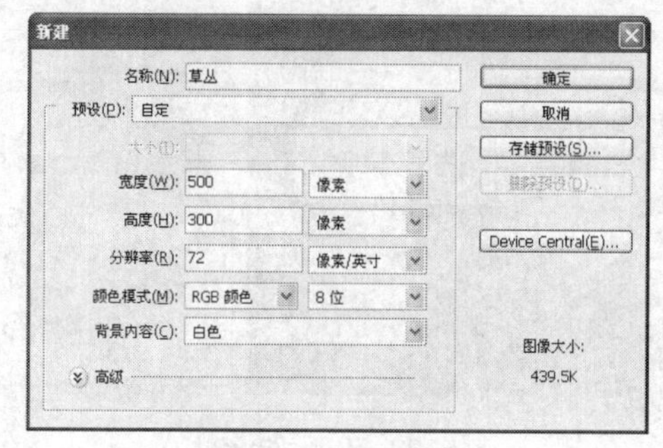

图5-13　设置图像参数

图5-14　空白图像文件

❷ 选择工具箱中的画笔工具，单击其属性栏右侧的“切换画笔面板”按钮，打开“画笔”面板，单击“画笔预设”选项，选择“草”笔触，如图5-15所示。

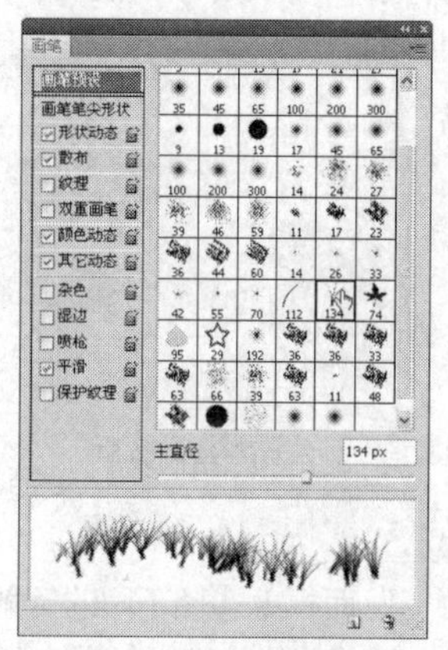

图5-15　选择笔触

❸ 分别勾选“形状动态”和“散布”选项，对其中每一项参数进行设置，如图 5-16 和图5-17所示。

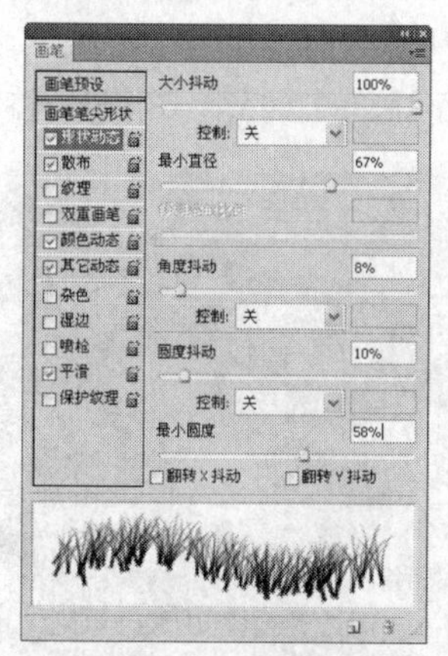

图5-16　设置形状动态

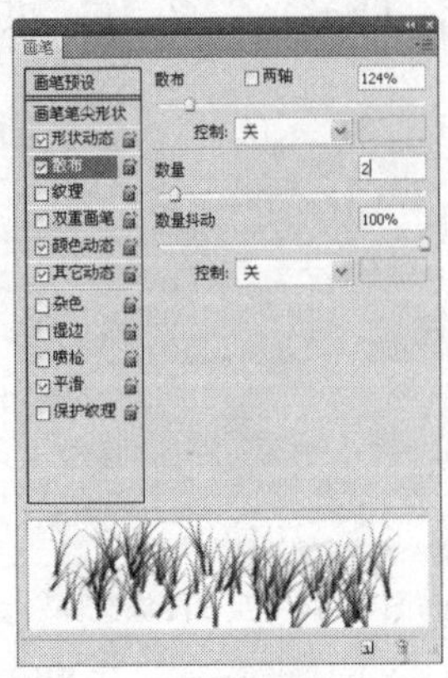

图 5-17　设置散布

❹ 单击前景色色块，在打开的对话框中设置颜色为墨绿色，然后用设置好的画笔在画面中拖动，绘制出草丛图像，效果如图 5-18 所示。

图 5-18　绘制效果

试一试

在“画笔”面板中选择不同的笔触，然后设置多种参数，试一试能绘制出怎样的笔触效果。

5. 案例——制作油画图像

本案例对图 5-19 所示的“苹果”图像制作油画效果，如图 5-20 所示。制作油画效果的关键是首先要在“历史记录”面板中创建一个快照，然后通过历史记录艺术画笔工具对图像进行特殊处理。

图 5-19　“苹果”图像

图 5-20　油画效果

制作该图像的具体操作如下。

❶ 打开“苹果 1.jpg”图像，单击“历史”面板中的“创建新快照”按钮创建快照，如图 5-21 所示。

图 5-21　新建快照

❷ 选择历史记录艺术画笔工具，单击属性栏中画笔旁边的三角形按钮，选择“粉笔 60 像素”画笔，设置样式为“绷紧中”，如图 5-22 所示。

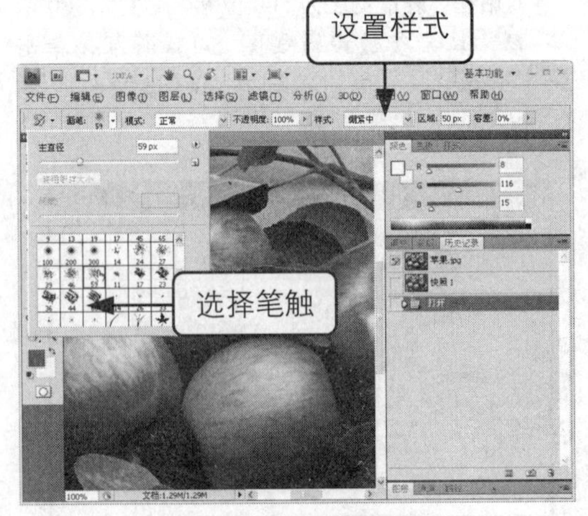

图 5-22　设置画笔属性

提示："历史记录"面板由两部分组成，上部为快照区，用于显示建立的快照；下部为历史记录区，用于显示编辑图像时的每一步操作。最后操作的步骤位于面板的最底端，每一个步骤都是以所使用的工具或命令来命名的。

❸ 为了使笔刷效果显得更加自然，可以调整画笔的参数。单击属性栏中的"切换画笔面板"按钮，打开"画笔"面板，选中"湿边"和"杂色"复选框，如图 5-23 所示。

❹ 按下【Ctrl + J】键复制图像得到图层 1，再按 3 次【]】键将画笔扩大，在图像中进行粗略地涂抹，大面积涂抹完成后，按下【[】键适当缩小画笔，然后对图像细节，（如一些叶杆图像）进行涂抹，如图 5-24 所示。

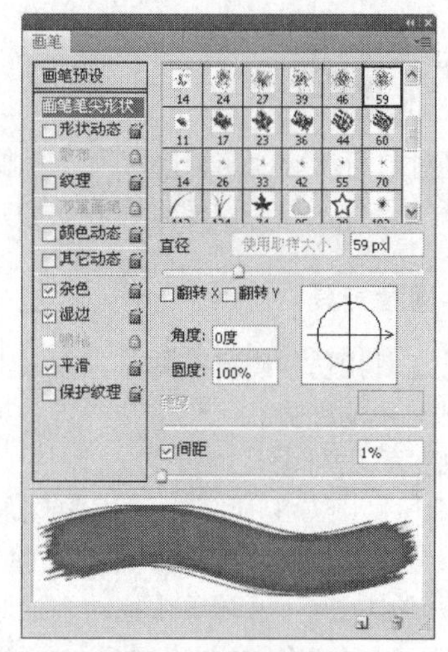

图 5-23 调整画笔

图 5-24 涂抹画面

❺ 选择橡皮擦工具，在属性栏中设置"不透明度"为 30%，然后对苹果和果叶的轮廓进行擦除，直至得到满意的图像，如图 5-25 所示。

图 5-25 擦除图像

❻ 选择【图像】→【调整】→【亮度/对比度】命令，打开"亮度/对比度"对话框，设置"亮度"为 30，"对比度"为 10，如图 5-26 所示，单击 确定 按钮得到油画效果，如图 5-27 所示。

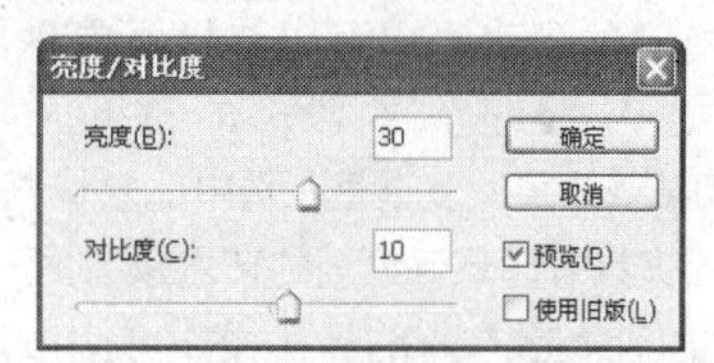

图 5-26 调整亮度和对比度

图 5-27 图像效果

想一想

为什么在绘制完成的最后一步需要调整画面的亮度和对比度？

5.1.2 修饰图像

只通过前面介绍的图像绘制工具绘制的图像，有时会过于呆板，缺乏生气，可使用 Photoshop CS4 提供的图像修饰工具将图像修饰得更加完美，更富有艺术性。

1. 图章工具

图章工具由仿制图章工具和图案图章工具组成，可以使用颜色或图案填充图像或选区，得到复制或替换的图像。

◎ 仿制图章工具

使用仿制图章工具，可以将图像窗口中的局部图像或全部图像复制到图像的其他区域。选择仿制图章工具，其工具属性栏如图 5-28 所示，按住【Alt】键在一幅图像中单击，获取取样点，然后在图像中的另一区域单击拖动，这时取样处的图像就被复制到该处。

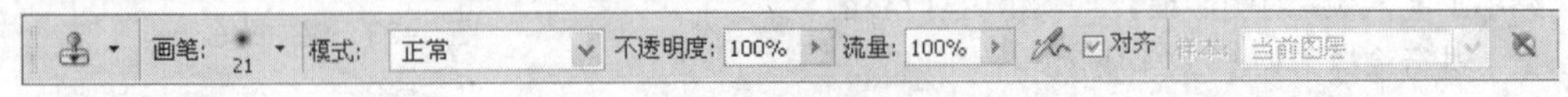

图 5-28 仿制图章工具属性栏

◎ 图案图章工具

使用图案图章工具，可以将 Photoshop CS4 提供的图案或自定义的图案应用到图像中。选择该工具，其属性栏如图 5-29 所示。其中

图 5-29 图案图章工具属性栏

其中各选项含义如下。

◎ 下拉列表框：单击右侧的图标，在打开的列表框中可以选择所应用的图案样式。

◎ "印象派效果"复选框：选中此复选框，绘制的图案具有印象派绘画的艺术效果。

图案图章工具的具体操作方法如下。

❶ 打开"花朵.jpg"图像，选择魔棒工具，在属性栏中设置容差为 15，单击白色背景图像，获取白色图像选区，如图 5-30 所示。

❷ 选择图案图章工具，单击右侧的图标，在打开的列表框中可以选择一种图案样式，如常春藤叶，如图 5-31 所示。

❸ 在图像窗口中按下鼠标左键并拖动，即可将图案应用到图像窗口中，如图 5-32 所示。

图 5-30 获取选区

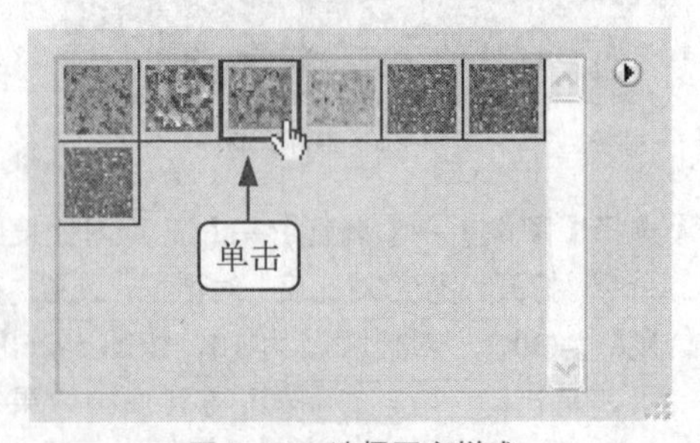

图 5-31 选择图案样式

2. 污点修复画笔工具

使用污点修复画笔工具，可以快速移去图像中的污点或其中不理想的部分。该工具对应的属性栏如图 5-33 所示。

其中各选项含义如下。

图 5-32　图案效果

◎ “画笔”栏：其功能与画笔工具属性栏对应的选项一样，用来设置画笔的大小和样式等。

◎ “模式”下拉列表框：用于设置绘制后生成图像与底色之间的混合模型，将在图层一章中作具体介绍。

◎ “类型”栏：用于设置修复图像区域过程中采用的修复类型。选中 近似匹配 单选项，将使用要修复区域周围的像素来修复图像；选中 创建纹理 单选项，将使用被修复图像区域中的像素来创建修复纹理，并使纹理与周围纹理相协调。

◎ “对所有图层取样”复选框：选中该复选框将从所有可见图层中对数据进行取样。

图 5-33　污点修复画笔工具属性栏

打开“冷饮.jpg”图像，发现图像中有污点，如图 5-34 所示。选择污点修复画笔工具，在需要处理的图像区域单击或拖动鼠标，即可自动地对图像进行修复，效果如图 5-35 所示。

图 5-34　原图像

图 5-35　修复后的效果

3. 修复画笔工具

修复画笔工具与污点修复工具稍有区别，可用于校正瑕疵，使它们消失在周围的图像中。其对应的工具属性栏如图 5-36 所示。

图 5-36　修复画笔工具属性栏

其中各选项含义如下。

◎ “源”栏：设置用于修复像素的来源。选中 取样 单选项，使用当前图像中定义的像素进行修复；选中 图案: 单选项，可从其后面的下拉菜单中选择预定义的图案对图像进行修复。

◎ “对齐”复选框：用于设置对齐像素的方式，与其他工具类似。

修复画笔工具的使用方法与仿制图章工具类似，按住【Alt】键单击图像中的选定位置，在原图像中确定要复制的参考点，如图 5-37 所示，然后在要修复的图像区域单击并拖动，修复后的区域会与周围区域有机地融合，如图 5-38 所示。

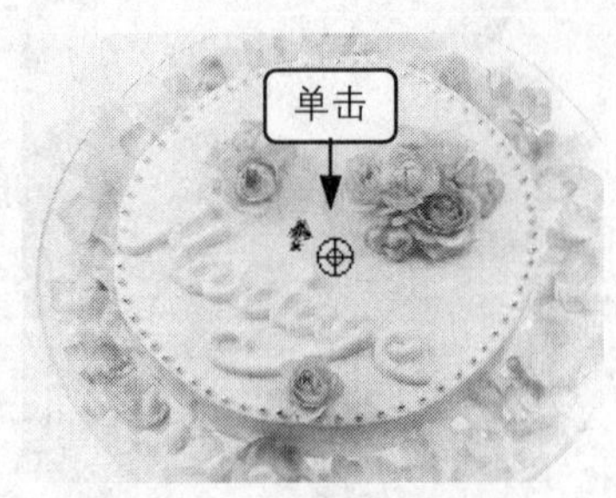

图 5-37　复制参考点

图 5-38　修复效果

4. 修补工具

修补工具也是一种相当实用的修复工具。选择该工具，在图像区域按住鼠标拖动，框选要修复的图像，获取选区，如图 5-39 所示，然后将其拖动到与修复区域大致一样的图像区域，如图 5-40 所示，释放鼠标，即可自动地对图像进行修复，如图 5-41 所示。

图 5-39　获取选区

图 5-40　寻找修复区域

图 5-41　修复效果

5. 红眼工具

红眼工具可以用来置换图像中的特殊颜色，特别是针对照片人物中的红眼状况。该工具对应的属性栏如图 5-42 所示。

其中各选项含义如下。

◎ **“瞳孔大小”数值框**：用于设置瞳孔（眼睛暗色的中心）的大小。

◎ **“变暗量”数值框**：用于设置瞳孔的暗度。

瞳孔大小: 50%　变暗量: 50%

图 5-42　红眼工具属性栏

打开一幅有红眼的照片“人物.jpg”，如图 5-43 所示，选择红眼工具后，将前景色设置为黑色，拖曳鼠标在图像上涂抹眼睛发红的部分，瞳孔颜色将恢复正常，如图 5-44 所示。

> 注意：红眼工具在位图、索引或多通道色彩模式的图像中将不能被使用。

6. 模糊工具

单击工具箱中的模糊工具，在图像中需要模糊的区域单击并拖动鼠标，即可实现模糊处理，其对应的属性栏如图 5-45 所示。“强度”数值框用于设置运用模糊工具时着色的力度，数值越大，模糊的效果就越明显，取值范围为 1%～100%。

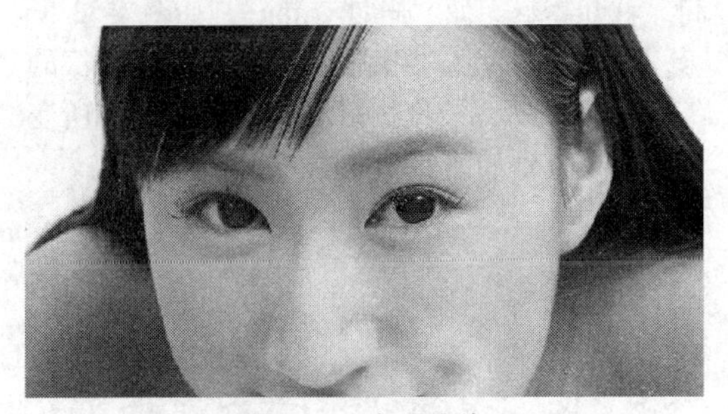

图 5-43　红眼照片

7. 锐化工具

锐化工具的作用与模糊工具相反。锐化工具通过增加颜色的强度和图像的对比度，使得颜色柔和的边界或区域变得清晰、锐利但是进行模糊操作的图像再经过锐化处理并不能恢复到原始状态。

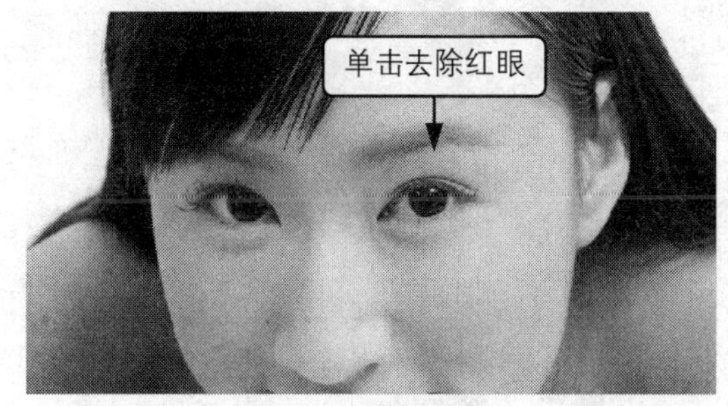

图 5-44　修复红眼

锐化工具的属性栏各选项与模糊工具完全相同，如图 5-46 所示。

图 5-45　模糊工具属性栏

图 5-46　锐化工具的属性栏

打开素材图像“鲜花.jpg”，如图 5-47 所示，对其进行模糊和锐化处理，得到的效果分别如图 5-48 和图 5-49 所示。

图 5-47　原图像

图 5-48　模糊效果

图 5-49　锐化效果

8. 涂抹工具

涂抹工具用于拾取单击鼠标起点处的颜色，并沿拖移的方向扩张颜色，从而模拟用手指在未干的画布上进行涂抹而产生的效果。其使用方法与模糊工具一样。

打开素材图像“礼物.jpg”，如图 5-50 所示，向图像的右上方涂抹一次的效果如图 5-51 所示，多次涂抹后的效果如图 5-52 所示。

图 5-50　原图像

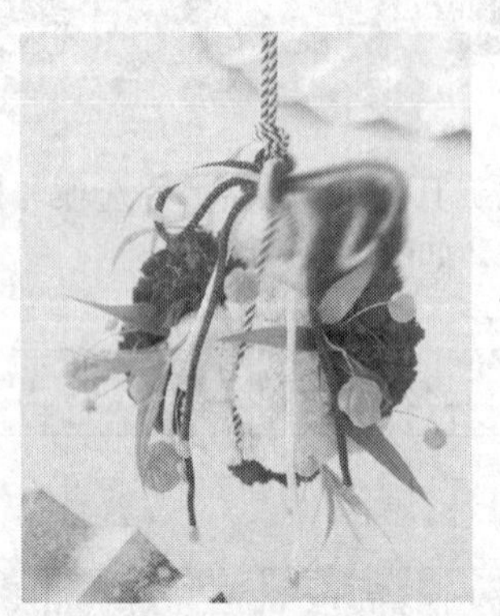

图 5-51　涂抹一次效果

图 5-52　多次涂抹效果

9. 减淡工具和加深工具

利用减淡工具在图像中涂抹后，可以通过增加图像的曝光度来提高涂抹区域的亮度。加深工具的作用与减淡工具相反，通过减少图像的曝光度来减少图像的亮度。

这两个工具的属性栏一样，操作方法也相同。打开素材图像“向日葵.jpg”，如图 5-53 所示，按住鼠标不放，在图像中需要减淡或加深的区域反复拖动，被涂抹后的图像区域即有所变化，效果分别如图 5-54 和图 5-55 所示。

图 5-53　原图像

图 5-54　减淡效果

图 5-55　加深效果

10. 海绵工具

利用海绵工具在图像中涂抹后，可以精细地改变某一区域的色彩饱和度。其对应的工具属性栏如图 5-56 所示。

图 5-56　海绵工具属性栏

其中各选项含义如下。

◎ “模式”下拉列表框：用于设置是否增加或降低饱度度。选择“降低饱和度”时，表示降低图像的色彩饱和度；选择“饱和”时，表示增加图像的色彩饱和度。

◎ “流量”数值框：在此文本框中可以直接输入流量值或单击其右侧的三角形按钮，拖动打开的三角形滑块，可以设置工具涂抹压力值。数值越大，色彩饱和度改变的效果就越明显。

打开“向日葵.jpg”图像文件，如图5-57所示，选择海绵工具，在属性栏中单击画笔右侧的三角形按钮，在打开的面板中设置画笔的主直径、硬度和形状。分别设置模式为“降低饱和度”和“饱和”，按住鼠标不放，在图像中反复拖动，被涂抹后的图像效果如图5-58和图5-59所示。

图5-57 原图像

图5-58 降低饱和度

图5-59 增加饱和度

11．案例——保留一种颜色

本例将为图5-60所示的“柠檬”图像保留一片柠檬的颜色，制作效果如图5-61所示，在图像中保留了一片柠檬的黄色，其他部分都为灰色显示。制作该图像主要使用了图5-61所示的“橘子.jpg”图像。制作时首先要将图像去除颜色，然后通过历史记录画笔工具恢复图像中的部分色彩。

图5-60 “柠檬”图像

图5-61 保留一种颜色效果

制作该图像的具体操作如下。

❶ 打开“柠檬.jpg”图像，选择工具箱中的海绵工具，在属性栏中设置“模式”为“降低饱和度”，如图5-62所示。

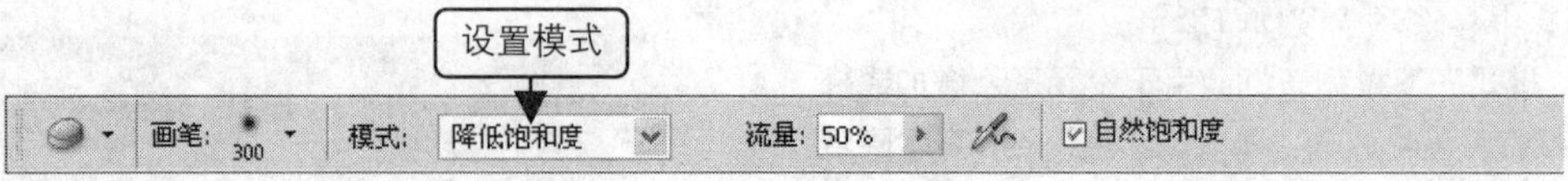

设置模式
画笔:
300
模式:
降低饱和度
流量:
50%
自然饱和度

图 5-62　设置属性栏模式

❷ 在属性栏中调整画笔大小为 200，在画面中涂抹，去除图像的颜色，如图 5-63 所示。

❸ 选择工具箱中的历史记录画笔工具，在画面中间的柠檬图像中涂抹，恢复黄色柠檬颜色，这时画面中将只保留这一种颜色，如图 5-64 所示。

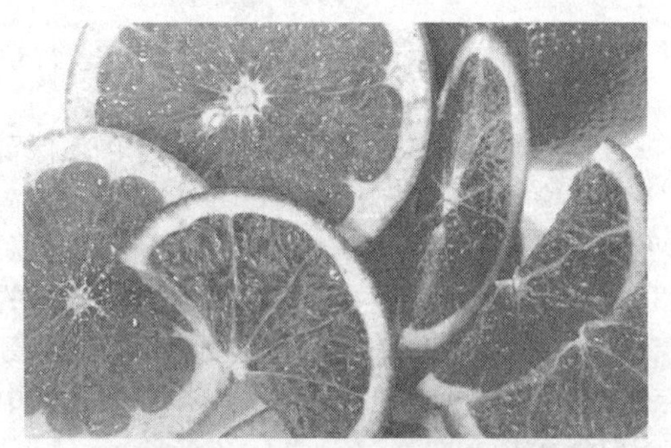

图 5-63　去除图像颜色

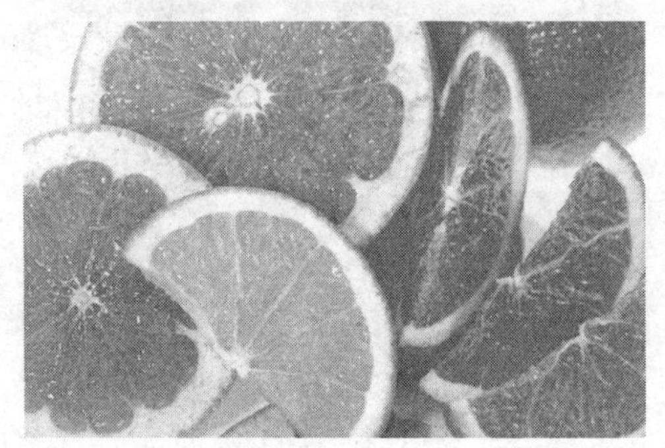

图 5-64　恢复黄色

想一想

在去除颜色时为什么不直接使用【图像】→【调整】→【去色】命令？

12. 案例——制作烟雾飘逸图像

本实例将对图 5-65 所示的香烟图像添加"烟雾飘逸"的效果，如图 5-66 所示。该图像首先使用画笔工具绘制烟雾的基础轮廓，然后通过涂抹将其制作成飘逸的图像效果。通过该案例的学习，可以掌握涂抹工具的具体使用方法。

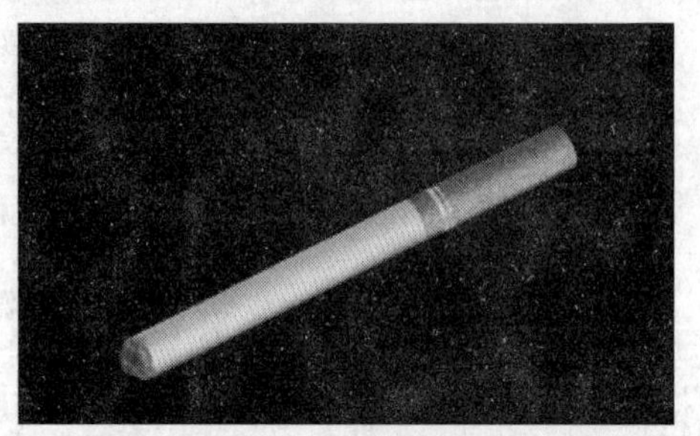

图 5-65　"香烟"图像

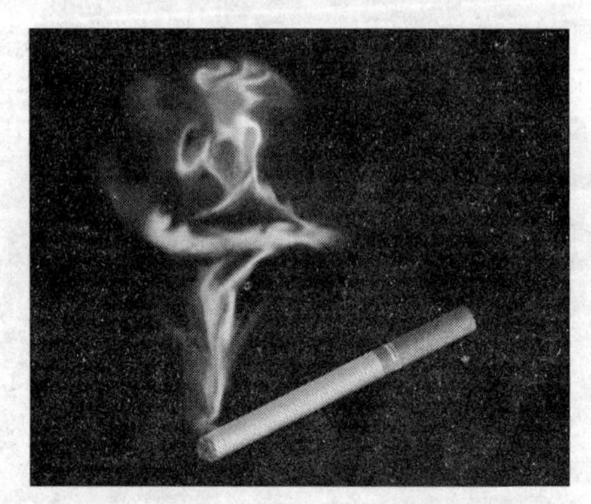

图 5-66　"烟雾飘逸"效果

制作该图像的具体操作如下。

❶ 新建一个图像文件，填充背景色为黑色。然后将前景色设置为白色，新建图层 1，如图 5-67 所示，选择工具箱中的画笔工具，在画面中绘制白色的线条，如图 5-68 所示。

图层
正常
不透明度: 100%
锁定:
填充: 100%
图层 1
背景

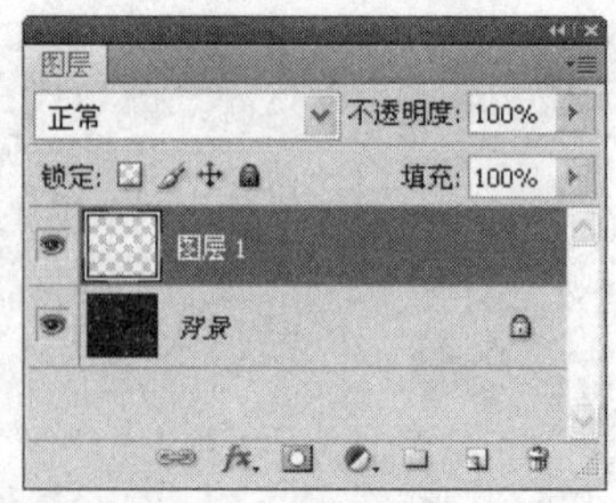

图 5-67　新建图层

❷ 选择【滤镜】→【模糊】→【高斯模糊】命令，设置参数如图 5-69 所示，单击 确定 按钮，效果如图 5-70 所示。

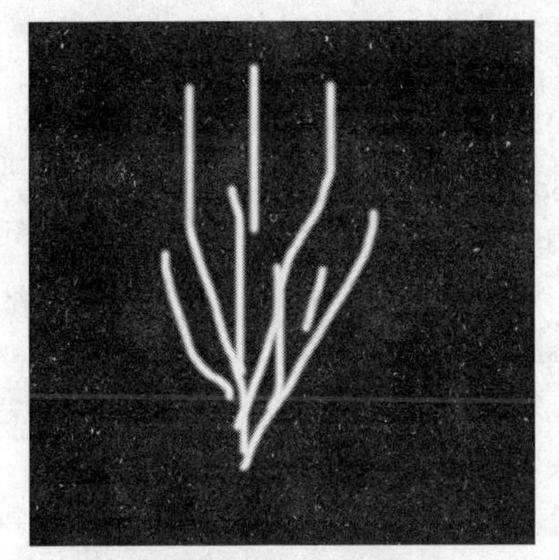
图 5-68　绘制白色线条

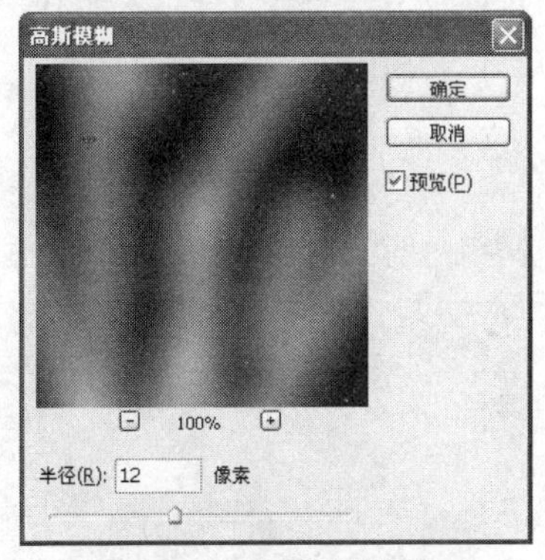

图 5-69　设置模糊效果

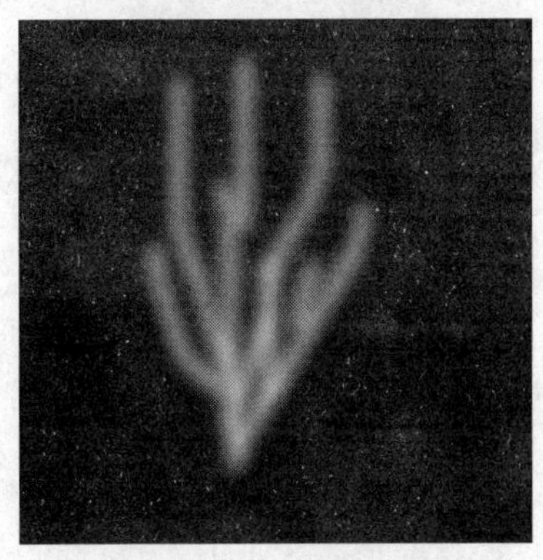
图 5-70　“香烟”图像

❸ 选择工具箱中的涂抹工具，设置画笔大小为 30，涂抹白色线条图像，得到的效果如图 5-71 所示。

❹ 继续选择涂抹工具，将图形涂抹至效果如图 5-72 所示。将“图层 1”复制多个，使其颜色增强一些，然后将“香烟.jpg”图像置入，实例的最终制作效果如图 5-73 所示。

图 5-71　涂抹图像

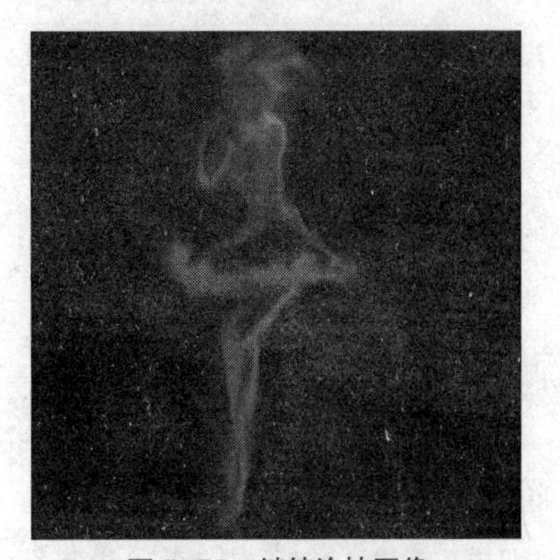
图 5-72　继续涂抹图像

图 5-73　完成效果

试一试

随意绘制一个图像，使用涂抹工具对图像进行涂抹，分别调整大小，看看图像有什么效果。

5.1.3　擦除图像

本节主要讲述如何擦除图像，并学习案例的制作。读者将熟练掌握橡皮擦工具组中各工具的使用方法。

1. 橡皮擦工具

橡皮擦工具主要用来擦除当前图像中的颜色。选择橡皮擦工具，在图像中拖动鼠标，根据画笔形状对图像进行擦除，擦除后图像将不可恢复。其属性栏如图 5-74 所示。

画笔: 13 模式: 画笔 不透明度: 100% 流量: 100% □抹到历史记录

图 5-74　橡皮擦属性工具栏

其中各选项含义如下。

◎ “模式”下拉列表框：单击其右侧的三角形按钮，在下拉列表中可以选择画笔、铅笔和块 3 种擦除模式。

◎ “抹到历史记录”复选框：选中该复选框，可以将图像擦除至“历史记录”面板中的恢复点外的图像效果。

技巧：在图像中按住鼠标左键，然后在按住【Alt】键的同时拖曳鼠标，这样可在选中“抹到历史记录”复选框的情况下，达到同样的效果。

2. 背景橡皮擦工具

与橡皮擦工具相比，使用背景橡皮擦工具可以将图像擦除到透明色，其属性栏如图 5-75 所示。

画笔: 13 限制: 连续 容差: 50% □保护前景色

图 5-75　背景橡皮擦属性工具栏

其中各选项含义如下。

◎ “取样：连续”按钮：按下此按钮，在擦除图像过程中将连续地采集取样点。

◎ “取样：一次”按钮：按下此按钮，将第一次单击鼠标位置的颜色作为取样点。

◎ “取样：背景色板”按钮：按下此按钮，将当前背景色作为取样色。

◎ “限制”下拉列表框：单击右侧的三角形按钮，打开下拉列表，其中“不连续”是指整修图像上擦除样本色彩的区域；“连续”是指只被擦除连续的包含样本色彩的区域；“查找边缘”是指自动查找与取样色彩区域连接的边界，也能在擦除过程中更好地保持边缘的锐化效果。

◎ “容差”数值框：用于调整需要擦伤的与取样点色彩相近的颜色范围。

◎ “保护前景色”复选框：选中该复选框，可以保护图像中与前景色一致的区域不被擦除。

背景橡皮擦工具的作用有别于橡皮擦工具，它可以擦除指定的颜色。打开“苹果.jpg”图像，如图 5-76 所示，使用背景橡皮擦工具擦除图像中的红色图像，效果如图 5-77 所示。

图 5-76　原图像

图 5-77　擦除图像后的效果

3. 魔术橡皮擦工具

魔术橡皮擦工具是根据像素颜色来擦除图像的工具。用魔术橡皮擦工具在图层中单击，所有颜色相似的区域被擦掉而变成透明的区域。其属性栏如图 5-78 所示。

图 5-78　魔术橡皮擦属性工具栏

其中各选项含义如下。

◎ “消除锯齿”复选框：选中该复选框，会使擦除区域的边缘更加光滑。

◎ “连续”复选框：选中该复选框，则只擦除与临近区域中颜色类似的部分，否则，会擦除图像中所有颜色类似的区域。

◎ “对所有图层取样”复选框：选中该复选框，可以利用所有可见图层中的组合数据来采集色样；否则只采集当前图层的颜色信息。

打开“树叶.jpg”图像，如图 5-79 所示，选择魔术橡皮擦工具，在属性栏中设置容差为 50，在图像中单击树叶图像，擦除图像后的效果如图 5-80 所示。

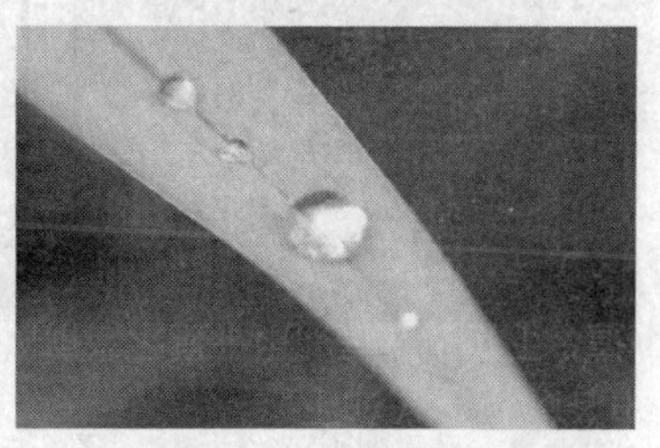

图 5-79　树叶图像

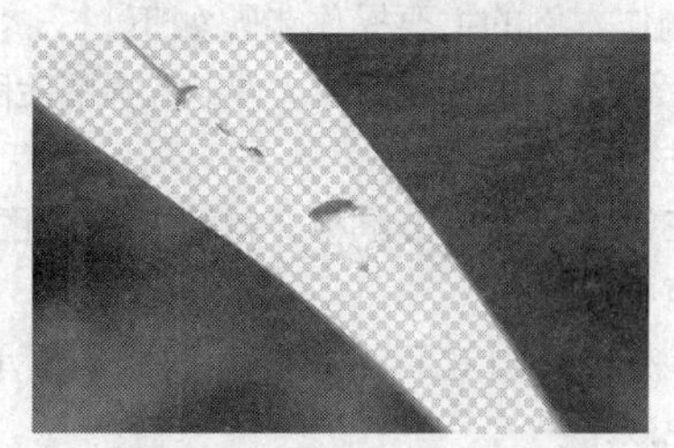

图 5-80　擦除后的图像效果

5.2　上 机 实 战

本章的上机实战将去除照片中的眼镜和制作双胞胎效果，具体操作步骤参见光盘中提供的演示课件和动画演示。

上机目标：

◎ 熟练掌握修复画笔工具的使用；

◎ 结合多种图像修复工具对画面进行操作；

◎ 熟练使用修补工具复制对象。

建议上机学时：3 学时。

5.2.1　去除照片中的眼镜

1. 实例目标

本例将去除照片中人物佩戴的眼镜，在制作过程中首先使用图案图章工具去除镜框，然后通过修复画笔工具修复人物皮肤图像。本例使用的照片如图 5-81 所示，完成后的参考效果如图 5-82 所示。

图 5-81　原照片

图 5-82　去除眼镜效果

2. 操作思路

掌握了各种图像绘制与修饰工具，就可以对图像进行处理。根据上面的实例目标，本例的操作思路如图 5-83 所示。

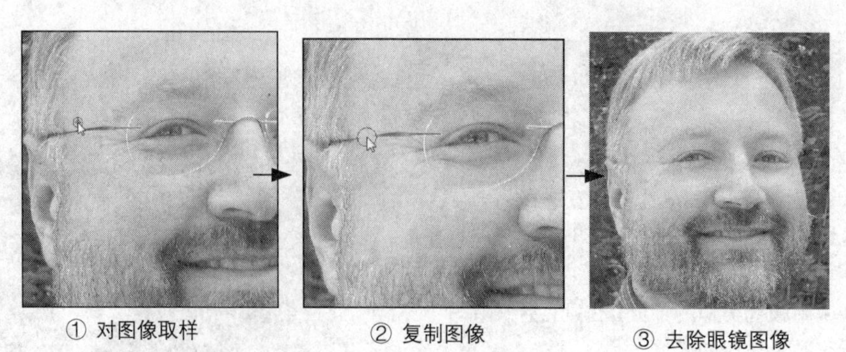

图 5-83　去除眼镜图像的操作思路

制作本例的主要操作步骤如下。

❶ 打开“人物.jpg”图像文件，选择图案图章工具，按住【Alt】键单击左侧镜框杆周围的皮肤图像，进行取样。

❷ 在镜框杆上单击鼠标，得到复制的图像，然后在需要去除图像的周围取样，再复制图像，去除镜框。

❸ 选择修复画笔工具，在眼睛周围单击皮肤取样，修复去除眼镜后不均匀的皮肤，完成去除眼镜效果。

5.2.2　制作双胞胎图像

1. 实例目标

本例将图 5-84 所示照片上的儿童进行复制，制作出双胞胎图像效果，本例完成后的参考效果如图 5-85 所示。制作本实例主要通过修补工具对图像进行复制，然后使用仿制图章工具对细节进行处理。

图 5-84　原图像

图 5-85　双胞胎图像效果

2. 操作思路

本实例将制作一个双胞胎图像效果。根据上面的实例目标，本例的操作思路如图 5-86 所示。

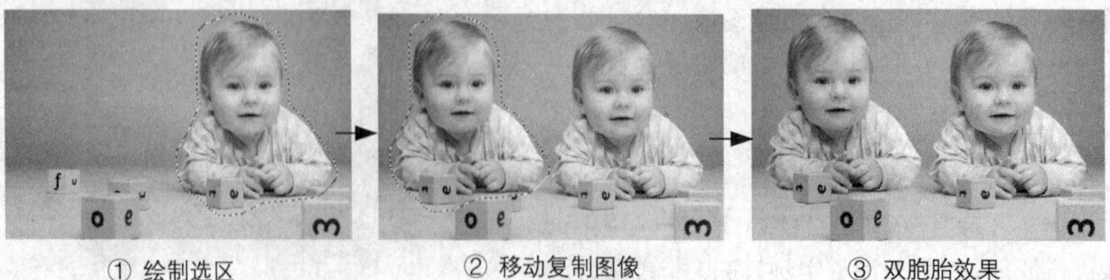

图 5-86　制作双胞胎图像的操作思路

制作本例的具体操作如下。

❶ 打开“小孩.jpg”图像文件，选择工具箱中的修补工具，沿人物绘制选区。

❷ 单击属性栏中的“目标”选项，将鼠标放置在选区中向左拖动，松开鼠标后得到复制的图像。

❸ 选择仿制图章工具，按住【Alt】键单击取样人物右侧手边的衣服，然后拖动鼠标对复制的部分玩具区域进行修复。

❹ 按【Ctrl+Delete】组合键取消选区，完成双胞胎图像的制作。

5.3 常见疑难解析

问：在网站下载的图像会有网址、名称等信息，要删除这些信息该如何进行操作？

答：方法有很多。使用仿制图章工具将干净图像取样点图像复制到要去除的网址上；使用修补工具设置取样点修复网址图像；如果网址在图像片边缘，则可以用裁切工具把不要的地方裁切。

问：选择画笔工具后，可以在属性栏中设置画笔参数，但为什么还要使用“画笔”面板设置绘图工具？

答：因为在画笔工具属性栏中只能进行一些基本设置，而在“画笔”面板则能设置更详细的参数，例如形状动态、颜色动态等。

问：使用画笔工具可以绘制出星光效果吗？怎样设置画笔面板中的参数？

答：在“画笔”面板中有星光效果样式的笔触，用户可以选择星形、交叉排线以及星形放射画笔形状，然后设置合适的大小和散布状况等，即可在图像窗口中绘制不同的星光效果。

问：人们外出旅游回来后，将照片导入计算机中发现所拍摄的照片背景中总是有一些多余的图像，怎样去除？

答：去除照片中多余的图像方法有很多，可以根据具体的情况，选择修复工具或仿制图章工具来完成。必要时，还可以使用历史记录画笔工具。

问：使用模糊工具对图像进行模糊处理，与使用“滤镜”菜单中的“高斯模糊”命令有什么不同？

答：模糊工具只是对局部图像进行涂抹，从而模糊处理图像；而“高斯模糊”命令则是对整幅图像或选区内的图像进行模糊处理。

问：使用图案图章工具时，属性栏中的图案可以进行自定义设置吗？

答：可以的。当绘制好一个图案后，选择【编辑】→【定义图案】命令，在打开的“图案名称”对话框中设置名称，就可以在属性栏中的图案下拉列表框中找到该图案了。

5.4 课后练习

(1) 打开一幅有污渍的照片，先使用裁切工具校正图像倾斜度，然后选择修复画笔工具在污渍旁边取样，修复照片中的图像。

（2）打开一张“皱纹.jpg”图像文件，如图 5-87 所示。选择仿制图章工具，将鼠标光标放置在皱纹附近的位置，按住【Alt】键，单击鼠标左键取样，然后将光标放置在皱纹周围的皮肤图像中单击鼠标左键，得到修复效果，再使用相同的方法在其他皱纹的附近取样，即可去除老人脸部的其他皱纹，如图 5-88 所示。

图 5-87 原图像

图 5-88 去除皱纹效果

（3）打开一张“红眼.jpg”图像文件，如图 5-89 所示，设置前景色为黑色，然后选择红眼工具在人物左边眼睛上单击鼠标左键，消除照片中的红眼，再使用相同的方法单击右边眼睛，消除红眼后的效果如图 5-90 所示。

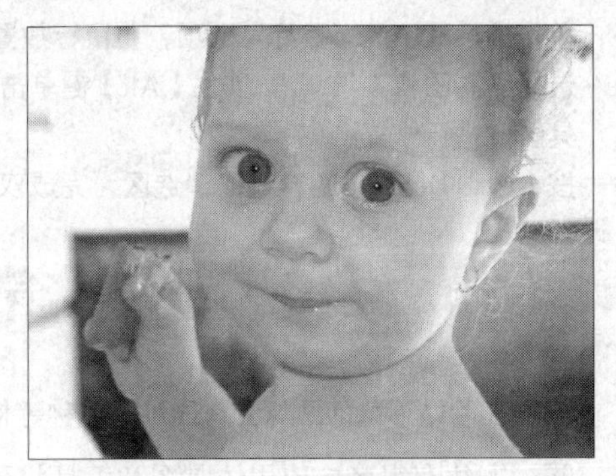

图 5-89 红眼图像

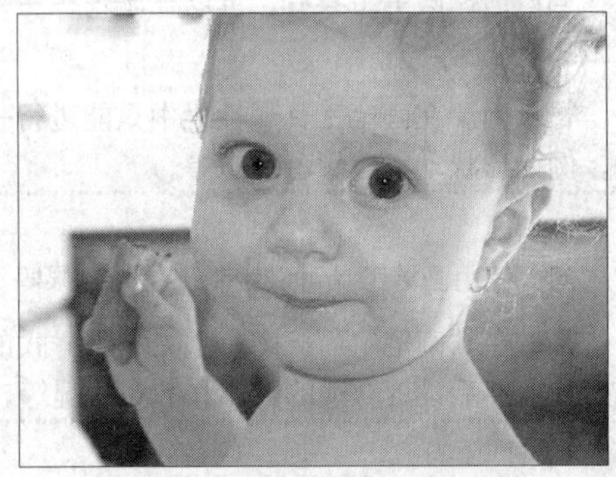

图 5-90 修复红眼后的效果

（4）新建一个图像文件，选择钢笔工具绘制好整个图像的大概形状，然后使用画笔工具，在属性栏中设置笔触为柔角，在画面中绘制出一个树叶飘零的背景图像，效果如图 5-91 所示。

图 5-91 绘制落叶

第 6 课 调整图像色彩

学生：老师，我们学校组织去春游，拍了好多照片，但是回来后发现有些照片的颜色有偏差，而且我们还想把一些照片调成特殊的色调，这些都能够在 Photoshop 里面处理吗?

老师：可以的！Photoshop CS4 具有强大的调整图像颜色功能，不仅可以调整图像的亮度、对比度、色彩平衡、图像饱和度等，还可以调整曝光不足的照片、偏色的图像，以及制作一些特殊的图像色彩。

学生：那操作起来一定比较复杂了。

老师：其实每一种调整命令并不复杂，但需要将它们结合起来灵活应用。

学生：哦，我知道了。那我们就来学习吧！

学习目标

- 调整图像亮度
- 调整图像色相和饱和度
- 选择局部颜色进行调整
- 去除图像颜色
- 对图像反相处理
- 在“变化”对话框中调整色调

6.1 课堂讲解

本课将主要讲述图像中各种颜色的调整，其中包括调整图像明暗度和饱和度、替换颜色、添加渐变颜色效果等知识。通过相关知识点的学习和案例的制作，可初步掌握每一种调整颜色命令的应用，以及综合运用各种命令对颜色进行调整。

6.1.1 调整图像色彩

在 Photoshop 中可以运用一些简单的命令快速调整图像颜色，然后再做精细的颜色参数调整。下面进行具体讲解。

1. 调整色阶

使用“色阶”命令可以调整图像的明暗程度。主要使用高光、中间调和暗调 3 个变量进行图像色调调整。这个命令不仅可以对整个图像进行操作，还可以对图像的某一选取范围、某一图层图像，或者某一个颜色通道进行调整。选择【图像】→【调整】→【色阶】命令或按【Ctrl+L】键将打开“色阶”对话框，如图 6-1 所示。

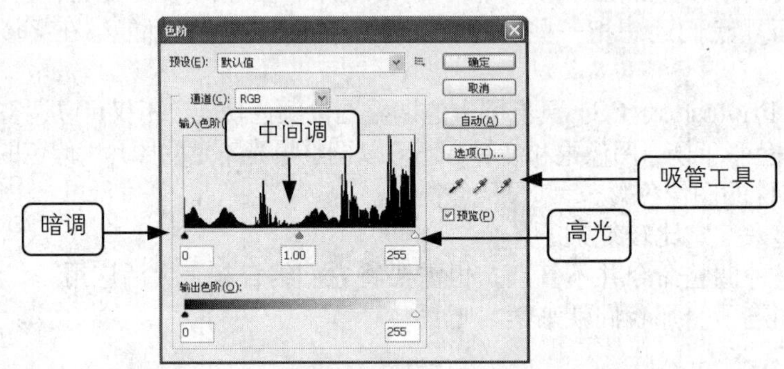

图 6-1 “色阶”对话框

其中各选项含义如下。

◎ “通道”下拉列表框：在其下拉列表框中可以选择要调整的颜色通道。

> 提示：每个通道下的像素都有一定的明暗关系，在图像处理时应根据具体情况来选择通道。例如，图像中的红色像素需要调整，则最好不要对其他通道下的像素进行盲目调整，在“通道”下拉列表中设置被调整通道为红通道即可。

◎ “输入色阶”数值框：第一个编辑框用来设置图像的暗部色调，低于该值的像素将变为黑色，取值范围为 0～253；第二个编辑框用来设置图像的中间色调，取值范围为 0.10～9.99；第三个编辑框用来设置图像的亮部色调，高于该值的像素将变为白色，取值范围为 1～255。

◎ “输出色阶”栏：左边的编辑框用来提高图像的暗部色调，取值范围为 0～255；右边的编辑框用来降低亮部的亮度，取值范围为 0～255。

> 提示：在“输入色阶”或“输出色阶”选项的直方图中，分别有 3 个或两个黑色三角形滑块，分别对应“输入色阶”或“输出色阶”数字框中的参数，可通过拖动滑块来改变相应的值，达到调整色阶的目的。

◎ 吸管按钮：使用吸管工具可以在图像单击，调整图像中相应黑色、灰度和白色。

◎ 自动(A) 按钮：单击该按钮，Photoshop 将应用自动颜色校正来调整图像。

◎ 选项(T)... 按钮：单击该按钮，将弹出“自动颜色校正选项”对话框，对暗调、中间值和高光的自动校正算法及切换颜色进行设置。

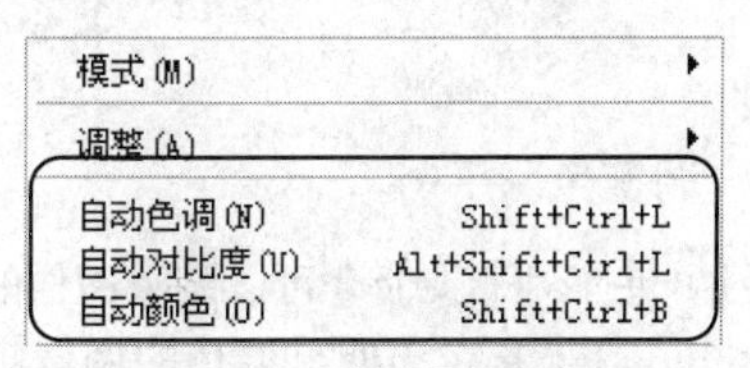

图6-2 自动调整命令

2. 自动调整颜色

Photoshop CS4 中有 3 个自动调整颜色命令，即自动色调、自动对比度和自动颜色。单击调整菜单，即可在菜单命令第二栏中看到该组命令，如图 6-2 所示。这 3 个命令都没有对话框参数设置，选择命令后将自动对图像进行调整。

3. 调整亮度和对比度

使用“亮度/对比度”命令可以简单地调整图像的亮度和对比度。打开“咖啡杯.jpg”图像文件，选择【图像】→【调整】→【亮度/对比度】命令，即可打开图 6-3 所示的“亮度/对比度”对话框。

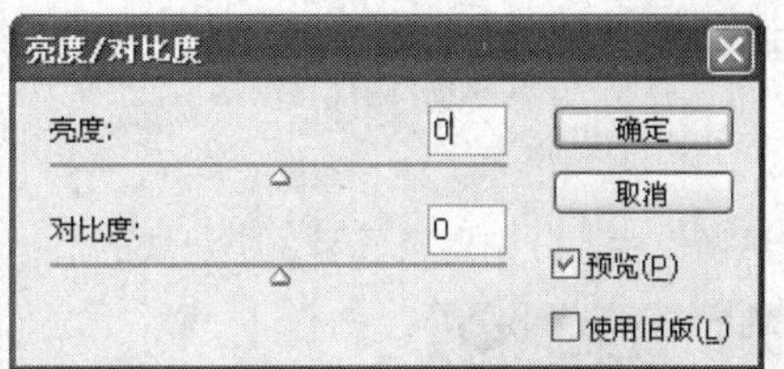

图6-3 “亮度/对比度”对话框

其中各选区含义如下。

◎ “亮度”数值框：拖动亮度下方的滑块，可以调整图像的明亮度，也可在数值框中直接输入数值，如图 6-4 所示。

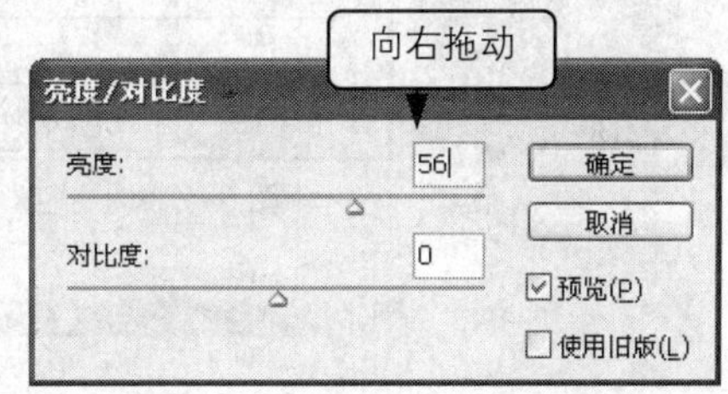

图6-4 增加图像亮度

◎ “对比度”数值框：拖动对比度下方的滑块，可以调整图像的对比度，也可在数值框中直接输入数值，如图 6-5 所示。

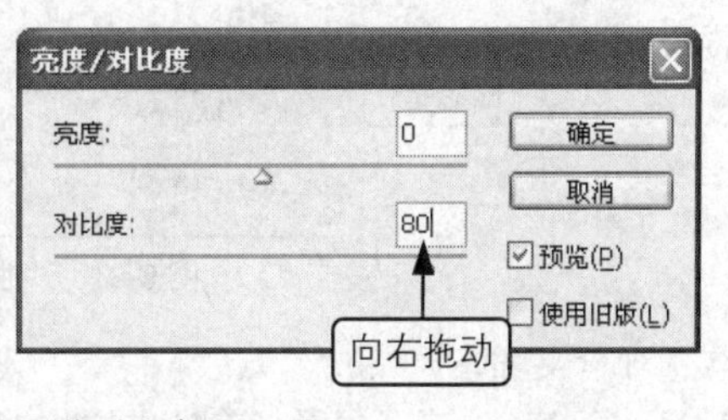

图6-5 增加图像对比度

4. 调整色彩平衡

使用“色彩平衡”命令可以调整图像的总体颜色混合，对于有较为明显偏色的图像可使用该命令进行调整。选择【图像】→【调整】→【色彩平衡】命令，或按【Ctrl+B】组合键可打开图 6-6 所示的“色彩平衡”对话框。其中各选项含义如下。

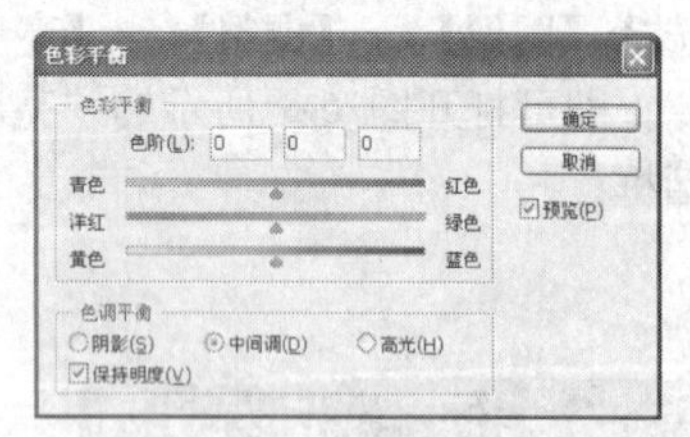

图 6-6 “色彩平衡”对话框

◎ “色彩平衡”栏：分别用来显示 3 个滑块的滑块值，也可直接在色阶框中输入相应的值来调整颜色均衡。

◎ “色调平衡”栏：用于选择用户需要着重进行调整的色彩范围。包括“暗调”、“中间调”、“高光”3 个单选项，选中某一单选项，就会对相应色调的像素进行调整。

打开“植物.jpg”图像文件，使用“色彩平衡”命令调整图像的前后效果如图 6-7 所示。

5. 调整曲线

“曲线”命令是选项最丰富、功能最强大的颜色调整工具，它允许调整图像色调曲线上的任意一点。选择【图像】→【调整】→【曲线】命令，将打开图 6-8 所示的“曲线”对话框，该对话框中包含了一个色调曲线图，其中曲线的水平轴代表图像原来的亮度值，即输入值；垂直轴代表图像调整后的亮度值，即输出值。

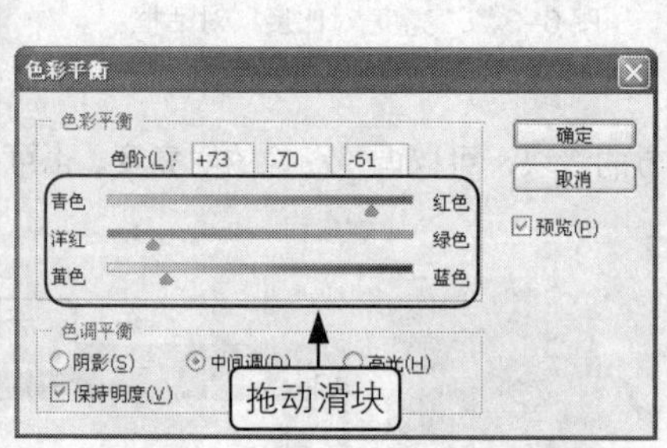

图 6-7 调整色彩平衡的图像效果

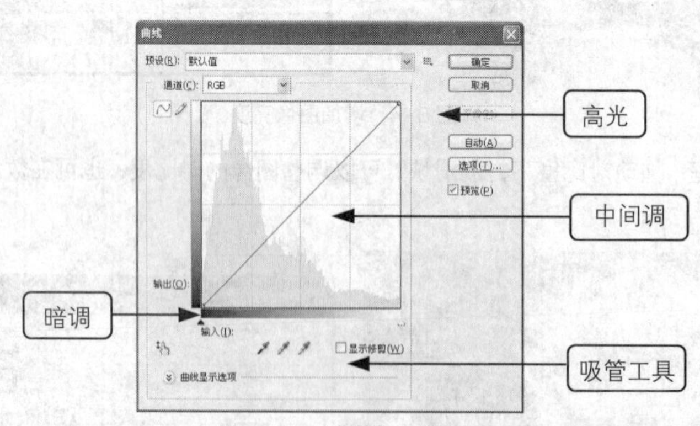

图 6-8 “曲线”对话框

其中各选项含义如下。

◎ “通道”下拉列表框：用于显示当前图像文件的色彩模式，并可从中选取单色通道对单一的色彩进行调整。

◎ 按钮：是系统默认的曲线工具。单击该按钮后，可以通过拖动曲线上的调节点来调整图像的色调。

◎ 按钮：铅笔工具，用于在曲线图中绘制自由形状的色调曲线。

◎ “曲线显示选项”栏：单击名称前面的小箭头，可以看到展开菜单，展开项中有两个田字形按钮，用于控制曲线部分网格数量。

运用“曲线”命令对图像的色调进行调整后的效果如图 6-9 所示。

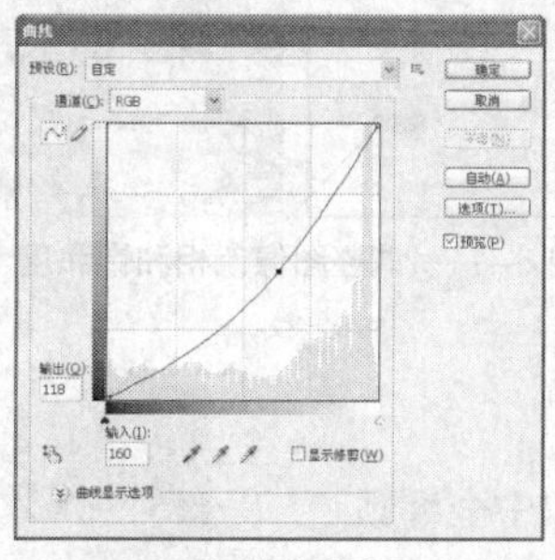

图 6-9　调整曲线的图像效果

技巧：在曲线上可以添加多个调节点来综合调整图像的效果。当调节点不需要时，按【Delete】键或将其拖至曲线外，即可删除该调节点。

6. 调整色相和饱和度

使用“色相/饱和度”命令可以调整图像整体或单个颜色的色相、饱和度和亮度，从而实现图像色彩的改变。

打开“气球.jpg”图像文件，选择【图像】→【调整】→【色相/饱和度】命令，打开“色相/饱和度”对话框，如图 6-10 所示。

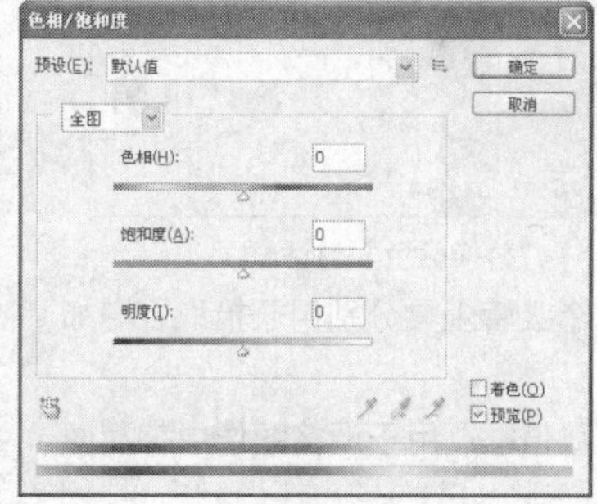

图 6-10　“色相/饱和度”对话框

对话框中各选项的含义如下。

◎ “全图”下拉列表框：在其下拉列表框中可以选择作用范围，系统默认选择“全图”，即对图像中的所有颜色有效，也可在该下拉列表中选择对单个的颜色（红色、黄色、绿色、青色、蓝色或洋红）有效。

◎ “色相”数值框：通过拖动滑块或输入色相值，可以调整图像的色相。

◎ “饱和度”数值框：通过拖动滑块或输入饱和度值，可以调整图像的饱和度。

◎ “明度”数值框：通过拖动滑块或输入明度值，可以调整图像的明度。

◎ “着色”复选框：选中该复选框，可使用同一种颜色来置换原图像中的颜色。

对图像应用“色相/饱和度”命令后，调整的图像效果如图 6-11 所示。

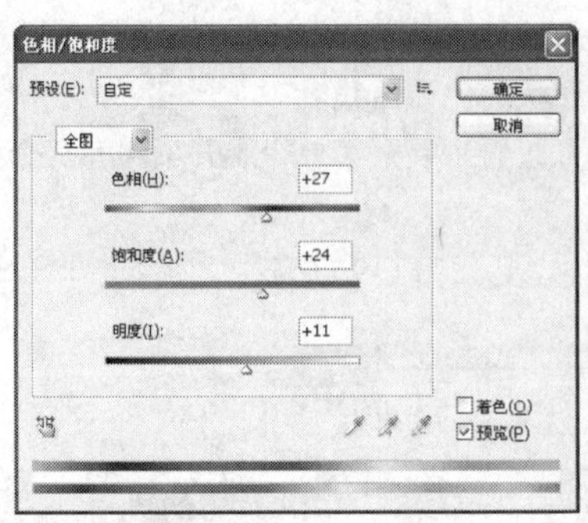

图 6-11 调整图像色相和饱和度

7. 替换颜色

运用“替换颜色”命令可以将图像中全部颜色或部分颜色替换为指定的颜色。打开“蜡烛.jpg”图像文件，选择【图像】→【调整】→【替换颜色】命令，打开图 6-12 所示的“替换颜色”对话框。其中各选项含义如下。

图 6-12 “替换颜色”对话框

◎ 吸管工具图标：3 个吸管工具分别用于拾取、增加和减少颜色。

◎ “颜色容差”数值框：用于调整图像中替换颜色的范围。

◎ “选区”单选项：以白色蒙版的方式在预览框中显示图像。

◎ “图像”单选项：以原图的方式在预览框中显示图像。

◎ “替换”栏：该栏分别用于调整图像所拾取颜色的色相、饱和度和明度的值，调整后的颜色变化将显示在“结果”颜色框中，原图像也会发生相应的变化，如图 6-13 所示。

图 6-13 替换后的颜色

注意：在“替换颜色”对话框中可以单击右侧的颜色块，在打开的“选择目标颜色”对话框中直接选择所需颜色。

8. 可选颜色

“可选颜色”命令用于调整图像中的色彩不平衡问题，可以专门针对某种颜色进行修改。打开“花瓣.jpg”图像文件，选择【图像】→【调整】→【可选颜色】命令，打开图 6-14 所示的“可选颜色”对话框。其中各选项含义如下。

◎ “颜色”下拉列表框：设置要调整的颜色，包括“红色”、“黄色”、“绿色”、“青色”、“蓝色”、“白色”、“洋红”、“中性色”和“黑色”等颜色选项。

◎ “方法”栏：选择增减颜色模式，选中“相对”单选项，按 CMYK 总量的百分比来调整颜色；选中“绝对”单选项，按 CMYK 总量的绝对值来调整颜色。

对图像中的黄色进行调整，调整后的效果如图 6-15 所示。

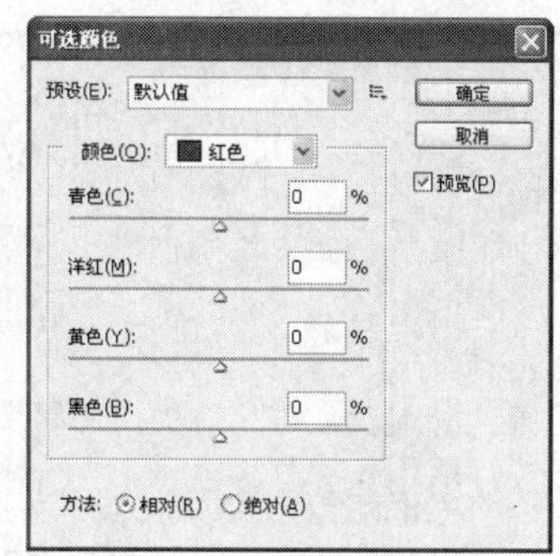

图 6-14 “可选颜色”对话框

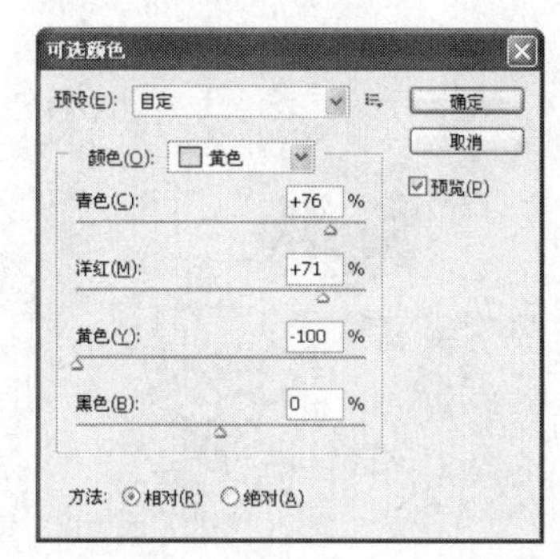

图 6-15 调整颜色后的图像效果

9. 匹配颜色

“匹配颜色”命令用于匹配不同图像之间、多个图层之间或者多个颜色选区之间的颜色。它还允许用户通过更改图像的亮度、色彩范围以及中和色痕来调整图像中的颜色。

选择【图像】→【调整】→【匹配颜色】命令，打开图 6-16 所示的“匹配颜色”对话框。其中各选项的含义如下。

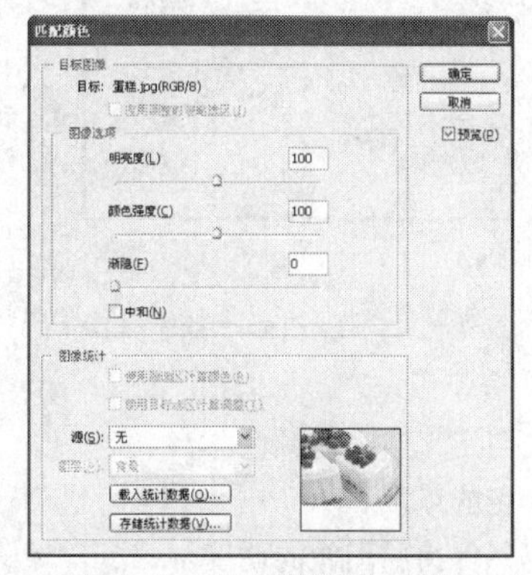

图 6-16 “匹配颜色”对话框

◎ “目标图像”栏：用来显示当前图像文件的名称。

◎ “图像选项”栏：用于调整匹配颜色时的亮度、颜色强度和渐隐效果。其中“中和”复选框用于选择是否将两幅图像的中性色进行色调的中和。

◎ “图像统计”栏：用于选择匹配颜色时图像的来源或所在的图层。

在图像之间进行颜色匹配的具体操作如下。

❶ 打开素材图像“花瓣.jpg”和“蛋糕.jpg”，如图 6-17 所示。选择“蛋糕.jpg”为当前图像。

❷ 选择【图像】→【调整】→【匹配颜色】命令，打开“匹配颜色”对话框，在其中的“源”下拉列表框中选择打开的另一个图像文件。

❸ 在“图像选项”区域中调整图像的亮度、颜色强度和渐隐程度后，单击 确定 按钮，对图像进行匹配颜色后的效果如图 6-18 所示。

图 6-17　打开两幅素材图像

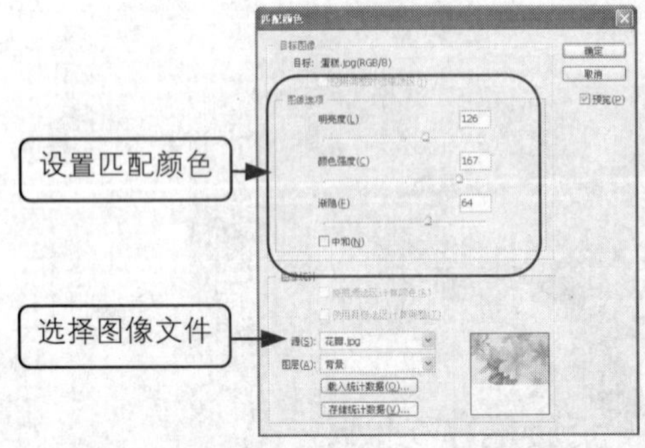

图 6-18　调整图像的匹配颜色

10. 照片滤镜

使用“照片滤镜”命令可以使图像产生一种滤色效果。打开“玻璃瓶.jpg”图像文件，选择【图像】→【调整】→【照片滤镜】命令，打开图 6-19 所示的“照片滤镜”对话框。

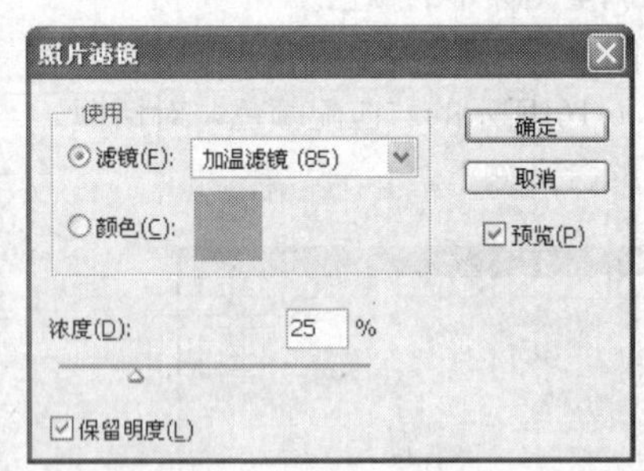

图 6-19　“照片滤镜”对话框

其中各选项定义如下。

◎ “滤镜”下拉列表框：在其下拉列表框中选择滤镜的类型。
◎ “颜色”单选项：单击右侧的色块，可以在打开的对话框中自定义滤镜的颜色。
◎ “浓度”数值框：通过拖动滑块或输入数值来调整所添加颜色的浓度。
◎ “保留明度”复选框：选中该复选框后，添加颜色滤镜时仍然保持原图像的明度。

对图像进行照片滤镜调整，调整后的效果如图 6-20 所示。

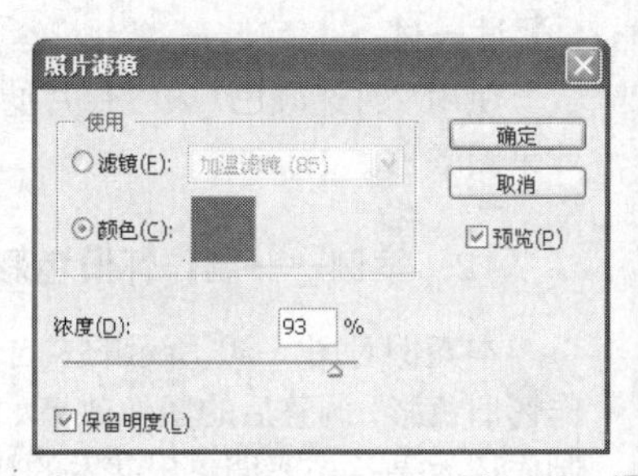

图 6–20　调整图像效果

11. 案例——效果图处理

本案例对图 6-21 所示的“效果图”图像进行调整，调整后的图像效果如图 6-22 所示。制作该图像首先要调整图像的亮度，然后对颜色进行调整，增加图像中的色彩感。通过该案例的学习，可以掌握一些图像色彩调整的操作方法。

图 6–21　原图像

图 6–22　调整后的效果

制作该图像的具体操作如下。

❶ 打开“效果图.jpg”图像文件，如图 6-22 所示。

❷ 选择【图像】→【调整】→【亮度/对比度】命令，在“亮度/对比度”对话框中增加图像亮度，如图 6-23 所示，单击 确定 按钮，调整亮度后的效果如图 6-24 所示。

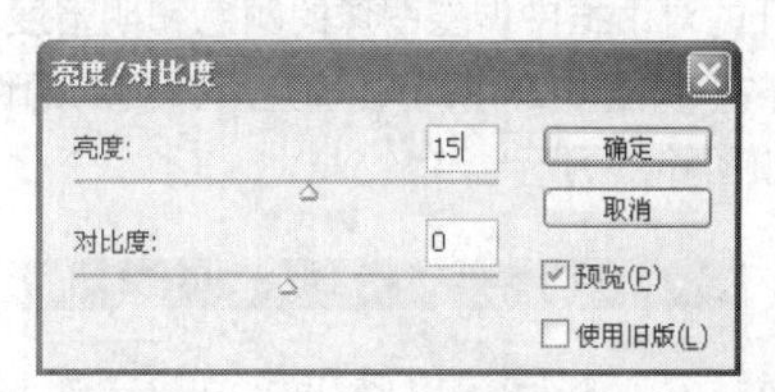

图 6–23　调整亮度

图 6–24　图像效果

❸ 选择【图像】→【调整】→【色阶】命令，打开“色阶”对话框，拖动输入色阶下方右侧的两个滑块，如图 6-25 所示，单击 确定 按钮，调整色阶后的效果如图 6-26 所示。

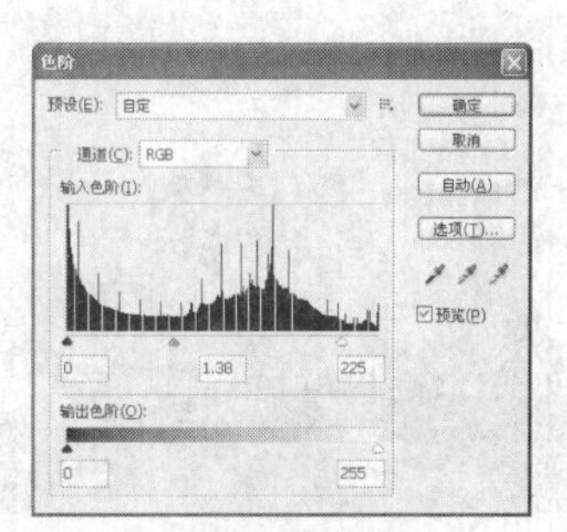

图 6–25　调整色阶

图 6-26 图像效果

❹ 分别选择【图像】→【调整】→【色彩平衡】和【图像】→【调整】→【曲线】命令，在打开的对话框中调整图像的颜色和明暗度，如图 6-27 和图 6-28 所示，确定后得到的图像效果如图 6-29 所示。

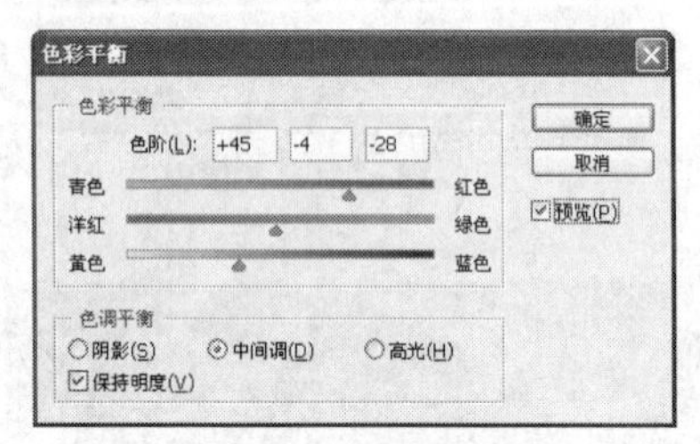

图 6-27 调整色彩平衡

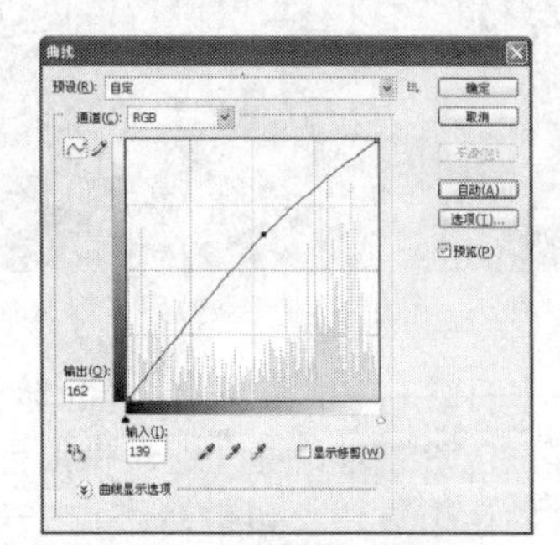

图 6-28 调整曲线

图 6-29 图像效果

试一试

使用“可选颜色”和“照片滤镜”命令调整效果图颜色。

12. 案例——制作怀旧色彩

本案例对图 6-30 所示的“自行车”图像制作怀旧色彩，调整后的图像效果如图 6-31 所示。制作该效果首先要调整出基本的怀旧色调，再通过“色相/饱和度”命令进行修饰。

图 6-30 图像效果

图 6-31 怀旧色彩效果

制作该图像的具体操作如下。

❶ 打开“自行车.jpg”图像文件，如图 6-30 所示。

❷ 选择【图像】→【调整】→【照片滤镜】命令，打开“照片滤镜”对话框，在“滤镜”下拉列表框中选择“加温滤镜（85）”选项，然后调整“浓度”为 100%，如图 6-32 所示，单击 确定 按钮，调整后的效果如图 6-33 所示。

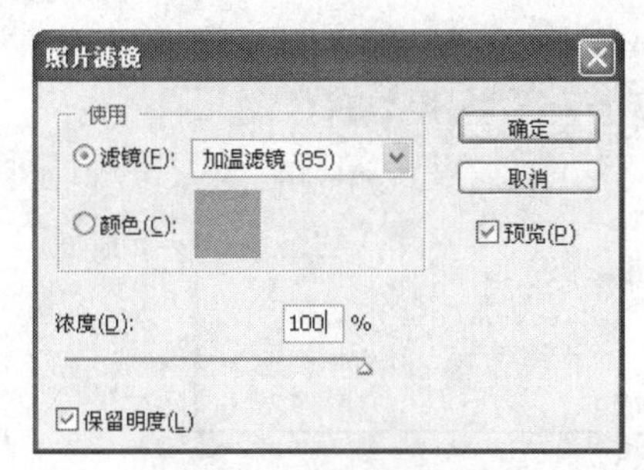

图 6-32　设置照片滤镜

图 6-33　调整后的效果

❸ 选择【图像】→【调整】→【色相/饱和度】命令，打开“色相/饱和度”对话框，增加图像的饱和度，并降低明度，如图 6-34 所示，单击 确定 按钮，调整后的效果如图 6-35 所示。

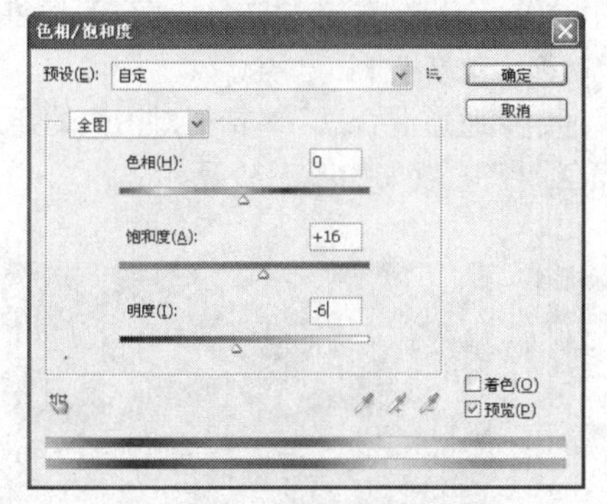

图 6-34　调整色相和饱和度

试一试

在“照片滤镜”对话框中，单击“颜色”右侧的色块，选择不同的颜色，看看有什么不同的颜色效果。

图 6-35　调整后的效果

6.1.2　调整图像特殊颜色

在 Photoshop CS4 中，用户不仅可以对图像的色调和颜色进行调整，还可以将图像处理成一些特殊的颜色效果。下面进行具体讲解。

1. 去色

使用“去色”命令可以丢弃图像中的色彩信息，使图像以灰度图显示。选择【图像】→【调整】→【去色】命令即可为图像去掉颜色。

2. 阴影/高光

使用“阴影/高光”命令可以对图像中的阴影或高光部分分别进行调整。打开“向日葵.jpg”图像文件，选择【图像】→【调整】→【阴影/高光】命令，打开图 6-36 所示的“阴影/高光”对话框。

其中各选项含义如下。

◎ “阴影”栏：用来增加或降低图像中的暗部色调。

◎ “高光”栏：用来增加或降低图像中的高光部分。

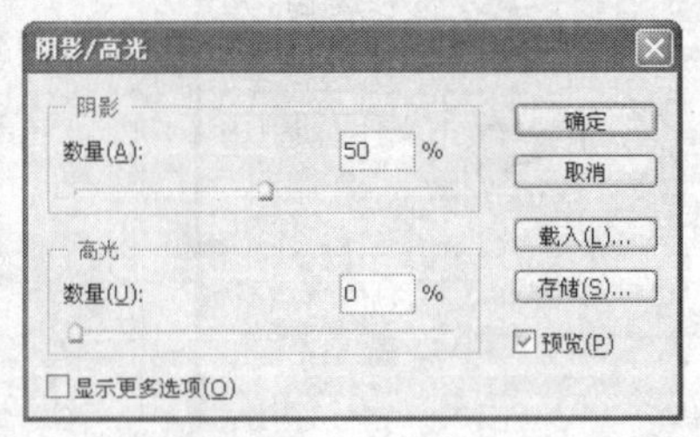

图 6-36 "阴影/高光"对话框

对向日葵图像降低阴影后的效果如图 6-37 所示。

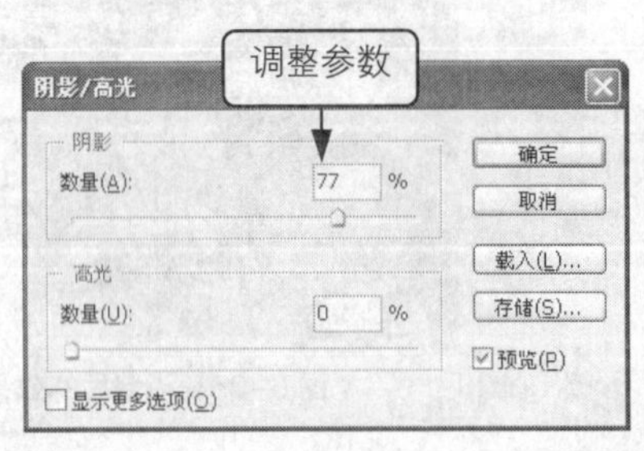

图 6-37 降低阴影后的效果

3. 通道混合器

使用"通道混合器"命令可以对通道中的颜色进行调整。选择【图像】→【调整】→【通道混合器】命令，打开图 6-38 所示的"通道混合器"对话框。

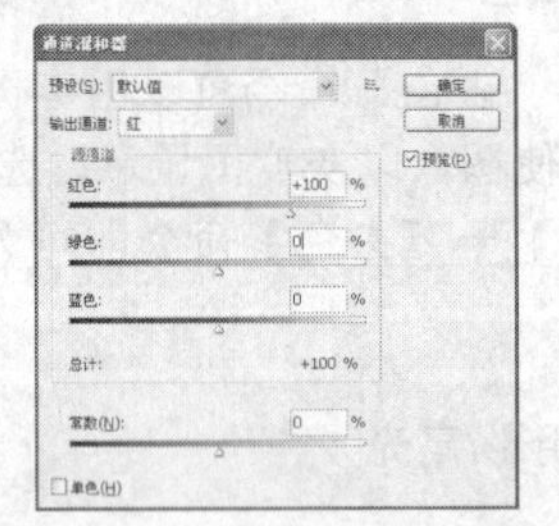

图 6-38 "通道混合器"对话框

◎ "输出通道"下拉列表框：单击其右侧的三角形按钮，在弹出的下拉列表框中选择要调整的颜色通道。不同颜色模式的图像，其中的颜色通道选项也各不相同。

◎ "源通道"栏：拖动下方的颜色通道滑块，调整源通道在输出通道中所占的颜色百分比。

◎ "常数"数值框：用于调整输出通道的灰度值。负值将增加更多的黑色；正值将增加更多的白色。

◎ "单色"复选框：选中该复选框，可以将图像转换为灰度模式。

通过"通道混合器"对话框对图像的通道进行颜色调整的效果如图 6-39 所示。

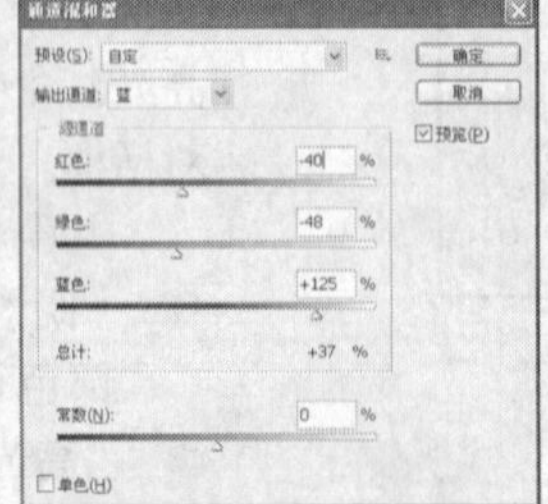

图 6-39 调整蓝色通道后的图像效果

4. 渐变映射

使用“渐变映射”命令可以对图像的颜色进行调整。打开“动物2.jpg”图像文件，选择【图像】→【调整】→【渐变映射】命令，打开“渐变映射”对话框，调整参数后的效果如图6-40所示。“渐变映射”对话框中各选项的含义如下。

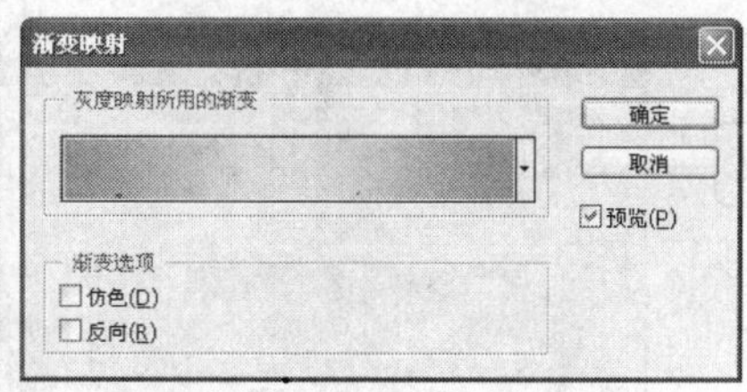

图6-40　调整图像渐变映射效果

◎ “灰度映射所用的渐变”栏：在其中可以选择要使用的渐变色，也可单击中间的颜色框打开“渐变编辑器”对话框来编辑所需的渐变颜色。

◎ “仿色”复选框：选中该复选框，将实现抖动渐变。

◎ “反向”复选框：选中该复选框，将实现反转渐变。

5. 反相

“反相”命令用于反转图像中的颜色信息，常用于制作胶片的效果。使用该命令可以创建边缘蒙版，以便向图像的选定区域应用锐化和其他调整。当再次使用该命令时，即可还原图像颜色。

6. 色调分离

使用“色调分离”命令，可以指定图像中每个通道的色调级（或亮度值）的数目，然后将像素映射为最接近的匹配级别。

注意：对灰度图像使用“色调分离”命令能产生较显著的艺术效果。

7. 色调均化

使用“色调均化”命令能重新分布图像中的亮度值，以便更均匀地呈现所有范围的亮度级。选择【图像】→【调整】→【色调均化】命令，图像中的最亮值呈现为白色，最暗值呈现为黑色，中间值则均匀地分布在整个图像灰度色调中。

8. 阈值

使用“阈值”命令可以将一张彩色或灰度的图像调整成高对比度的黑白图像，该命令常用于确定图像的最亮和最暗区域。

打开“美女.jpg”图像文件，选择【图像】→【调整】→【阈值】命令，打开“阈值”对话框，该对话框中显示的是当前图像亮度值的坐标图，用鼠标拖动滑块或者在“阈值色阶”右侧的数字框中输入数值来设置阈值，其取值范围为1～255。设置完成后，单击 确定 按钮，效果如图6-41所示。

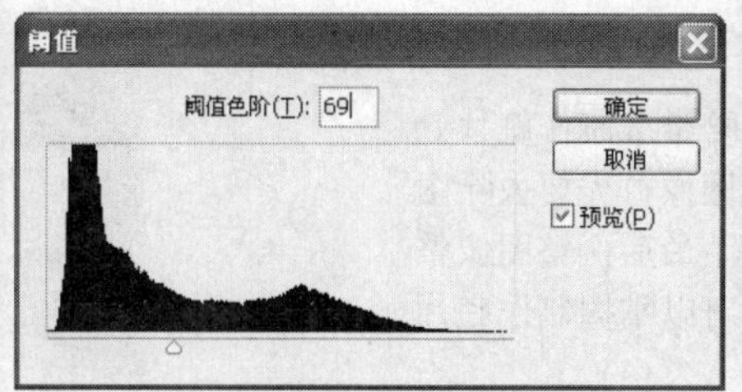

图6-41　使用“阈值”调整的图像效果

9. 变化

使用“变化”命令可让用户直观地调整图像或选区，改变图像中的色彩平衡、对比度和饱和度。选择【图像】→【调整】→【变化】命令，打开图 6-42 所示的“变化”对话框。

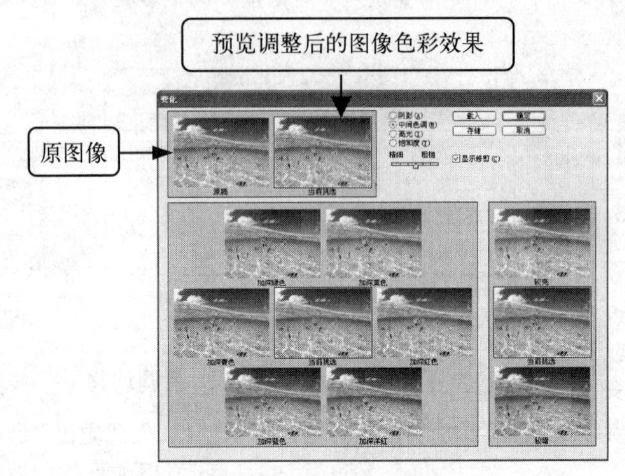

图 6-42 “变化”对话框

其中各选项的含义如下。

◎ “阴影”单选项：将对图像中的阴影区域进行调整。

◎ “中间色调”单选项：将对图像中的中间色调区域进行调整。

◎ “高光”单选项：将对图像中的高光区域进行调整。

◎ “饱和度”单选项：将调整图像的饱和度。

打开“海洋.jpg”图像文件，选择【图像】→【调整】→【变化】命令，为图像加深黄色和红色，并为图像添加亮度，就可以改变图像色调，效果如图 6-43 所示。

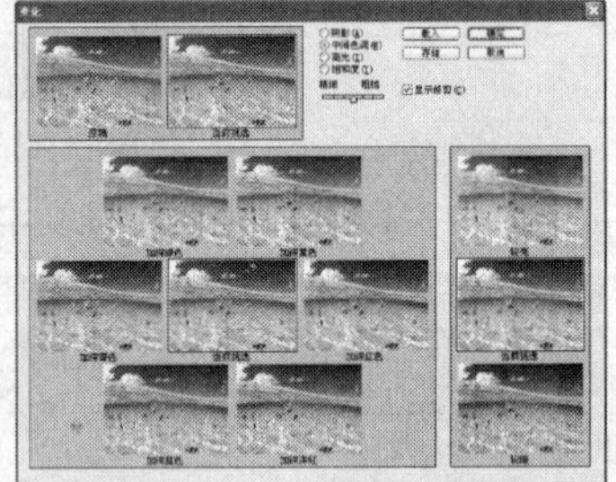

图 6-43 调整图像颜色

10. 案例——制作底片效果

本案例对图 6-44 所示的哈密瓜制作底片效果，如图 6-45 所示。制作该图像首先要去除图像颜色，然后再进行反相处理，最后调整图像整体色调。通过该案例的学习，可以掌握制作底片效果的操作方法。

图 6-44 哈密瓜图像

图 6-45 调整后的效果

制作该图像的具体操作如下。

❶ 打开“哈密瓜.jpg”图像文件，如图 6-44 所示。

❷ 选择【图像】→【调整】→【去色】命令，去除图像颜色，如图 6-46 所示。然后选择【图像】→【调整】→【反相】命令，得到图 6-47 所示的图像效果。

图 6-46 去除颜色

图 6-47 反相效果

❸ 选择【图像】→【调整】→【曲线】命令，打开“曲线”对话框，加深图像对比色调调整，如图 6-48 所示。单击 确定 按钮得到底片效果，如图 6-49 所示。

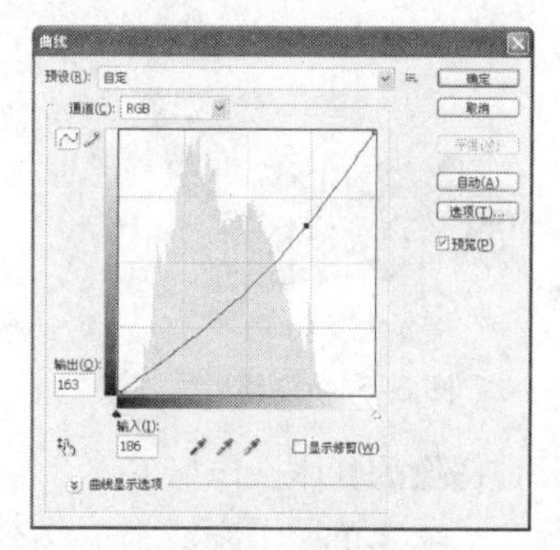

图 6-48 调整曲线

图 6-49 加深图像效果

想一想

为什么在使用“反相”命令后，还需要调整曲线来制作底片效果呢?

11. 案例——照片上色

本案例为图 6-50 所示的“水果 2”图像上色，效果如图 6-51 所示。制作该图像首先要去除图像颜色，然后再进行反相处理，最后调整图像整体色调。通过该案例的学习，可以掌握制作底片效果的操作方法。

图 6-50 芒果图像

图 6-51　调整后的效果

制作该图像的具体操作如下。

❶ 打开“水果 2.jpg”图像文件，选择多边形套索工具，勾选水果中的瓜肉图像，如图 6-52 所示。

图 6-52　创建选区

❷ 按【Shift+F6】键打开“羽化选区”对话框，设置羽化半径为 5 像素，如图 6-53 所示。

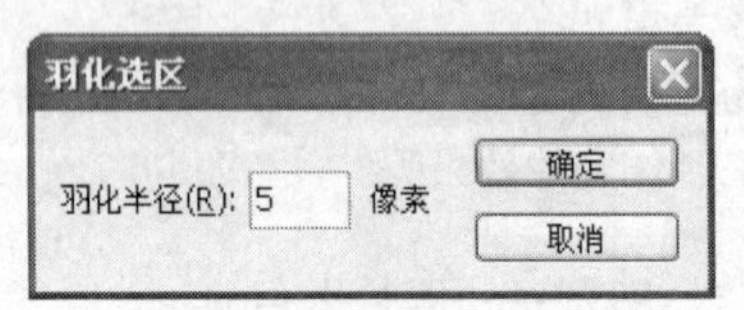

图 6-53　设置羽化半径

❸ 选择【图像】→【调整】→【色相/饱和度】命令，打开“色相/饱和度”对话框，选中“着色”复选框，设置参数如图 6-54 所示，单击 确定 按钮，这样就为瓜肉添加了红颜色，如图 6-55 所示。

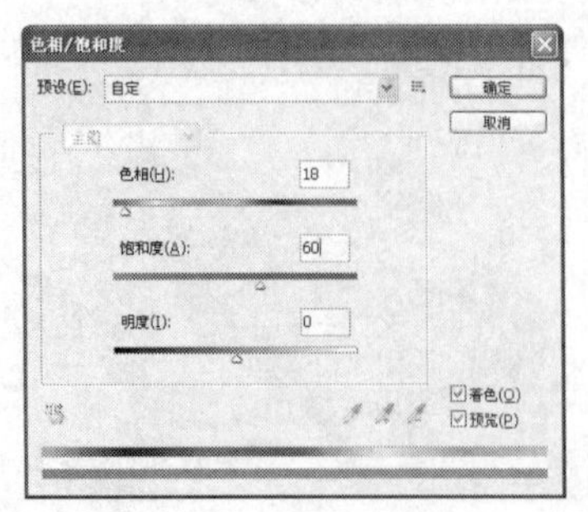

图 6-54　调整瓜肉颜色

图 6-55　图像效果

❹ 创建瓜皮图像选区，然后打开“色相/饱和度”对话框为瓜皮添加绿色，如图 6-56 所示，单击 确定 按钮，调整后的效果如图 6-57 所示。

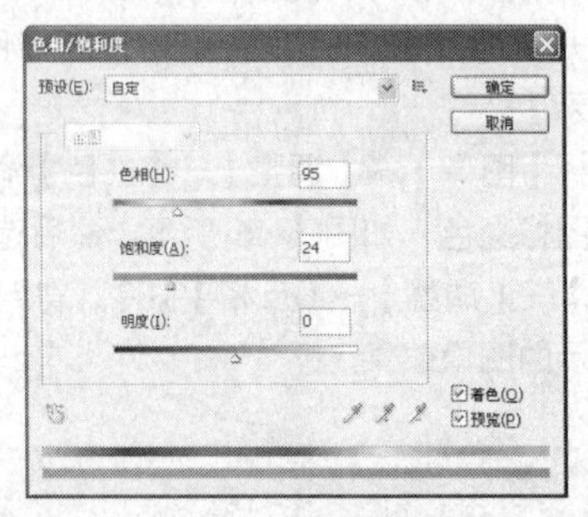

图 6-56　调整瓜皮颜色

图 6-57　图像效果

❺ 分别创建木勺图像选区和背景图像选区，在“色相/饱和度”对话框中为图像调整颜色，如图 6-58 和图 6-59 所示，调整后的效果如图 6-60 所示。

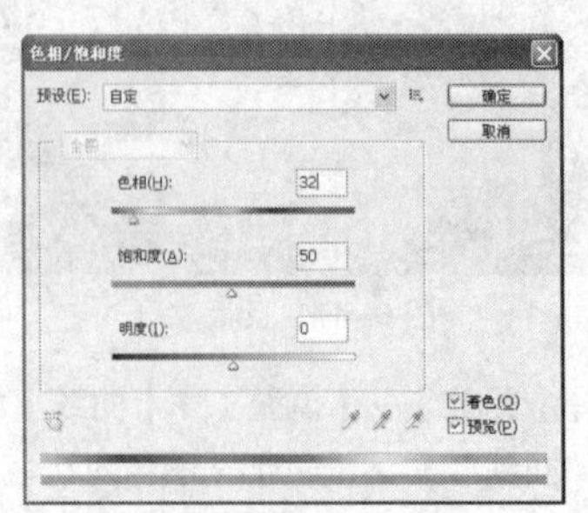

图 6-58　调整木勺颜色

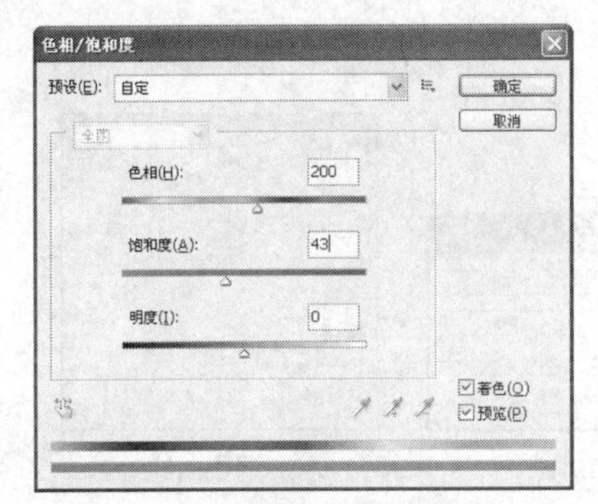

图 6–59 调整背景图像颜色

想一想

在“色相/饱和度”对话框中调整图像颜色时，为什么要选中“着色”复选框？如果不选中该复选框，又该如何为照片添加颜色？

图 6–60 照片上色效果

6.2 上机实战

本章的上机实战将制作两个实例：一个是处理色彩暗淡的照片，另一个是调整照片的颜色。综合练习本章学习的知识点，熟练掌握图像色彩调整方式。

上机目标：

◎ 熟练掌握“亮度/对比度”命令的使用；

◎ 熟练掌握“色相/饱和度”对话框中参数的设置；

◎ 掌握“曲线”对话框中的曲线编辑。

建议上机学时：3 学时。

6.2.1 处理色彩暗淡的照片

1. 实例目标

本例将对图 6-61 所示的图像进行处理，处理后的图像效果如图 6-62 所示，在制作过程中需要对暗淡的图像提高亮度、对比度等，然后对图像整体色调进行调整。

图 6–61 原照片

图 6–62 处理后的照片效果

2. 操作思路

处理风景照片是在数码照片处理中经常遇到的。根据上面的实例目标，本例的操作思路如图 6-63 所示。

制作本例的具体操作如下。

❶ 选择【文件】→【打开】命令，打开“风景.jpg”照片。

❷ 选择【图像】→【调整】→【亮度/对比度】命令，打开“亮度/对比度”对话框，设置图像亮度为 93，对比度为 7。

❸ 选择【图像】→【调整】→【曲线】命令，在打开的“曲线”对话框中调整曲线，得到亮色的照片效果。

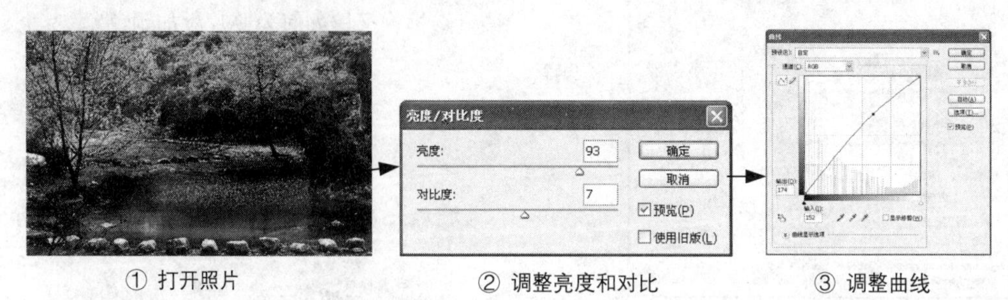

图 6-63　处理色彩暗淡照片的操作思路

6.2.2　调整照片颜色

1. 实例目标

本例将对图 6-64 所示的照片进行颜色调整，调整后的效果如图 6-65 所示，在制作过程中首先要调整照片中曝光不足的现象，然后调整图像的偏色问题。

图 6-64　原照片

图 6-65　处理后的图像效果

2. 专业背景

在拍摄数码照片时，有时会受天气、环境等的影响，而使照片出现偏色、曝光不足等现象，这就需要做后期处理。但在处理照片前，应首先了解出现这些状况的原因，这样才能更好地调整照片色调。

◎　偏色

数码相机拍出来的相片经常会出现偏色的现象。如在日光灯的房间拍摄的照片会显得发绿，而在日光阴影处拍摄的照片会偏蓝。一般来说，如果在用数码相机进行拍摄的时候没有正确地设置数码相机的白平衡，或者现场的光线环境比较复杂，使得相机本身的自动测光系统无法正确判断该用何种白平衡设定，这样就容易出现照片偏色现象。

照片的偏色是由于数码相机白平衡校正不正确，或受光源及环境色的影响，造成与被摄者固有色的色彩有偏差。照片偏色校正就是还原固有色，使画面更具有真实感。

◎　曝光不足

在日常的拍摄中，很多时候会用到闪光灯，例如拍摄婚宴或室内的朋友聚会等，这时就很容易出现曝光不足的情况。一旦曝光不足，照传的色彩就会变得十分灰暗，其清晰度也会降低。

为了让照片有更好的效果，可以采取下列对策防止曝光不足的发生。

◎　尽可能采用指数大的闪光灯。如果因条件所限没有高指数的闪光灯，则可以加一只同步闪光灯以提高闪光量。

◎　尽可能距离被摄体近点，再近点，时时注意所用闪光灯的有效闪光距离，防止超出该范围。

◎　镜头光圈应尽量开大，或者采用高速胶卷以弥补镜头光圈太小的弱点。

◎ 在使用反射闪光时一定要选择浅色的反射面，用遮挡法柔化光线时要适可而止，防止过量。

3. 操作思路

了解了关于偏色和曝光不足的专业知识后，根据上面的实例目标，本例的操作思路如图 6-66 所示。

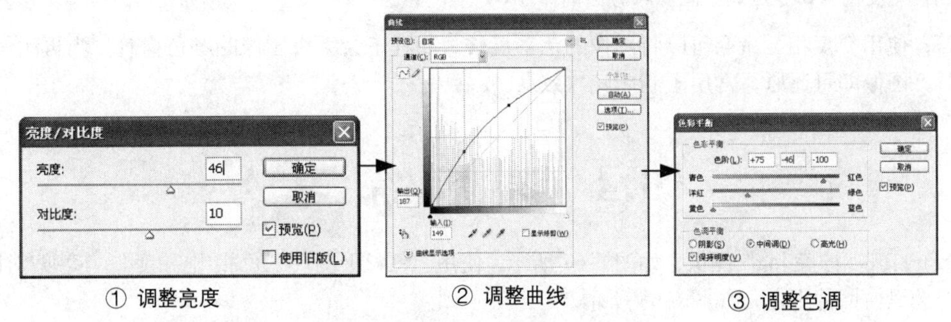

图 6-66 调整照片颜色的操作思路

制作本例的主要操作步骤如下。

❶ 打开“静物.jpg”照片，选择【图像】→【调整】→【亮度/对比度】命令，打开“亮度/对比度”对话框，设置图像亮度为 46，对比度为 10。

❷ 选择【图像】→【调整】→【曲线】命令，在打开的“曲线”对话框中调整曲线，校正照片曝光不足。

❸ 选择【图像】→【调整】→【色彩平衡】命令，打开“色彩平衡”对话框，在其中加强图像中的黄色和红色，校正偏色。

6.3 常见疑难解析

问：为什么在使用“色阶”命令调整偏色时，单击图像中的黑色和白色部分就可以清除偏色呢？

答：根据色彩理论，只要将取样点的颜色 RGB 值调整为 R=G=B，整个图像的偏色就可以得到校正。使用黑色吸管单击原本是黑色的图像，可将该点的颜色设置为黑色，即 R=G=B。并不是所有的点都可作为取样点，因为彩色图像中需要各种颜色的存在，而这些颜色的 RGB 值并不相等。因此，应尽量将无彩色的黑、白、灰作为取样点。在图像中，通常黑色（如头发、瞳孔），灰色（如水泥柱），白色（如白云、头饰等）都可以作为取样点。

问：使用“自动颜色”命令能达到什么效果呢？

答：该命令可以通过搜索图像中的明暗程度来表现图像的暗调、中间调和高光，以自动调整图像的对比度和颜色。执行该命令后无需进行参数调整。

问：在处理有一张曝光过度的照片时，有没有快速地使照片恢复正常的方法？

答：无论照片是曝光过度或者曝光不足，选择【图像】→【调整】→【阴影/高光】命令都可以使照片恢复到正常的曝光状态。“阴影/高光”命令不是单纯地使图像变亮或变暗，而是通过计算，对图像局部进行明暗处理。

问：为什么有时候用“变化”命令对图像调色时其功能不可用呢，这时要怎样解决呢？

答：查看图像窗口标题栏，看看图像模式是不是“索引”模式或者“位图”模式，“变化”命令不能用在这两种颜色模式的图像上。选择【图像】→【模式】→【RGB 颜色】命令，将图像模式转换成 RGB 模式，就可以使用“变化”命令调整颜色了。

问：“反相”命令是调整图像哪方面的命令？

答：使用“反相”命令可以将图像的色彩反转，而且不会丢失图像的颜色信息。当再次使用该命令时，图像即可还原，常用于制作底片效果。

6.4 课后练习

（1）打开“柠檬.jpg”图像，如图 6-67 所示，使用“色彩平衡”、“色相/饱和度”、“亮度/对比度”等命令为黑白照片上色，如图 6-68 所示。

图 6-67 原图像

图 6-69 原图像

图 6-68 上色效果

图 6-70 调整后的效果

（2）打开提供的“荷花.jpg”图像，如图 6-69 所示，使用“色彩平衡”命令为图像校正颜色，然后打开“可选颜色”命令，在“颜色”下拉列表框中选择“红色”，为荷花加深红色调，如图 6-70 所示。

（3）打开“大树.jpg”图像，如图 6-71 所示，打开“色相/饱和度”对话框，将色相调整为 38，再适当降低图像饱和度。然后打开“曲线”对话框，在“通道”下拉列表框中选择“蓝”选项，向上拖动曲线，增加蓝色，得到的图像效果如图 6-72 所示。

图6-71 原图像

图6-72 改变色调后的图像

（4）打开“蛋糕.jpg”图像，如图6-73所示，选择【图像】→【模式】→【CMYK 颜色】命令，转换图像模式。然后打开“色相/饱和度”对话框，在对话框的下拉列表中选择“红色”进行调整，加深图像中的饱和度，效果如图 6-74 所示。

图6-73 原图像

图6-74 图像效果

第 7 课
使用路径和形状

学生：老师，在我们前面学习的内容中，好像不能对复杂造型的图像进行抠取，而且也没有一种比较方便的办法绘制出较为复杂的图形。

老师：是的，运用前面所学的知识是不能做到。但是 Photoshop 中的钢笔工具可以帮助我们绘制较为复杂的图像，并且可以通过路径转换为选区，这样就能抠取图像了。

学生：真的吗？那我要快一点学习这一章的内容。

老师：别急。在 Photoshop 中，钢笔工具组有多个工具，必须要结合起来使用才能取得满意的效果。

学生：哦，老师，那就请逐一讲解吧！

学习目标

- 了解路径的特点
- 熟练掌握钢笔工具的使用方法
- 了解自由钢笔工具的使用方法
- 掌握锚点的添加和删除方法
- 熟练掌握填充和描边路径的操作方法
- 了解剪切路径的使用方法
- 掌握形状工具的使用方法
- 熟练掌握自定义形状工具的使用方法

7.1 课 堂 讲 解

本课将主要讲述路径的基本概念、钢笔工具的使用方法、路径的编辑、“路径”面板的使用和形状工具的使用等知识。通过相关知识点的学习和多个案例的制作，可以初步掌握路径的绘制和编辑，以及如何使用形状工具绘制出各种固定形状。

7.1.1 创建路径

路径的实质是以矢量方式定义的线条轮廓，它可以是一条直线，一个矩形，一条曲线以及各种各样形状的线条，这些线条可以是闭合的也可以是不闭合的。下面进行具体讲解。

1. 路径的特点

所谓路径，就是用一系列点连接起来的线段或曲线，可以沿着线段或曲线进行描边或填充。路径组成的线条或图形是贝塞尔曲线，该曲线是由 3 个点组合定义而成的，一个点在曲线上，另两个点在控制手柄上，拖动这 3 个点即可以改变曲度和方向，如图 7-1 所示。

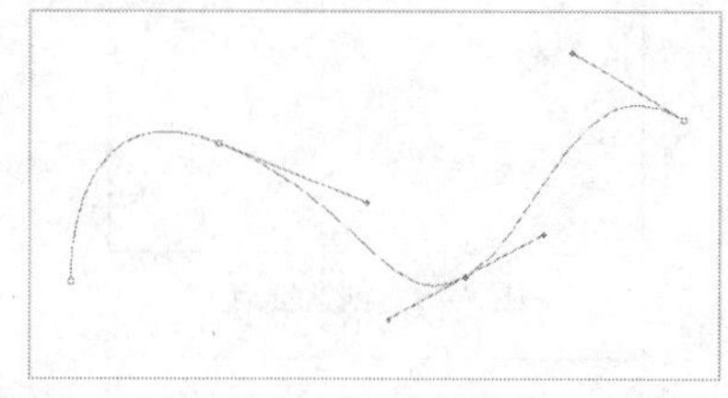

图 7–1 贝塞尔曲线

2. 使用钢笔工具

钢笔工具属于矢量绘图工具，使用该工具可以直接绘制直线路径和曲线路径。单击工具箱中的钢笔工具，其对应的工具属性栏如图 7-2 所示。

图 7–2 钢笔工具属性栏

各选项含义如下。

◎ ：这 3 个按钮分别用于创建形状图层、创建工作路径和填充区域。在绘制路径时一般都单击选中路径按钮。

◎ ：该组按钮用于在各种形状工具之间进行切换。

◎ 自动添加/删除 复选框：当选中该复选框，在创建路径的过程中光标有时会自动变成自动添加和删除锚点，方便用户精确控制创建的路径。

绘制直线路径

选择工具箱中的钢笔工具，在属性工具栏按下“路径”按钮。在图像窗口中需要绘制直线的位置单击鼠标，创建直线路径的第 1 个锚点，移动鼠标至另一位置单击，即可在该点与起点之间绘制一条直线路径，如图 7-3 所示。继续单击鼠标可以绘制其他相连接的直线段。将鼠标光标移到路径的起点，此时鼠标光标将变成形状，单击鼠标即可创建一条封闭的路径，如图 7-4 所示。

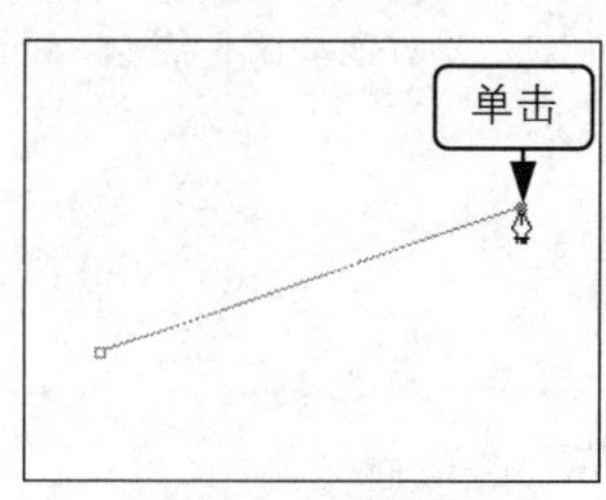

图 7–3 创建直线

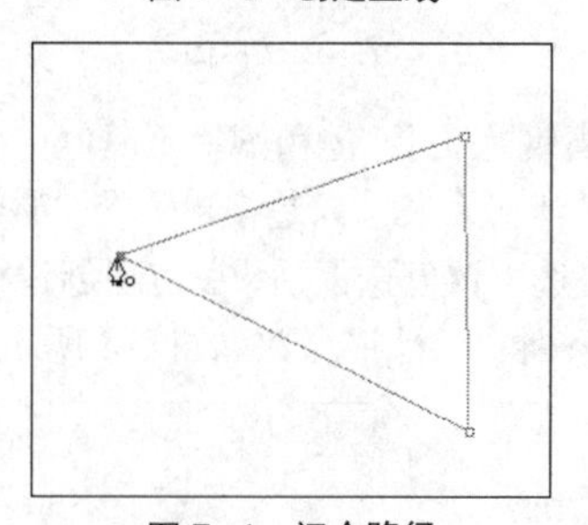

图 7–4 闭合路径

绘制曲线路径

在创建路径上的第一个锚点处按下鼠标并拖

动，将首先创建控制手柄，如图 7-5 所示，该手柄用来控制第一个锚点之间曲线段的弯曲度和方向，单击并拖动鼠标创建第二个锚点和曲线段，如图 7-6 所示。依此类推，继续创建路径上的其他曲线段即可。

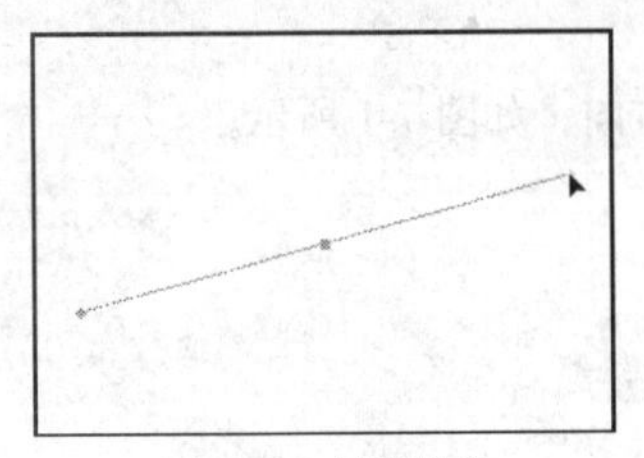

图 7–5　创建锚点

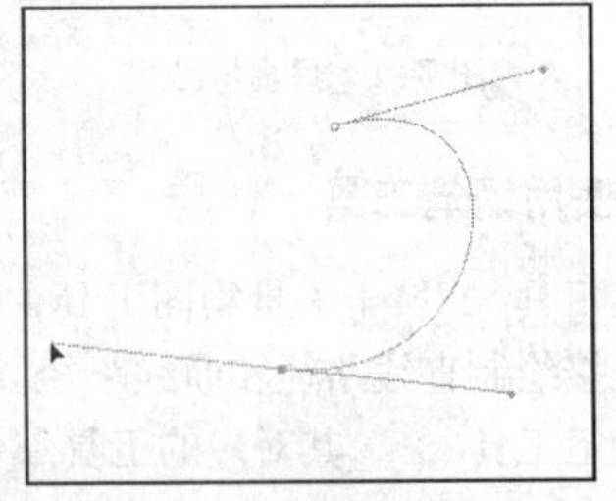

图 7–6　曲线路径

3. 使用自由钢笔工具

单击工具箱中的自由钢笔工具，或单击钢笔工具属性栏中的按钮，在图像编辑区域按住鼠标不放，然后拖动鼠标进行绘制即可，如图 7-7 所示。

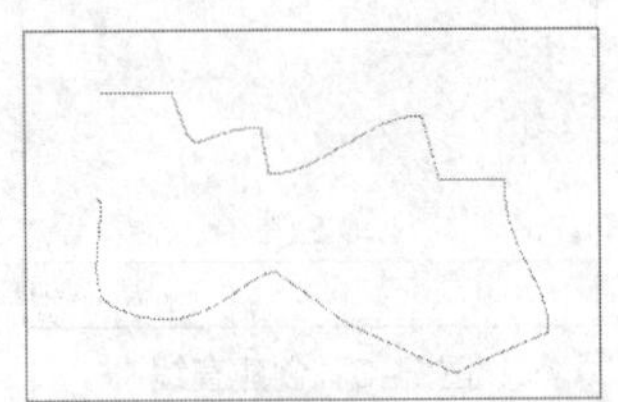

图 7–7　创建自由路径

自由钢笔工具和钢笔工具对应的工具属性栏大致一样，只是多出一个“磁性的”复选框，当选中该复选框后，在拖动创建路径时会产生一系列的磁性锚点，如图 7-8 所示。

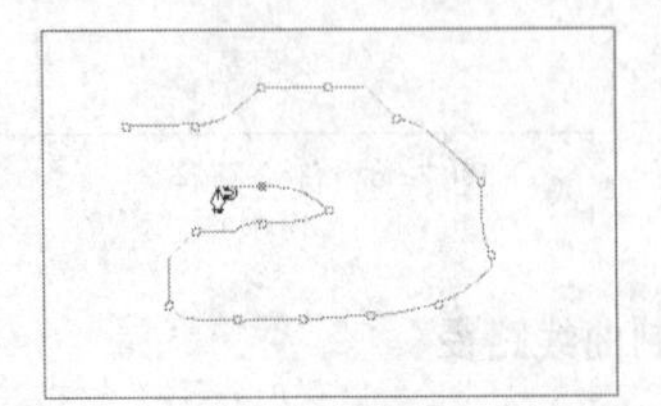

图 7–8　路径上产生众多磁性锚点

7.1.2　编辑路径

本节将主要讲述路径的编辑方法，并将学习两个案例的制作。通过学习能够熟练掌握路径的各种编辑方法。下面进行具体讲解。

1. 使用路径选择工具

使用路径选择工具可以选择和移动整个子路径。单击工具箱中的路径选择工具，将光标移动到需选择的路径上后单击，即可选中整个子路径，如图 7-9 所示；按住鼠标左键不放并进行拖动，即可移动路径；移动路径时若按住【Alt】键不放再拖动鼠标，则可以复制路径，如图 7-10 所示。

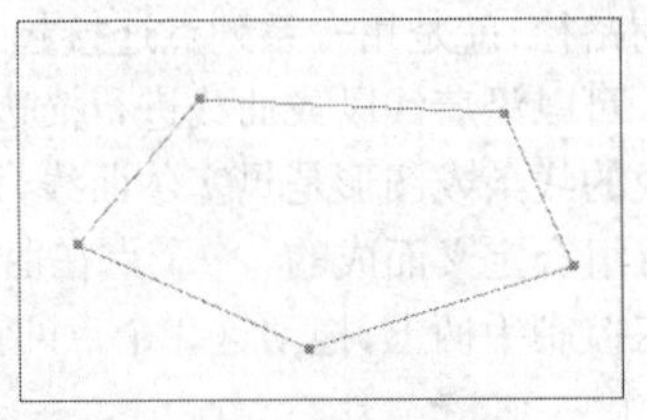

图 7-9　选择路径

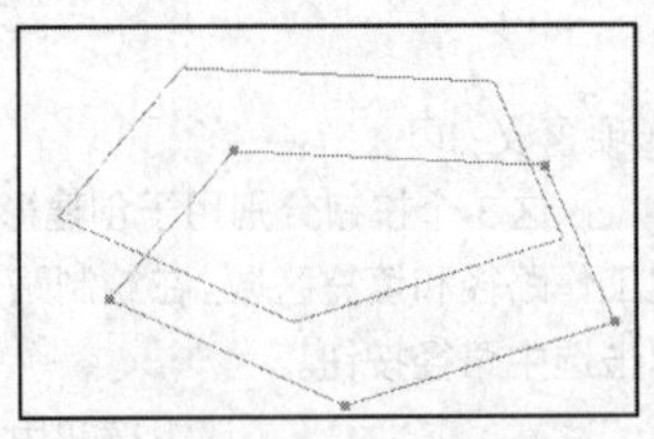

图 7-10　复制路径

2. 使用直接选择工具

使用直接选择工具可以选取或移动某个路径中的部分路径，将路径变形。选择工具箱中的直接选择工具，在图像中拖动鼠标框选所要选择的锚点，如图 7-11 所示，即可选择路径，被选中的部分锚点为黑色实心点，未被选中的路径锚点为空心点，如图 7-12 所示。

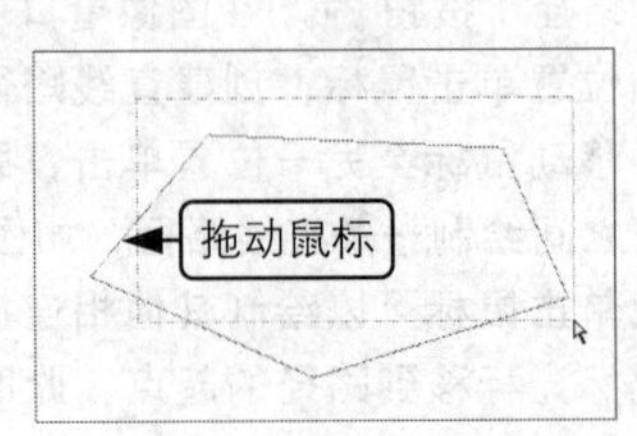

图 7–11　框选锚点

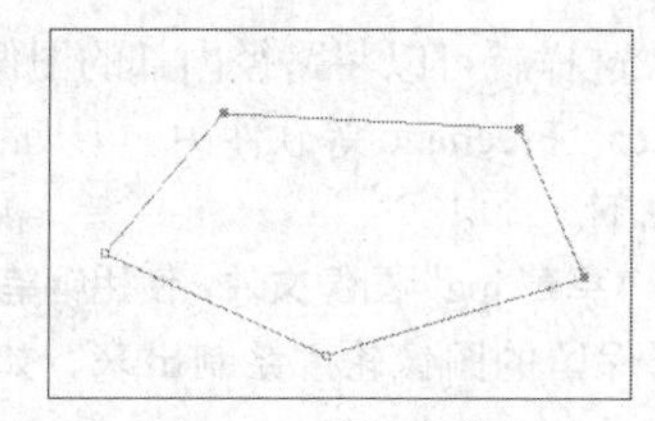

图 7-12　所选的锚点

3. 添加或删除锚点

锚点控制着路径的平滑度，适当的锚点有助于路径的编辑，所以在编辑路径时应根据需要在路径上增加或删除锚点。

增加与删除锚点的方法如下。

◎ 单击工具箱中的钢笔工具或添加锚点工具，将鼠标光标移动到路径上单击，即可增加一个锚点。

◎ 单击工具箱中的钢笔工具或删除锚点工具，将鼠标光标移动到路径要删除的锚点处并单击，即可删除该锚点。

4. 改变锚点性质

转换点工具可以使路径在平滑曲线和直线之间相互转换，还可以调整曲线的形状。单击工具箱中的转换点工具，按住鼠标左键不放并拖动即可调整曲线的弧度，如图 7-13 所示。用户也可分别拖动控制线两边的上调节杆调整其长度和角度，从而达到修改路径形状的目的。如果用转换点工具单击平滑锚点，可以将其转换成角锚点后进行编辑。

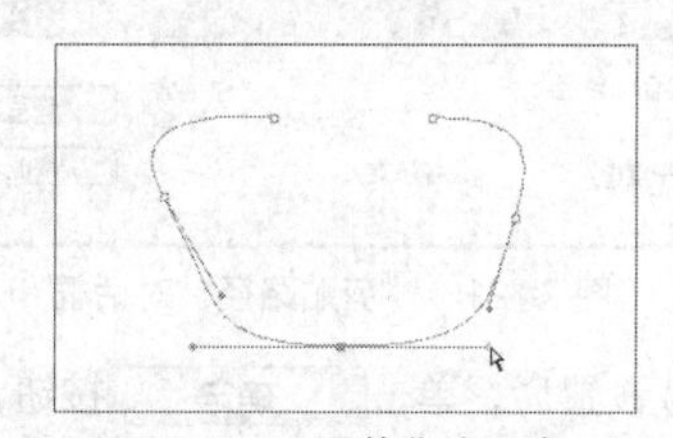

图 7-13　调整曲线弧度

5. 填充路径

填充路径是指用指定的颜色、图案或者“历史记录”面板中的状态填充路径包围的区域。在“路径”面板中选择需要填充的路径，然后单击“路径”面板右上方的三角形按钮，在弹出的菜单中选择“填充路径”命令，即可打开“填充路径”对话框，如图 7-14 所示。其中各参数含义如下。

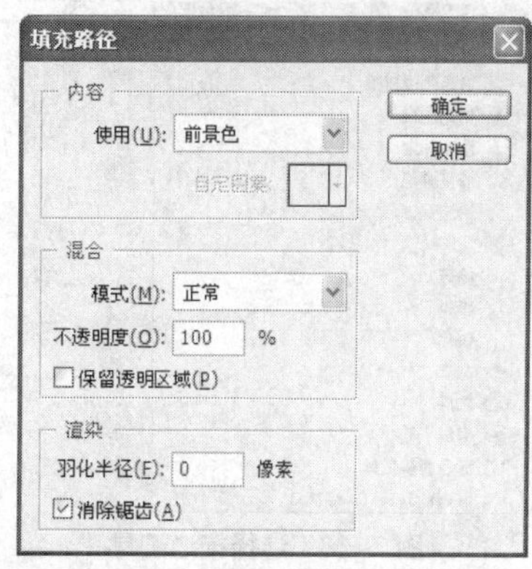

图 7-14　“填充路径”对话框

◎ “使用”下拉列表框：用于设置要填充的内容（如前景色、背景色或图案等）。

◎ “模式”下拉列表框：用于设置填充图层的模式。

◎ “不透明度”数值框：设置填充图层的不透明度。

◎ “保留透明区域”复选框：选中该复选框，将填充限制为包含像素的图层区域。

◎ “羽化半径”数值框：控制填充路径时，路径边缘的虚化程度。

6. 描边路径

描边路径就是使用一种图像绘制工具或修饰工具沿着路径绘制图像或修饰图像。其操作方法如下。

❶ 创建需要描边的路径，单击“路径”面板右上角的三角形按钮，在弹出的菜单中选择“描边路径”命令，如图 7-15 所示。

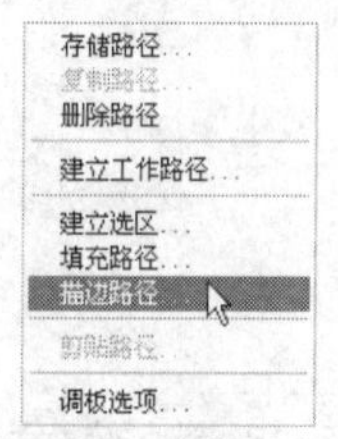

图 7-15　选择命令

❷ 打开“描边路径”对话框，在“工具”下拉列表框中选择描边的工具，如图 7-16 所示，最后单击 确定 按钮即可。

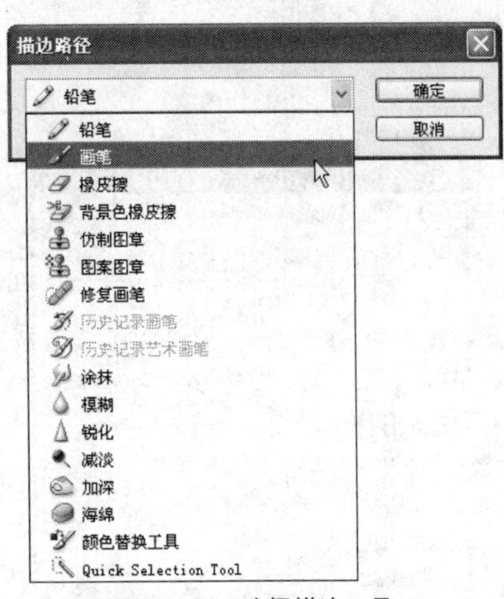

图 7-16　选择描边工具

7. 路径和选区的转换

在 Photoshop 中，用户可以直接将选区转换为路径，也可以将路径转换为选区。首先创建一个选区，如图 7-17 所示，然后单击“路径”面板底部的“从选区生成工作路径”按钮，即可将选区转换为路径，如图 7-18 所示。要将选区转换为路径，只需单击“路径”面板底部的“将路径作为选区载入”按钮，即可将路径转换为选区。

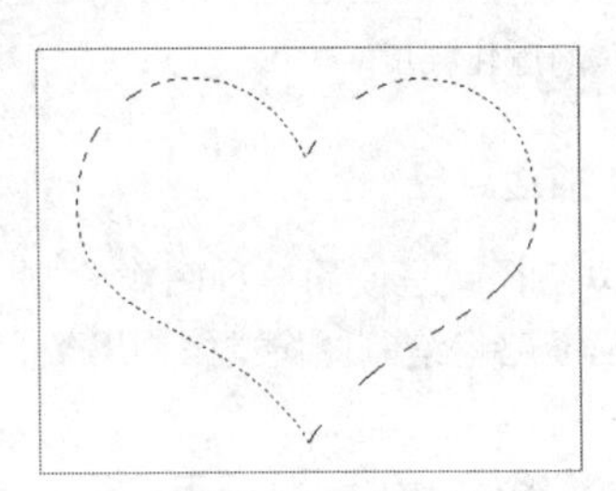

图 7-17　创建选区

图 7-18　选区转换为路径

8. 剪切路径

利用“剪贴路径”功能将路径以外的区域变成透明，这样就可以将路径内部的图像输出到 PageMaker、Freehand 等软件中。剪切路径的具体操作如下。

❶ 打开“草莓.jpg”图像文件，使用钢笔工具，将要保留的图像轮廓绘制出来，如图 7-19 所示。

图 7-19　绘制路径

❷ 在“路径”面板中选择该路径，单击右上角的三角形按钮，在弹出的快捷菜单中选择“存储路径”命令，打开“存储路径”对话框，为路径重命名，如图 7-20 所示。

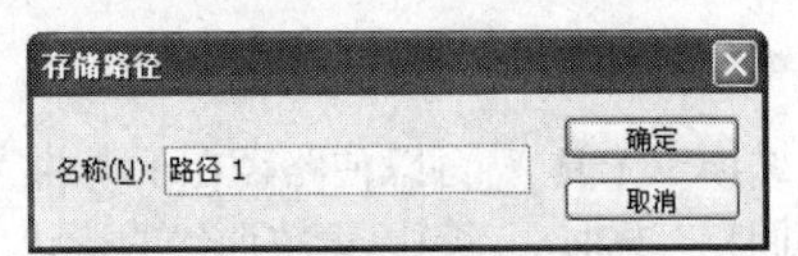

图 7-20　“存储路径”对话框

❸ 再次单击“路径”面板右上方的三角形按钮，在弹出的快捷菜单中选择“剪贴路径”命令，打开“剪贴路径”对话框，设置“展平度”参数，如图 7-21 所示。

图 7-21　“剪贴路径”对话框

❹ 完成设置后，单击 确定 按钮，将文件保存为 TIFF1 格式。当将文件导入 PageMaker 等排版软件，会发现路径以外的分布呈现透明状态。

提示：当用户在保存文件时，并非所有的格式都支持路径。在一般情况下，可以将要去掉的背景文件存储为 TIFF1 或 EPS 等格式输出，因为一般的排版软件都不支持 PSD 格式。

9. 案例——绘制信封图像

本案例将使用钢笔工具绘制一个信封图像，效果如图 7-22 所示，在制作过程中需要使用锚点的转换、添加和删除等，还运用了将路径转换为选区功能。

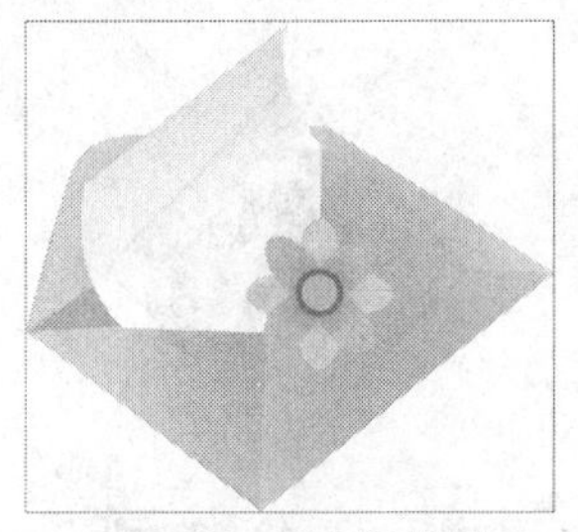

图 7-22　绘制的信封

制作该图像的具体操作如下。

❶ 新建一个图像文件，选择钢笔工具，在图像窗口中需要绘制直线的位置单击鼠标，创建直线路径第一个锚点，移动鼠标至另一位置单击，绘制出一条直线路径，如图 7-23 所示。继续拖动鼠标单击，绘制图 7-24 所示的形状。

图 7-23　绘制直线

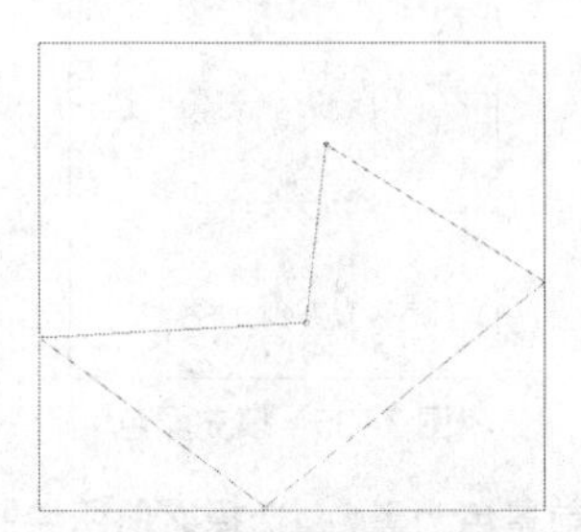

图 7-24　绘制其他线段

❷ 按【Ctrl＋Enter】组合键将路径转换为选区，如图 7-25 所示。选择渐变工具，在属性栏中设置渐变颜色从橘黄色（R222，G177，B52）到黄色（R251，G227，B41），然后为选区做射线渐变填充，效果如图 7-26 所示。

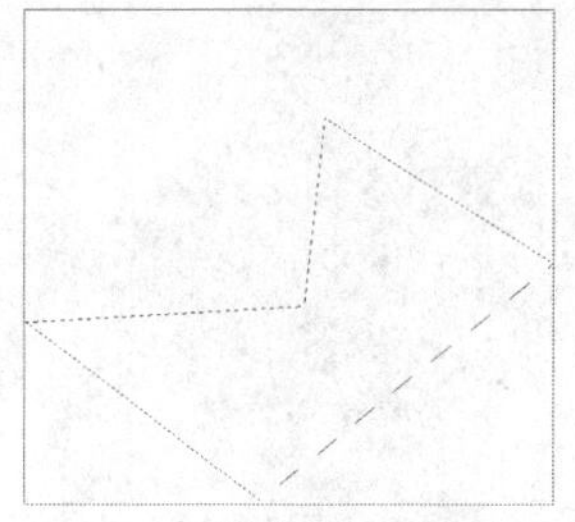

图 7-25　转换路径为选区

图 7-26　填充颜色

❸ 使用与步骤 1 和步骤 2 相同的操作，使用钢笔工具绘制出信封其他几个面的图形，转换路径为选区后，做渐变填充，如图 7-27 所示。

图 7-27　绘制其他图像

❹ 使用钢笔工具绘制一个多边形，如图 7-28 所示。使用转换点工具按住左侧的锚点进行拖动，对曲线做编辑，如图 7-29 所示。

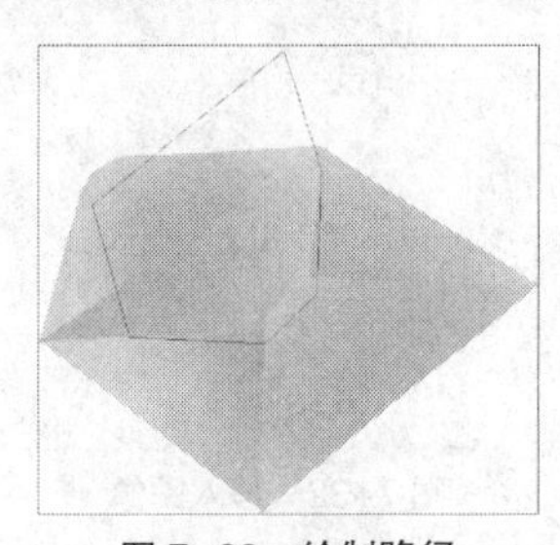

图 7-28　绘制路径

❺ 对右侧锚点也进行编辑，得到一个曲线图形，如图 7-30 所示。

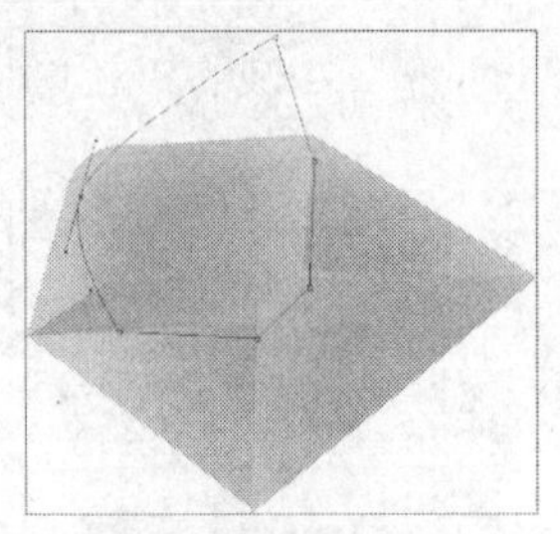
图 7-29　转换锚点

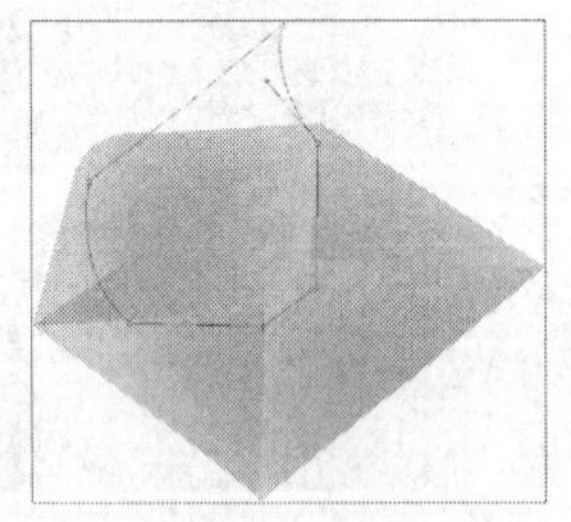
图 7-30　曲线图形

❻ 将曲线转换为路径，使用渐变工具为其做灰色到白色的填充，如图 7-31 所示。

图 7-31　填充颜色

❼ 打开“花朵.psd”素材图像，使用移动工具将该图像直接拖动到当前编辑的图像文件中，放到信封的封口处，如图 7-32 所示，完成本实例的制作。

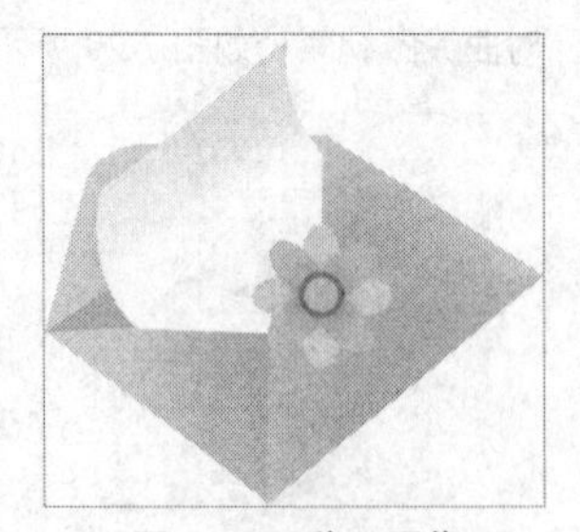
图 7-32　移入图像

试一试

使用钢笔工具在绘制过程中按住鼠标拖动，直接绘制出曲线图形。

10. 案例——制作标识图像

本案例将使用钢笔工具绘制一个交通标识图像，效果如图 7-33 所示。在制作过程中主要使用钢笔工具绘制出标识的基本外形，然后通过锚点的转换，对曲线做具体的编辑。

图 7-33　绘制的标识

制作该图像的具体操作如下。

❶ 新建一个图像文件，选择钢笔工具，绘制一个菱形，如图 7-34 所示。

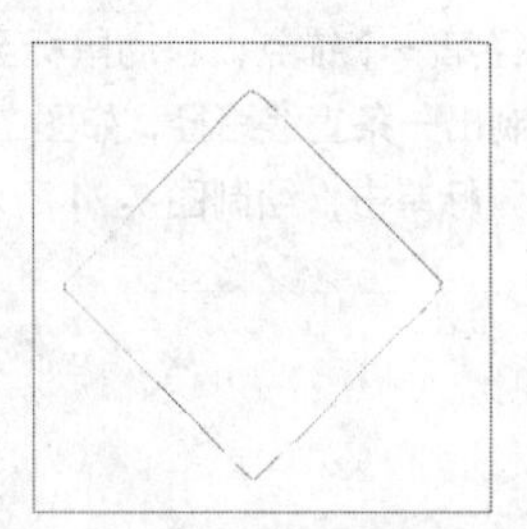
图 7-34　绘制菱形

❷ 按【Ctrl + Enter】组合键将路径转换为选区后，填充为橘黄色，如图 7-35 所示。

图 7-35　填充颜色

❸ 设置前景色为黑色，选择之前所绘制的菱形路径，按【Ctrl + T】组合键适当缩小，然后单击“路径”面板右上角的三角形按钮，选择“描边路径”命令，打开“描边路径”对话框，在下拉列表框中选择“画笔”选项，如图 7-36 所示，最后单击 确定 按钮得到描边效果，如图 7-37 所示。

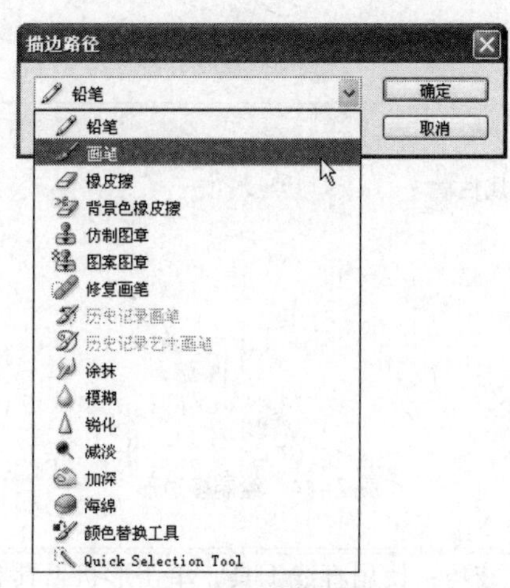

图 7-36　选择工具

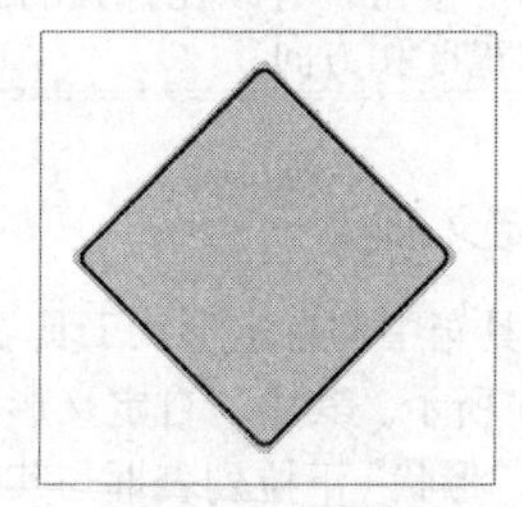

图 7-37　描边效果

❹ 选择钢笔工具绘制一个人物行走的形状，如图 7-38 所示，将路径转换为选区后填充为黑色，如图 7-39 所示。最后使用椭圆选框工具在人物上方绘制一个圆形选区，也填充为黑色，完成标识的绘制，如图 7-40 所示。

图 7-38　绘制路径

图 7-39　填充颜色

图 7-40　绘制圆形

想一想

如果在“描边路径”对话框中选择其他工具，会有什么效果？

7.1.3 使用形状工具

形状绘制工具组中包括矩形工具、圆角矩形工具、椭圆工具、多边形工具、直线工具以及自定形状工具 6 种工具。下面进行具体讲解。

1. 绘制规则形状

在工具箱中的图标处单击鼠标左键并按住不放，将显示相关的形状描绘工具，如图 7-41 所示。每一种形状工具的属性栏大同小异。选择圆角矩形工具，其属性栏如图 7-42 所示，在属性栏中可以切换到其他形状工具中。

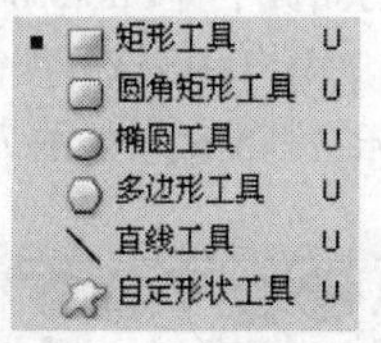

图 7-41　形状工具组

在每个形状工具的属性栏中均有选项，其含义分别如下。

◎ “形状”按钮：使用形状工具可创建形状图层。按下该按钮后，在“图层”面板会自动添加一个新的形状图层。形状图层可以理解为带形状剪贴路径的填充图层，图层中间的填充色默认为前景色。点击缩略图可改变填充颜色。

◎ “路径”按钮：按下该按钮，使用形状工具或钢笔工具绘制的图形只产生工作路径，不产生形状图层和填充色。

图 7-42　圆角矩形工具属性栏

◎ "填充像素"按钮：按下该按钮，绘制图形时既不产生工作路径，也不产生形状图层，但会使用前景色填充图像。这样，绘制的图像将不能作为矢量对象编辑。

单击形状工具右侧的三角形按钮，可以设置图形的固定比例、圆形半径、星形属性等。当用户选择圆角矩形工具或多边形工具时，还可以在属性栏中设置边角圆滑半径和多边形边数。图 7-43 所示为设置边角圆滑半径为 30 时所绘制的椭圆形；图 7-44 所示是边数为 6 时所绘制的多边形。

图 7-43　绘制圆角矩形

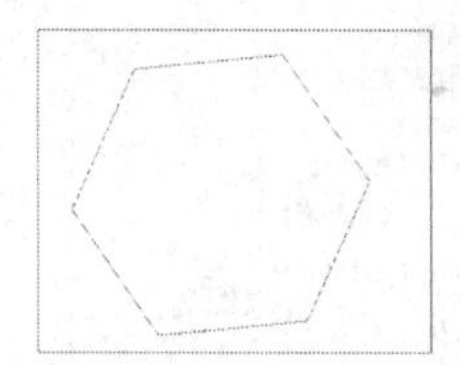

图 7-44　绘制多边形

技巧：使用直线工具，单击形状工具右侧的三角形按钮，可以在打开的面板中设置箭头的宽度和方向。

2. 自定义形状

选择工具箱中的自定形状工具，其属性栏如图 7-45 所示。其中"自定义形状选项"下拉列表框和"形状"下拉列表框与其他形状工具的属性栏有所不同。

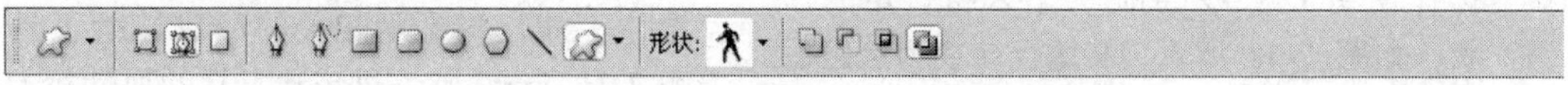

图 7-45　自定形状工具属性栏

自定形状工具属性栏与其他形状工具大致相同，唯一不同的是，单击"形状"右侧的三角形按钮，在弹出的面板中有 Photoshop 自带的图形，如图 7-46 所示，用户可以选择所需的图形直接在图像中拖动鼠标绘制出来，如图 7-47 所示。

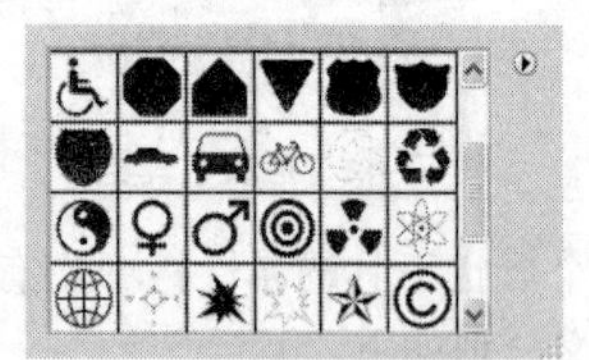

图 7-46　自定义形状面板

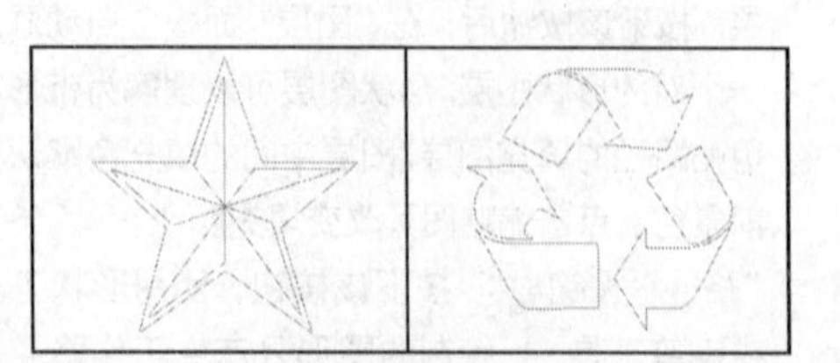

图 7-47　绘制图形

3. 案例——绘制花纹边框

本案例将使用自定形状工具绘制一个花纹边框图形，效果如图 7-48 所示。绘制本实例需要熟悉"形状"面板中的各种图形，才能快速查找到所需的图案。

图 7-48　花纹边框

制作该图像的具体操作如下。

❶ 新建一个图像文件，填充背景为橘红色（R213，G100，B9），选择自定形状工具，单击属性栏中"形状"右侧的三角形按钮，在打开的面板中选择一种花边图形，如图 7-49 所示。

图 7-49 选择图形

❷ 按住鼠标左键在画面中拖动，绘制出花边图形，如图 7-50 所示。

图 7-50 绘制图形

❸ 按【Ctrl + Enter】组合键将路径转换为选区，填充为橘黄色（R213，G100，B9），如图 7-51 所示。

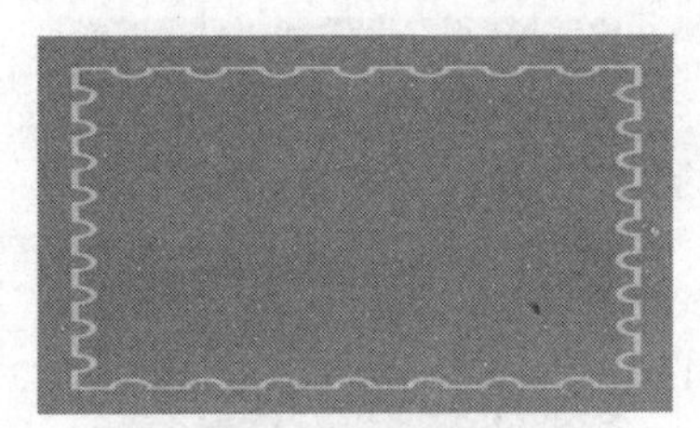
图 7-51 填充选区

❹ 新建一个图层，在"形状"面板中选择花瓣形状，如图 7-52 所示，在画面中绘制花瓣图形，并将路径转换为选区并填充为黄色，如图 7-53 所示。

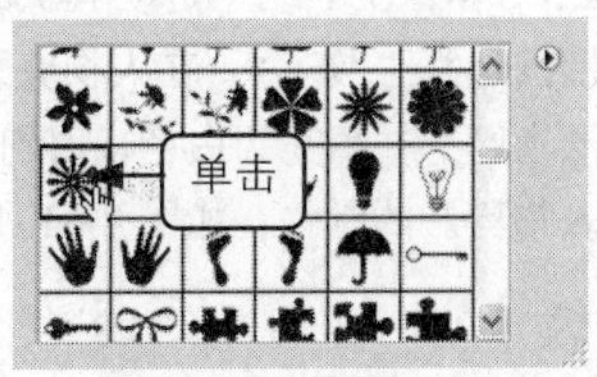

图 7-52 选择图形

图 7-53 绘制图形并填充颜色

❺ 在花瓣图形中创建一个圆形选区，使用渐变工具为选区应用从深红色到红色的射线渐变填充，如图 7-54 所示。

图 7-54 渐变填充

❻ 多次复制绘制好的花瓣图像，适当调整其大小，参照图 7-55 所示的位置排列。

图 7-55 复制图像

❼ 打开"动物.psd"素材图像，使用移动工具将图像直接拖动到卡通边框中，调整图像大小和位置，完成花纹边框的绘制，如图 7-56 所示。

图 7-56 移入素材图像

试一试

分别选择"形状"面板中的多种图案，在图像中绘制出来。

4. 案例——绘制人物剪影

本例将使用前景色填充路径制作剪影效果，在制作过程中需要使用钢笔工具、转换点工具和圆角矩形工具等，主要练习曲线的编辑操作。绘制后的效果如图 7-57 所示。

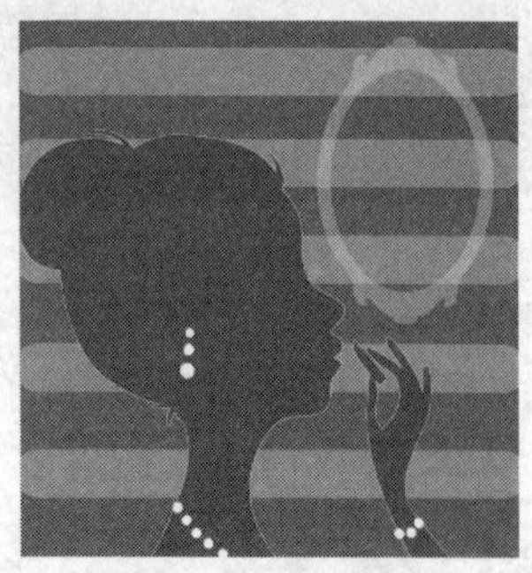
图 7-57　剪影效果

制作该图像的具体操作如下。

❶ 新建一个图像文件，填充背景为紫色（R195，G43，B197），选择圆角矩形工具，在属性栏中设置“半径”为 30，按住鼠标左键在画面中拖动，绘制出圆角矩形，如图 7-58 所示。

图 7-58　绘制圆角矩形

❷ 将路径转换为选区后，填充颜色为粉紫色（R212，G105，B214），如图 7-59 所示。

图 7-59　绘制圆角矩形

❸ 多次复制圆角矩形图像，参照图 7-60 所示的方式进行排列。

图 7-60　复制图像

❹ 选择自定形状工具，在属性栏中的“形状”面板中选择一种边框图形，如图 7-61 所示，在画面中绘制出该图形，并将路径转换为选区，填充为粉紫色（R212，G105，B214），如图 7-62 所示。

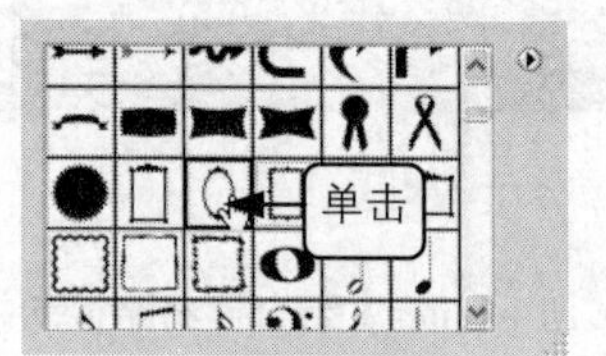

图 7-61　选择图形

图 7-62　填充图形颜色

❺ 使用钢笔工具和转换点工具创建人物路径，然后转换路径为选区，填充为暗红色（R112，G78，B51），如图 7-63 所示。

❻ 选择椭圆选框工具，在人物剪影中绘制几个圆形选区，并填充为白色，得到珍珠图像，完成人物剪影的制作，如图 7-64 所示。

想一想

使用自定形状面板中的多种图案，可以组合绘制出什么画面效果？

图 7-63 绘制剪影

图 7-64 绘制珍珠

7.2 上 机 实 战

本章的上机实战将分别制作企业标志和卡通场景，综合练习本章的知识点，掌握钢笔工具组各工具的使用方法。

上机目标：

◎ 熟练掌握钢笔工具的使用；

◎ 熟练掌握转换点工具的使用方法，以及添加和删除锚点的操作；

◎ 理解并掌握自定形状工具的作用。

建议上机学时：3 学时。

7.2.1 绘制企业标志

1. 实例目标

本例要求为一家外国化妆品公司制作一个标志，要求标志要具有可识别性，并且要体现出浓烈的女性气息。本例完成后的参考效果如图 7-65 所示，主要运用了钢笔工具、转换点工具，以及自由变换操作等。

图 7-65 企业标志

2. 专业背景

标志是一种具有象征性的大众传播符号，它以精练的形象表达一定的涵义，并借助人们的符号识别、联想等思维能力，传达特定的信息。标志传达信息的功能很强，在一定条件下，甚至超过语言文字，因此它被广泛应用于现代社会的各个领域。同时，现代标志设计也就成为各设计院校或设计系所设立的一门重要设计课程。

对于企业标志的设计，则需要有更高的识别性和代表性，才能让大众对企业有视觉识别效果。总的来说，企业标志的设计应该具备以下几个特点。

◎ 识别性：识别性是企业标识设计的基本功能。借助独具个性的标识，来区别本企业及其产品的识别力。而标识则是最具有企业视觉认知、识别的信息传达功能的设计要素。

◎ 领导性：企业标识是企业视觉传达要素的核心，也是企业开展信息传达的主导力量。标识的领导地位是企业经营理念和经营活动的集中表现，贯穿和应用于企业的所有相关活动中。

◎ 造型性：企业标识设计造型的题材和形式丰富多彩，如中外文字体、抽象符号和几何图形等，因此标识造型变化就显得格外活泼生动。标识图形的优劣，不仅决定了标识传达企业情况的效力，还会影响消费者对商品品质的信心与企业形象的认同。

◎ 延展性：企业标识是应用最为广泛、出现频率最高的视觉传达要素，必须在各种传播媒体上广泛应用。标识图形要针对印刷方式、制作工艺技术、材料质地和应用项目的不同，采用多种对应性和延展性的变体设计，以产生切合、适宜的效果与表现。

◎ 系统性：企业标识一旦确定，随之就应展开标识的精致化作业，其中包括标识与其他基本设计要素的组合规定。目的是对未来标识的应用进行规划，达到系统化、规范化、标准化的科学管理，从而提高设计作业的效率，保持一定的设计水平。

3. 操作思路

了解标志设计的相关专业知识后便可以开始设计与制作。根据上面的实例目标，本例的操作思路如图 7-66 所示。

图 7-66 绘制标志的操作思路

制作本例的具体操作如下。

❶ 先新建一个空白图像文件，使用钢笔工具绘制出一个多边形。

❷ 选择转换点工具，单击每一个锚点，调整锚点两端的控制柄进行曲线编辑。然后转换路径为选区，填充为紫色。

❸ 复制一次绘制好的紫色图像，按【Ctrl + T】组合键旋转图像，并放到画面的右侧。接着复制一次该对象，选择【编辑】→【变换】→【水平翻转】命令，翻转图像后再适当调整其位置。

❹ 使用钢笔工具绘制一个心形图形，填充为粉红色，然后使用横排文字工具T在标志下方输入文字即可。

7.2.2 绘制卡通场景

1. 实例目标

本例将绘制一个卡通场景，画面是一个充满春意、绿油油的草地，完成后的参考效果如图 7-67 所示。本例主要通过钢笔工具、渐变工具和自定形状工具进行制作。

图 7-67 卡通场景效果

2. 操作思路

在绘制卡通场景时，首先要确定画面的内容和色调，然后根据心中的构思进行绘制。根据上面的实例目标，本例的操作思路如图 7-68 所示。

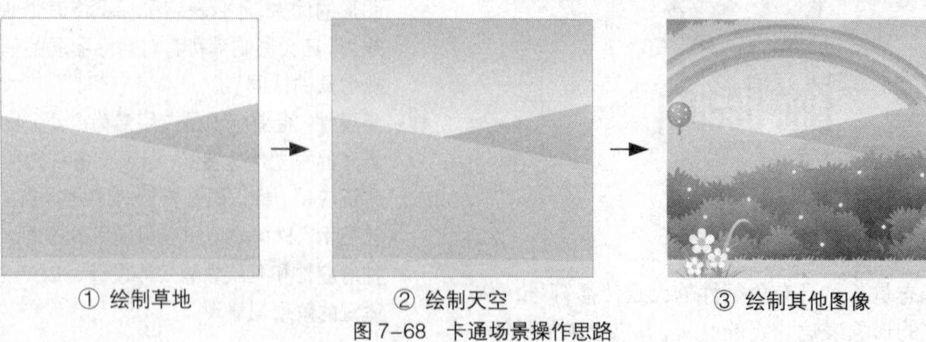

图 7-68 卡通场景操作思路

制作本例的具体操作如下。

❶ 新建一个空白的图像文件，新建图层后使用钢笔工具分别绘制几个多边形，将转换路径为选区后，为选区做线性渐变填充，设置渐变颜色从淡绿色到绿色。

❷ 单击背景图层，选择渐变工具，在属性栏中设置渐变颜色从蓝色到白色，然后为背景做线性渐变填充。

❸ 结合钢笔工具和转换点工具的使用，绘制树丛图形，并对其做翠绿色系的渐变填充。

❹ 选择自定形状工具，在“形状”面板中找到花朵图形，在画面中绘制出花朵图像。

❺ 在画面顶部绘制一个椭圆选区，选择渐变工具，在属性栏中设置渐变颜色为彩虹渐变，然后在选区中拖动，得到彩虹渐变填充。最后使用橡皮擦工具擦除多余的彩虹图像，完成卡通场景的制作。

7.3 常见疑难解析

问：用钢笔工具勾选图像后，怎样抠到新建的文件中？

答：用钢笔工具勾出图像以后，把路径变成选区，然后新建一个文件，使用复制、粘贴命令或者直接拖动选区到新建文件上即可。

问：用直线工具画一个直线后，怎样设置直线由淡到浓的渐变？

答：用直线工具画出直线后，有两种方法可以设置由淡到浓的渐变。一种是将它变成选区，填充渐变色，选前景色到渐变透明。另一种是在直线上添加蒙版，用羽化喷枪把尾部喷淡，也可达到由淡到浓的渐变。

问：打开绘制了路径的图像文件，怎么看不见绘制的路径呢？

答：创建的路径文件，在打开该文件之后，要单击路径面板中的路径栏，才能在图像窗口中显示出来。

7.4 课后练习

（1）综合运用钢笔工具、转换点工具、渐变工具、描边等命令绘制卡通美少女。最终效果如图 7-69 所示。

图 7-69　绘制卡通美少女

（2）使用自定形状工具绘制一个圆角矩形，然后再结合钢笔工具、路径描边等操作，绘制出如图 7-70 所示的水晶按钮。

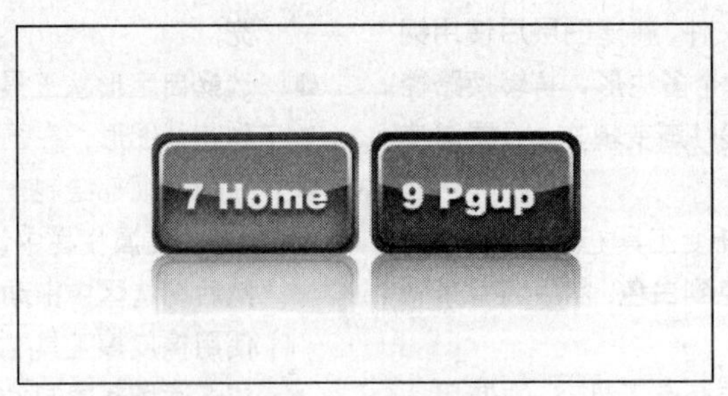

图 7–70　水晶按钮

（3）制作如图 7-71 所示的标志，首先使用自定形状工具和渐变工具等制作出标志的基本图像，然后使用钢笔工具在标志中间绘制一个“M”图像，填充为黑色后，复制一次该图层，改为白色，最后在标志下方输入两行文字，完成制作。

图 7–71　制作标志

第 8 课 文字的应用

学生：老师，当我在绘制好图像后，如果在画面中再添加一些文字会更好。但是为什么每次我添加的文字都没有令人满意的效果呢？

老师：这是因为你还没有掌握 Photoshop 中文字的正确使用方法。就一个成功的广告而言，文字是必不可少的元素，它往往能起到画龙点睛的作用，更能突出画面主题。所以我们要认真学习文字的运用方法。

学生：是的！我就是想问老师文字工具的使用方法呢！我想学习设计卡片、报纸广告、海报等各种类型广告的制作方法。

老师：在 Photoshop 中主要分为美术文本和段落文本，美术文本适用于输入较少的文字，通常用来作为标题，而段落文本则适用于输入较多的文字，通常用来输入整段的文章。

学生：老师，那我们就赶快学习吧！

学习目标

- 了解文字的类型
- 熟练掌握美术文本和段落文本的操作方法
- 掌握文字选区的创建方法
- 掌握文字的属性设置方法
- 熟悉“字符”面板的设置方法
- 掌握“段落”面板的设置方法

8.1 课堂讲解

本课将主要介绍文字的各种创建方法和文字属性的编辑等知识。通过相关知识点的学习和案例的制作，可以初步掌握创建美术文字和选区文字的区别，以及如何创建段落文字、设置文字的大小、颜色、方向及形状等操作。

8.1.1 创建文字

Photoshop 提供了丰富的文字的输入和编排功能，掌握了文字工具的输入、设置以及调整方法，就能运用文字工具制作特殊的文字效果。

在 Photoshop CS4 中提供了 4 种文字工具，分别是横排文字工具T、直排文字工具IT、横排文字蒙版工具、直排文字蒙版工具。下面对每一种工具进行介绍。

1. 创建美术字文本

使用横排文字工具T和直排文字工具IT能够输入美术文本，而美术字文本是指在图像中单击后直接输入的文字。直排文字工具IT的参数设置和使用方法与横排文字工具T相同，使用横排文字工具T可以输入横向文字，使用直排文字工具IT可以输入纵向文字。单击工具箱中的横排文字工具T，其工具属性栏如图 8-1 所示。

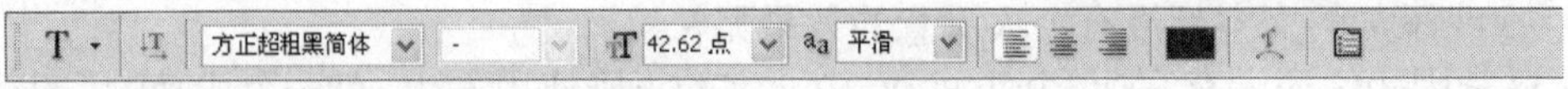

T 方正超粗黑简体 42.62 点 平滑

图 8–1　横排文字工具属性栏

各选项含义如下。

◎ “更改文本方向”按钮：单击该按钮，可以在文字的水平排列状态和垂直排列状态之间进行切换。

◎ “字体”下拉列表框 方正报宋简体：该下拉列表框用于选择一种字体。

◎ “设置字体大小”下拉列表框 12 点：用于选择字体的大小，也可直接在文本框中输入数值设置字体的大小。

◎ “设置消除锯齿的方法”下拉列表框 锐利：用于选择是否消除字体边缘的锯齿效果，以及用什么方式消除锯齿。

◎ 对齐方式：选择按钮可以使文本向左对齐；选择按钮，可以使文本沿水平中心对齐；选择按钮，可以使文本向右对齐。

◎ 设置文本颜色：单击该色块，可打开“拾色器”对话框，用以设置字体的颜色。

◎ “创建文字变形”按钮：单击该按钮，可以设置文字的变形效果。

◎ “切换字符和段落面板”按钮：单击该按钮，可以显示/隐藏字符和段落面板。

创建美术文本的方法是从工具箱中选择横排文字工具T或直排文本工具IT，在图像窗口中单击鼠标，出现字符输入光标，如图 8-2 所示，即可输入文字，如图 8-3 所示。

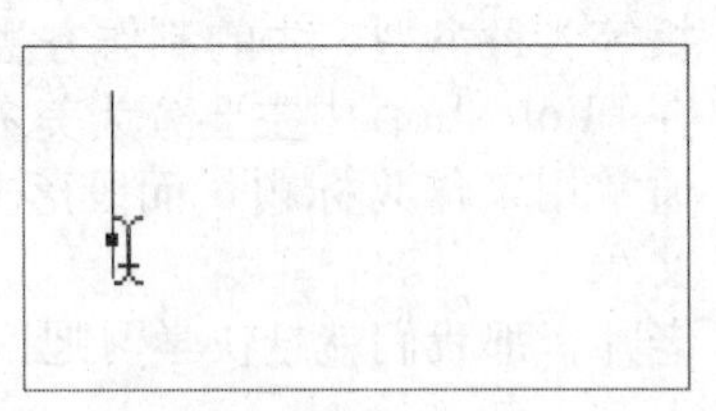

图 8–2　输入光标

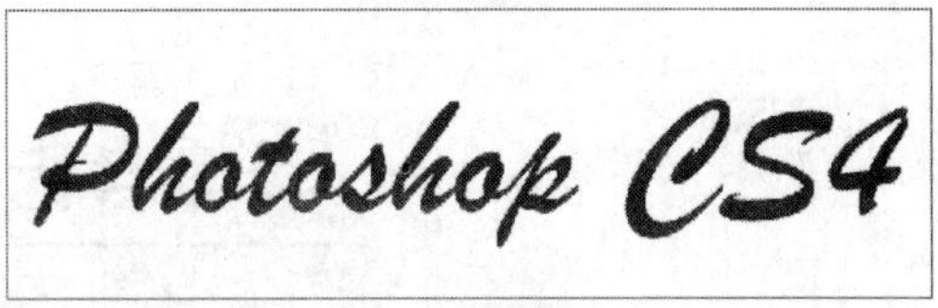

Photoshop CS4

图 8–3　输入文字

> 提示：输入文字后，Photoshop 对于文本有很多限制，不能对文字进行滤镜操作以及色调调整。如果要进行一些特殊操作，需要选择【图层】→【栅格化】→【文字】命令，将其转换为普通图层。

2. 创建文字选区

使用横排文字蒙版工具和直排文字蒙

版工具可以创建横排和竖排文字选区，其创建方法与美术字文本的创建方法相同，使用文字蒙版工具的输入结果是文字选区。具体操作步骤如下。

❶ 单击工具箱中的横排或直排文字蒙版工具，在图像中需要创建文字选区的位置单击鼠标，当出现插入光标后输入文字，如图 8-4 所示。

❷ 完成后单击工具箱中的其他工具退出文字蒙版输入状态，输入文字将以文字选区显示，但不产生文字图层，如图 8-5 所示。

图 8–4　文字蒙版

图 8–5　文字选区

3. 创建段落文本

创建段落文本是指在一个段落文本框中输入所需的文本，以便于用户对该段落文本框中的所有文本进行统一的格式编辑和修改。段落文字分为横排段落文字和直排段落文字，分别通过横排文字工具 T 和直排文字工具 T 来创建。

输入横排段落文字

单击工具箱中的横排文字工具 T，在其工具属性栏中设置字体的样式、字号和颜色等参数，将光标移动到图像窗口中，鼠标光标变为 形状，在适当的位置单击鼠标左键并在图像中拖绘出一个文字输入框，如图 8-6 所示，然后输入文字即可，如图 8-7 所示。

图 8–6　拖动出输入框

图 8–7　输入横排段落文字

输入直排段落文字

在完成横排段落文字的输入后，单击工具属性栏中的“更改文本方向”按钮就可以将其转换为直排段落文字。也可使用直排文字工具 T，在图像编辑区域内单击并拖动创建一个文字输入框，然后输入文字即可，如图 8-8 所示。

图 8–8　输入直排段落文字

4. 案例——在画面中输入文字

本例将制作一个发光文字效果，如图 8-9 所示，在本实例中首先使用文字工具输入文字，然后将文字转换为普通图层对其应用其他操作。

图 8-9　发光文字效果

制作该文字效果的具体操作如下。

❶ 选择【文件】→【新建】命令，打开“新建”对话框，设置文件名称为“发光字”，宽度为 10 厘米，高度为 7.5 厘米，分辨率为 200 像素/英寸，颜色模式为 RGB 颜色，背景内容为白色，如图 8-10 所示。

❷ 填充背景图层为黑色，选择横排文字工具 T，在图像中单击鼠标左键，在插入光标处输入英文字母，如图 8-11 所示。

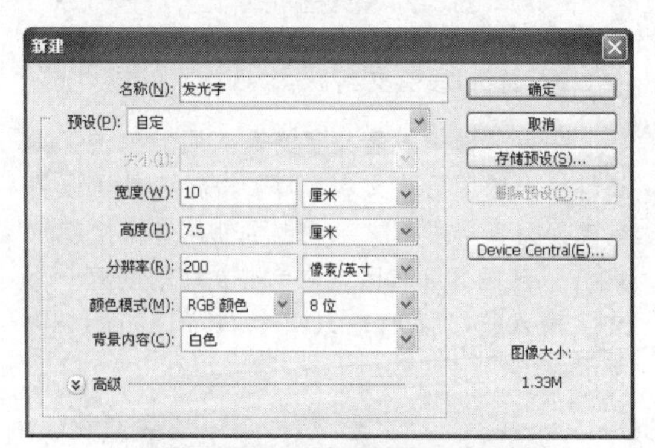

图 8-10　新建文件

图 8-11　输入文字

❸ 按下【Ctrl+J】键复制一次文字图层，选择【图层】→【删格化】→【文字】命令，将文字转换为图像。

❹ 选择【滤镜】→【模糊】→【径向模糊】命令，打开“径向模糊”对话框，设置各项参数，如图 8-12 所示，单击 确定 按钮，得到的图像效果如图 8-13 所示。

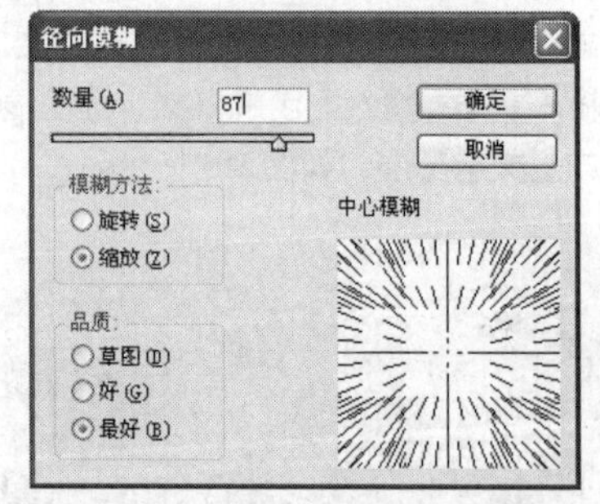

图 8-12　设置参数

图 8-13　模糊效果

❺ 按下两次【Ctrl + F】键，加强径向模糊效果，如图 8-14 所示。

图 8-14　再次模糊图像

❻ 单击“图层”面板下方的“创建新的填充或调整图层”按钮，在弹出的快捷菜单中选择“色相/饱和度”命令，在打开的“调整”面板中设置各项参数，如图 8-15 所示。

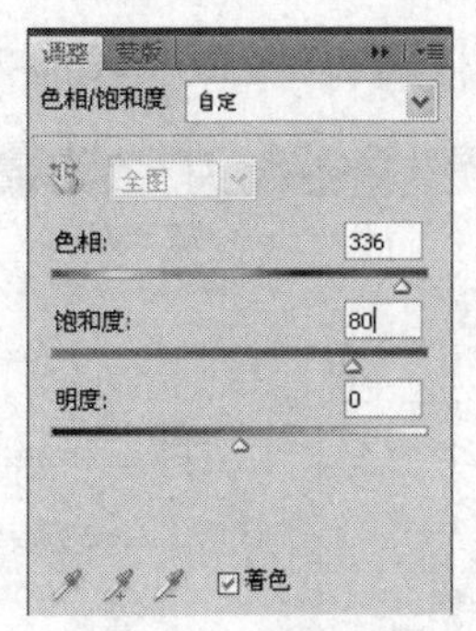

图 8–15　调整颜色

图 8–16　缩小图像

❼ 回到画面中，复制一次放射图像，按下【Ctrl+T】组合键将图像缩小，如图 8-16 所示。按住【Ctrl】键单击复制的放射图像载入选区，然后填充选择颜色为橘黄色（R255，G198，B0），如图 8-17 所示。

图 8–17　填充颜色

❽ 单击“图层”面板下方的“创建新的填充或调整图层”按钮，在弹出的快捷菜单中选择“渐变映射”命令，切换到“调整”面板，设置颜色为从橘红色（R255，G90，B0）到白色。

❾ 将文字图层放置在“图层”面板的最上方，选择【图层】→【图层样式】→【外发光】”命令，在“图层样式”对话框中分别设置外发光和描边参数，如图 8-18 所示。

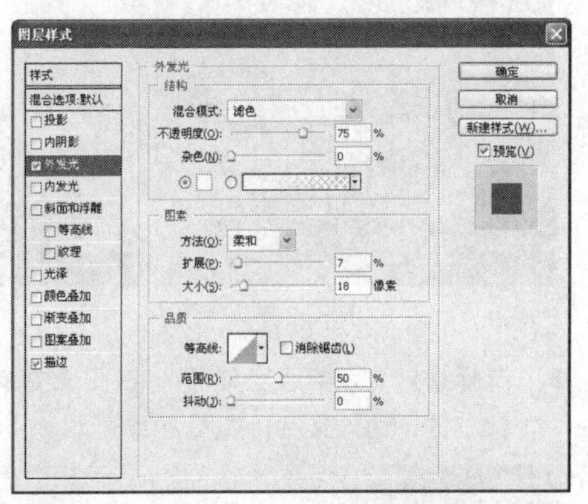

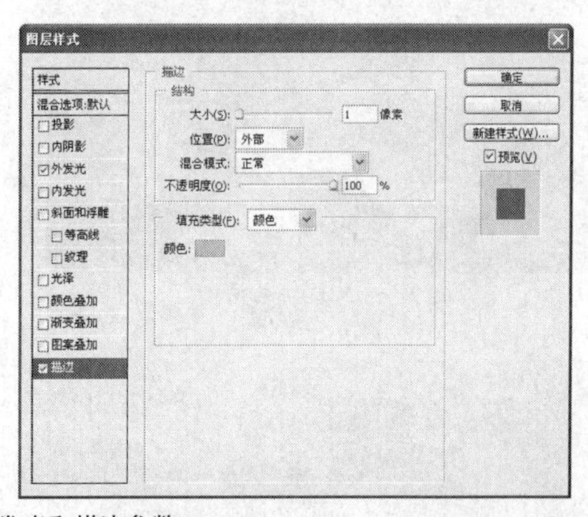

图 8–18　设置外发光和描边参数

提示：关于图层样式的具体操作方法，将在第 10 课中做详细介绍。

❿ 各项参数设置完成后，单击 确定 按钮回到画面中，得到的图像效果如图 8-19 所示。

⓫ 选择文字图层，将文字填充为黑色，然后设置其图层混合模式为“柔光”，最后得到的效果如图 8-20 所示。

图 8–19　添加图层样式效果

图 8-20　文字效果

想一想

在本实例中，为什么要将文字栅格化后再进行其他操作呢?

5. 案例——制作背景图像文字

本实例将对图 8-21 所示的“礼品.jpg”图像制作背景图像文字，效果如图 8-22 所示。该图像将为文字添加一些投影效果，使文字具有立体感。通过本案例的学习，可以掌握文字选区的创建与编辑方法。

图 8-21　素材图像

图 8-22　背景图像文字效果

制作该文字效果的具体操作如下。

❶ 打开“礼品.jpg”图像，选择【滤镜】→【渲染】→【光照效果】命令，打开“光照效果”对话框，设置各项参数，如图 8-23 所示。

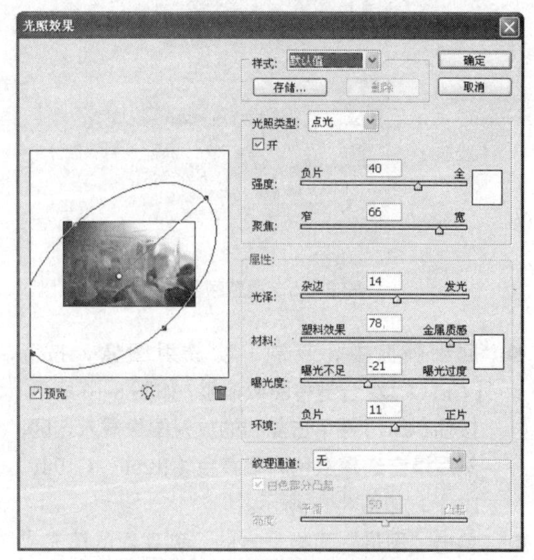

图 8-23　“光照效果”对话框

❷ 各项参数设置完成后，单击 确定 按钮，得到图像光照效果，如图 8-24 所示。

图 8-24　光照效果

❸ 选择横排文字蒙版工具，在图像中单击鼠标左键，输入文字，如图 8-25 所示。

图 8-25　输入文字

❹ 完成文字的输入后，单击工具箱中的任意工具

退出文字蒙版输入状态，输入的文字将以文字选区显示，新建图层 1，填充选区为黑色，如图 8-26 所示。

图 8-26　填充选区

❺ 设置图层 1 的填充参数为 0%，如图 8-27 所示，这时画面中的文字将隐藏起来。

图 8-27　设置图层属性

提示：图层填充的具体操作及含义，将在第 9 课进行详细的介绍。

❻ 选择【图层】→【图层样式】→【投影】命令，在打开的“图层样式”对话框中设置投影颜色为黑色，其余参数设置如图 8-28 所示。

❼ 单击 确定 按钮，得到文字投影效果，如图 8-29 所示。

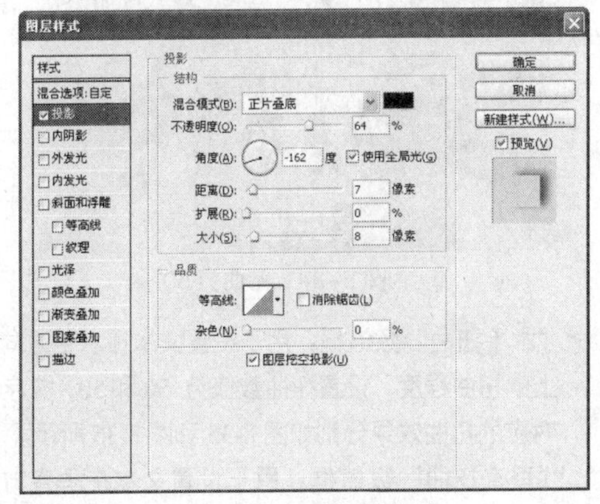

图 8-28　设置投影参数

图 8-29　图像投影效果

想一想

本实例中改变图层填充的参数会有什么效果？

8.1.2　编辑文字

本节将具体介绍文字的各种编辑方式，并将学习两个案例的制作。通过相关知识点的学习，能够熟练掌握改变文字的方向、大小、字体及对齐方式等方法。下面进行具体讲解。

1. 选择文字

对文字进行编辑时，除了需要选中该文字所在图层，还需选取要设置的部分文字。选取文字时先切换到横排文字工具 T，然后将鼠标光标移动到要选择的文字的开始处，当光标变成 I 形状时单击并拖动鼠标，在需要选取文字的结尾处释放鼠标，被选中的文字将以文字的补色显示，如图 8-30 所示。

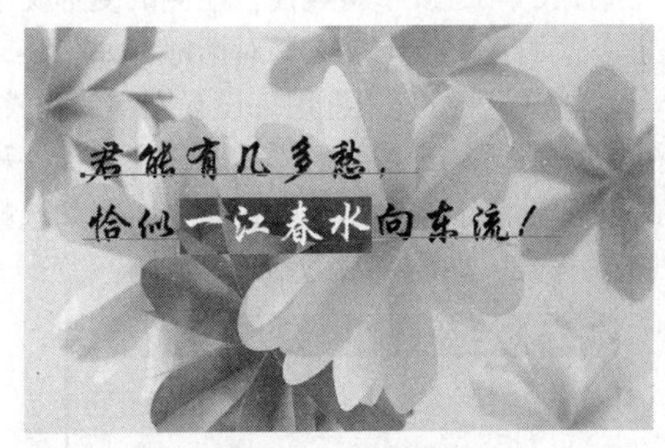

图 8-30　选择文字

2. 改变文字方向

在实际应用中，当输入文本后如果需要将横排文本转换成竖排文本或将竖排文本转换成横排文本，此时无需再重新使用相应的文字工具输入，可直接进行文字方向的转换。

选中需要改变文字方向的文字图层，选择【图层】→【文字】→【水平】或【图层】→【文字】→【垂直】命令，即可改变文字的方向。

3. 设置字体、字号和颜色

首先在“图层”面板中选择相应的文字图层，单击工具箱中的横排文字工具T，拖动选取要修改的部分文字(若需将修改应用到当前文字图层中的所有文字中，则无需选取)，再对字体、字号和颜色进行设置。修改文字的字体、颜色和大小的方法分别如下。

◎ 单击文字属性栏中的“设置字体”下拉列表框右侧的按钮，在弹出的下拉列表框中选择所需的字体样式，即可修改文字的字体。

◎ 单击文字属性栏中的“设置文本颜色”颜色框或单击工具箱中的前景色图标，在打开的“拾色器”对话框中选择一种新的文字颜色，即可修改文字的颜色。

◎ 在文字属性栏中的“设置文本大小”下拉列表框中选择一种文本大小，或直接在其列表框中输入具体的数值，即可修改文字的大小。

4. 创建变形文本

在 Photoshop CS4 文字工具属性栏中提供了一种文字变形工具，通过它可以将选择的文字改变成多种变形样式，从而大大提高文字的艺术效果。

选择文本工具，单击属性栏左侧的变形文字按钮，打开“变形文字”对话框，如图 8-31 所示。“样式”下拉列表框用来设置文字的样式，可在其下面选择 15 种变形样式。任意选择一种样式即可激活对话框中的其他选项。例如选择“凸起”样式，如图 8-32 所示。

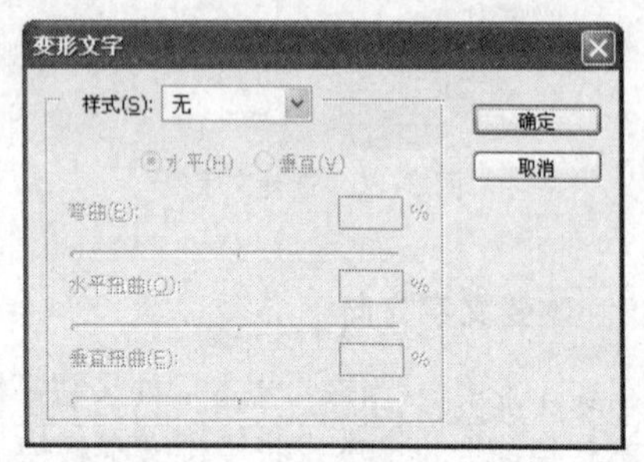

图 8-31　“变形文字”对话框

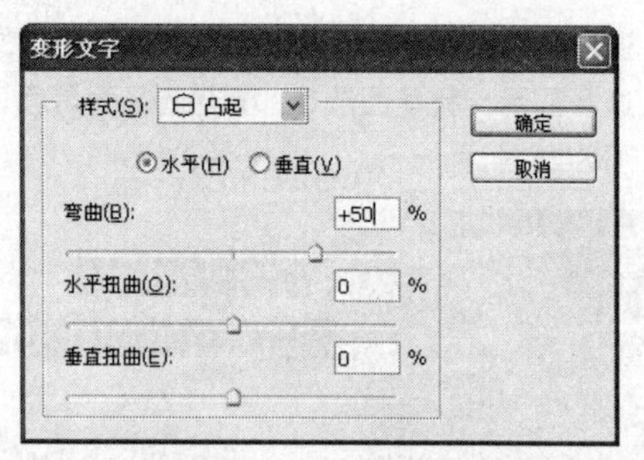

图 8-32　激活其他选项

各参数含义如下。

◎ 水平(H)/垂直(V) 单选项：用于设置文本是沿水平方向还是沿垂直方向进行变形。系统默认沿水平方向变形。

◎ “弯曲”数值框：用于设置文本的弯曲程度，当数值为 0 时表示没有任何弯曲。设置弯曲数值为-50 和 50，文字对应的弯曲效果分别如图 8-33 和图 8-34 所示。

图 8-33　弯曲为-50

图 8-34　弯曲为 50

◎ “水平扭曲”数值框：用于设置文本在水平方向上的扭曲程度。设置扭曲数值为-50 和 50，文字对应的扭曲效果分别如图 8-35 和图 8-36 所示。

◎ “垂直扭曲”数值框：用于设置文本在垂直方向上的扭曲程度。设置扭曲数值为-30 和 30，文字对应的扭曲效果分别如图 8-37 和图 8-38 所示。

图 8-35　水平扭曲为-50

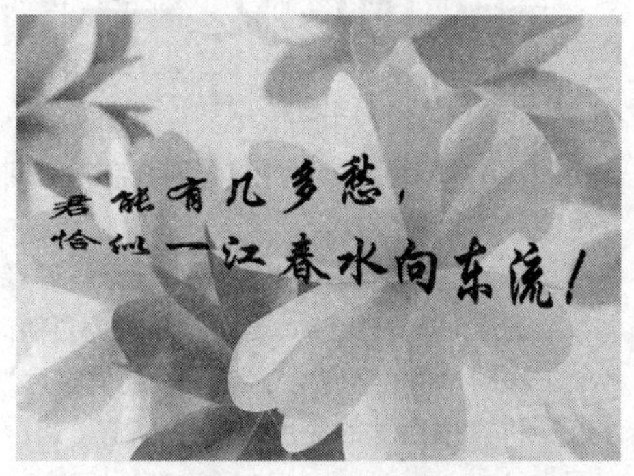

图 8-36　水平扭曲为 50

图 8-37　垂直扭曲为-30

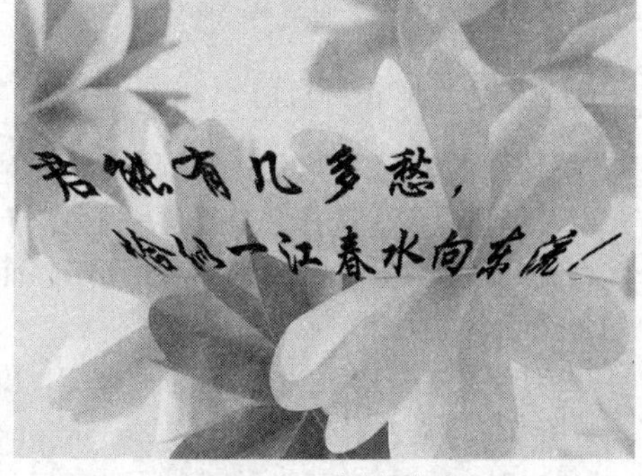

图 8-38　垂直扭曲为 30

5. 使用“字符”面板

使用“字符”面板可以设置文字各项属性。选择【窗口】→【字符】命令，即可打开图 8-39 所示的“段落”面板。面板中包含了 2 个选项，“字符”选项卡用于设置字符属性，“段落”选项卡用于设置段落属性。

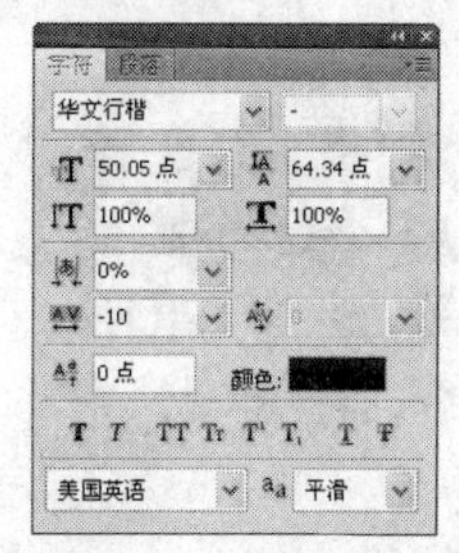

图 8-39　“段落”面板

“字符”面板用于设置字符的字间距、行间距、缩放比例、字体以及尺寸等属性。其中各选项含义如下。

◎ 华文行楷 下拉列表框：单击此下拉列表框右侧的三角形按钮，在下拉列表中选择需要的字体。

◎ T 50.05 点 下拉列表框：在此下拉列表框中直接输入数值可以设置字体的大小。

◎ 颜色: ：单击颜色块，在弹出的“拾色器”对话框中设置文本的颜色。

◎ T T TT Tr T' T, T T 按钮：分别用于对文字进行加粗、倾斜、全部大写字母、将大写字母转换成小写字母、上标、下标、添加下划线、添加删除线等操作。设置时选取文本后单击相应的按钮即可。

◎ 64.34 点 下拉列表框：此下拉列表框用于设置字符的行间距，单击文本框右侧的三角形按钮，在下拉列表中可以选择行间距的大小。图 8-40 所示为设置行间距为“自动”和“48”的效果对比。

◎ IT 100% 数值框：设置选中的文本的垂直缩放效果。图 8-41 所示为选中“面”字，将数值框中数值分别设置为“20%”和“200%”的效果对比。

◎ T 100% 数值框：设置选中的文本的水平缩放效果。图 8-42 所示为选中“世界”，将数值框中数值分别设置为“50%”和“140%”的效果对比。

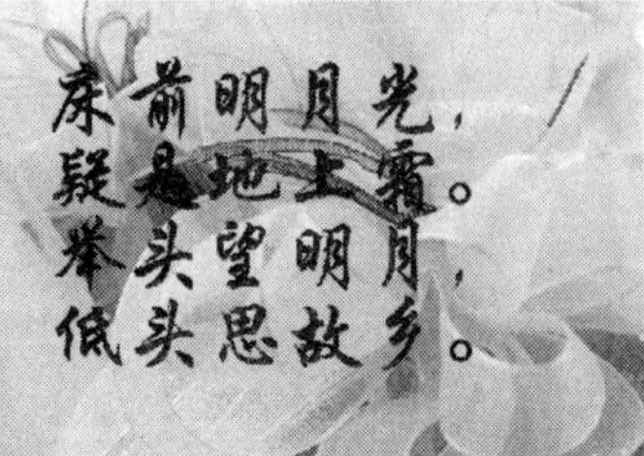

图 8-40 设置不同的行间距

图 8-41 设置文本垂直缩放效果

图 8-42 设置文本水平缩放效果

◎ -10 下拉列表框：设置所选字符的字距调整。单击右侧的三角形按钮，在下拉列表中选择字符间距，也可以直接在文本框中输入数值。图 8-43 所示为分别设置字符间距为“-200”和“200”的效果对比。

图 8-43 调整所选字符的字距

◎ 0 下拉列表框：设置两个字符之间的微调。

◎ 0点 数值框：设置基线偏移。当设置参数为正值时，向上移动；当设置参数为负值时，向下移动。图 8-44 所示为设置基线偏移为“35 点”和“50 点”的应用效果对比。

图 8-44 设置基线偏移

6. 使用“段落”面板

“段落”面板的主要功能是设置文字的对齐方式以及缩进量等。选择【窗口】→【段落】命令，打开“段落”面板，如图 8-45 所示。面板中的各选项含义如下。

◎ “左对齐文本”按钮：按下此按钮，段落中所有文字居左对齐。

◎ “居中对齐文本”按钮：按下此按钮，段落中所有文字居中对齐。

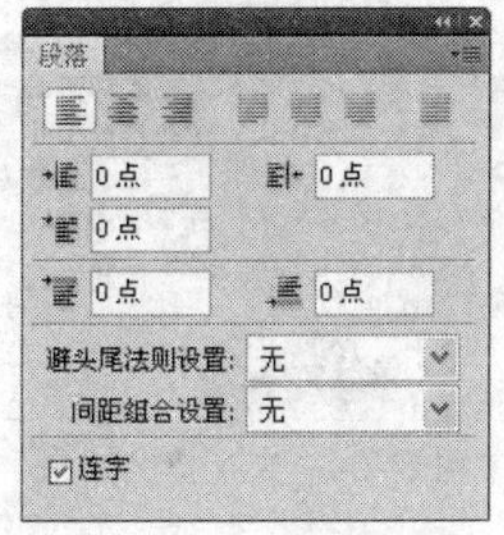
图 8–45 “段落”面板

◎ “右对齐文本”按钮：按下此按钮，段落中所有文字居右对齐。
◎ “最后一行左对齐”按钮：按下此按钮，段落中最后一行文字左对齐。
◎ “最后一行居中对齐”按钮：按下此按钮，段落中最后一行文字中间对齐。
◎ “最后一行右对齐”按钮：按下此按钮，段落中最后一行文字右对齐。
◎ “全部对齐”按钮：按下此按钮，段落中所有行全部对齐。
◎ “左缩进”文本框 0点：用于设置所选段落文本左边向内缩进的距离。
◎ “右缩进”文本框 0点：用于设置所选段落文本右边向内缩进的距离。
◎ “首行缩进”文本框 0点：用于设置所选段落文本首行缩进的距离。
◎ “段前添加空格”文本框 0点：用于设置插入光标所在段落与前一段落之间的距离。
◎ “落后添加空格”文本框 0点：用于设置插入光标所在段落与后一段落之间的距离。
◎ “连字”复选框：选中该复选框，表示可以将文字的最后一个外文单词拆开形成连字符号，使剩余的部分自动切换到下一行。

7. 案例——制作诗歌卡片

本实例将制作一个诗歌卡片，制作该图像主要使用了图 8-46 所示的“花瓣.jpg”图像，制作后的图像效果如图 8-47 所示。该图像主要体现出诗歌卡片唯美的感觉。制作该图像首先要制作一个朦胧的外框，然后输入段落文字进行调整。

图 8–46 素材图像

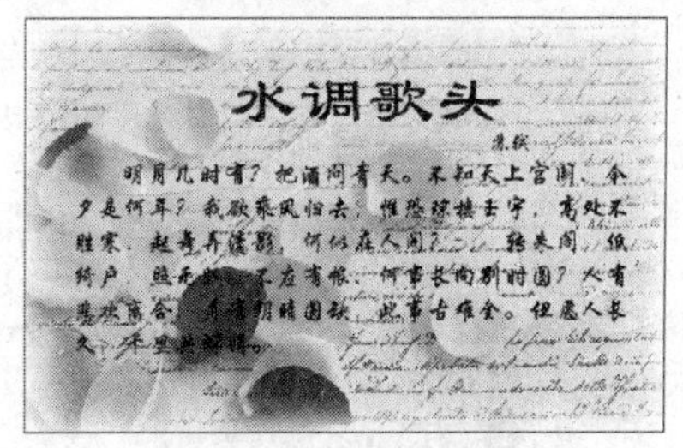

图 8–47 诗歌卡片效果

制作该图像的具体操作如下。

❶ 打开“花瓣.jpg”图像，选择工具箱中的矩形选框工具，在画面中创建一个矩形选区，如图 8-48 所示。

图 8–48 创建矩形选区

❷ 按下【Ctrl+Shift+I】组合键，反选选区，然后选择【选择】→【修改】→【羽化】命令，打开“羽化选区”对话框，设置羽化半径为 15 像素，如图 8-49 所示。

图 8–49 设置羽化半径

❸ 单击 确定 按钮，为选区填充白色，图像效果如图 8-50 所示。

❹ 选择横排文字工具，在画面上方输入一行文字，在属性栏中设置字体为隶书，颜色为黑色，如图 8-51 所示。

图 8-50　填充效果

图 8-51　输入文字

❺ 按住鼠标左键在画面中拖动，拖动出一个文本框，如图 8-52 所示。

图 8-52　拖动出文本框

❻ 选择【窗口】→【字符】命令，在打开的“字符”面板中设置文字属性，如图 8-53 所示，然后输入诗歌内容，最后输入文字“苏轼”，得到的文字效果如图 8-54 所示。

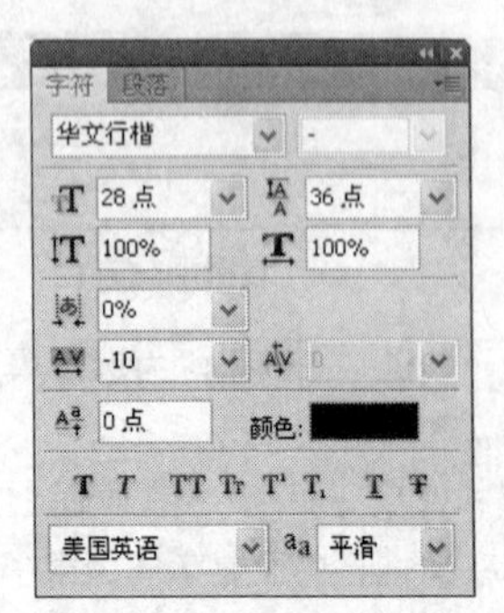

图 8-53　设置字符属性

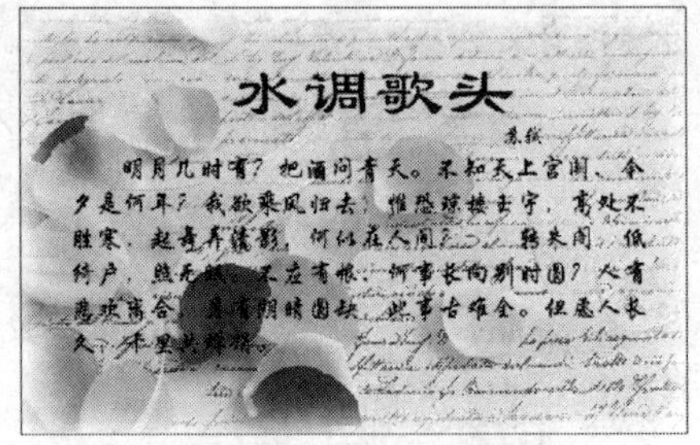

图 8-54　文字排列效果

想一想

本例在输入文字后，除了可以在“字符”面板中设置文字颜色外，还可以在哪些地方改变文字颜色？

8. 案例——制作广告标语

本案例将制作一个广告标语，图像效果如图 8-55 所示。制作实例的过程中主要是在“字符”面板中调整文字属性，包括设置文字大小、字体，以及字体间距等。

图 8-55　广告标语效果

制作该图像的具体操作如下。

❶ 打开“背景.jpg”图像，选择工具箱中的横排文字工具 T，在画面中输入一行文字，如图 8-56 所示。

图 8-56　输入文字

❷ 将光标插入到“的”字前方，按下【Enter】键将文字转入下一行，并按下空格键，使文字移动到右侧，如图 8-57 所示。

图 8-57　转行文字

❸ 使用光标选择“公平诚信”4 个字，打开“字符”面板，设置字体为方正粗倩简体，其余参数设置如图 8-58 所示。

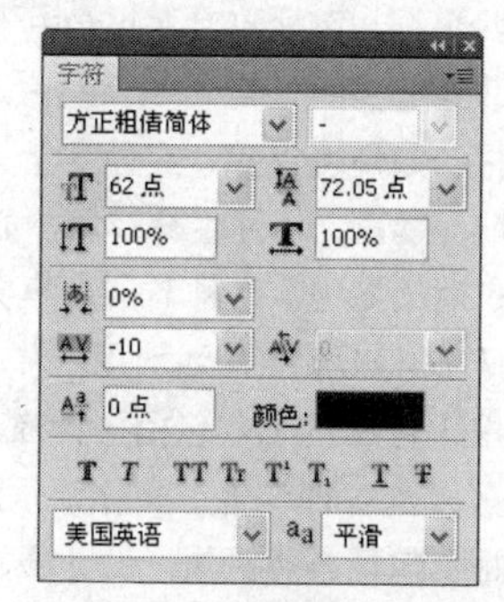

图 8-58　设置字体

❹ 分别选择其他文字，设置字体为方正大黑简体，其余参数设置如图 8-59 所示。

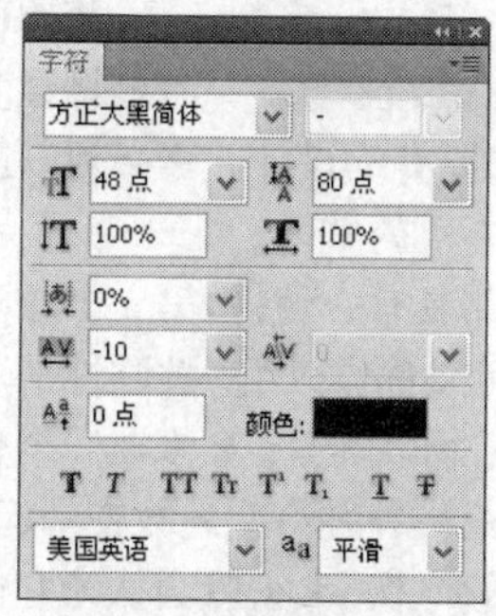

图 8-59　设置字体

❺ 设置好字体各项参数后，得到的效果如图 8-60 所示。

图 8-60　设置其他文字属性

❻ 按【Ctrl+J】组合键复制一次文字图层，设置前景色为白色，按【Alt+Delete】组合键填充复制的文字为白色，并适当向左上方移动，如图 8-61 所示。

图 8-61　复制并移动文字

❼ 在画面右下方输入一行文字，打开“字符”面板进行设置，如图 8-62 所示，得到的最终效果如图 8-63 所示。

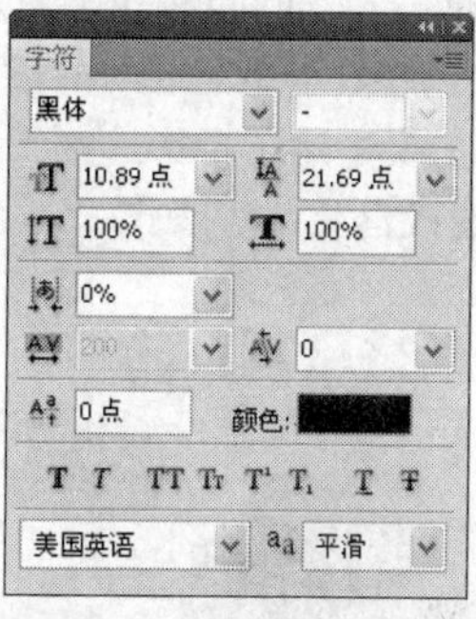

图 8-62　设置文字属性

图 8-63　最终效果

想一想

在本实例中复制一次文字图像，并改变颜色有什么作用呢？

8.2 上机实战

本章的上机实战将分别制作打印机宣传海报和变形文字效果，综合练习本课学习的知识点，掌握文字的创建及编辑等操作方法。

上机目标：

◎ 熟练掌握文字的创建；

◎ 熟练掌握文字的各种编辑方法，包括字体、字号的调整，以及在“变形文字”对话框中设置文字形状。

建议上机学时：3 学时。

8.2.1 制作打印机海报

1. 实例目标

本例要求为某公司制作一个打印机海报宣传广告，要求广告画面新颖，并且还应突出打印机五彩缤纷的效果。本例完成后的参考效果如图 8-64 所示，主要运用了矩形选框工具、创建美术文字、创建段落文字等操作。

图 8-64 打印机海报效果

2. 专业背景

海报的英文名称是“Poster”，意为张贴在木柱或墙上、车辆上的印刷广告。大尺寸的画面、强烈的视觉冲击力和卓越的创意构成了现代海报最主要的特征。“海报是一张充满信息情报的纸。”世界最卓越的设计师，几乎都是因为在海报方面取得非凡成就而闻名于世。在某种意义上说，对海报设计进行深入的研究已经成为设计师获得成功的必经之路。海报作为一种视觉传达艺术，最能体现出平面设计的形式特征。它具有视觉设计最主要的基本要素，它的设计理念、表现手段及技法比其他广告媒介更具典型性。

海报从内容上可分为 3 类：社会公共海报、商业海报和艺术海报。

◎ 社会公共海报：包括政治海报，用于政府部门制定的政策与方针的宣传以及重大政治活动；公益海报，如环境保护、交通安全、防火、防盗、禁烟、禁毒、计划生育、保护妇女儿童权等宣传；活动海报，各种节日及集会，如劳动节、国庆节、儿童节等活动用。

◎ 商业海报（盈利性）：包括各种商品的宣传、展销海报以及各种广告、文化娱乐海报。

◎ 艺术海报：包括各类画展、设计展、摄影展海报等。

在设计过程中，设计师必须对整个流程有一个清晰的掌握并逐一落实。海报设计必须从一开始就要保持一致，包括大标题、资料的选用、相片及标志。如果没有统一，海报将会变得混乱不堪难以阅读。所有的设计元素必须以适当的方式组合成一个有机的整体。

要让作品具有一致性，第一个原则是采用关联原则，也可以称作分组。关联性是基于这样一个自然原则：物以类聚。如果在一个页面里看到各个组成部分被井井有条地放在一起时，我们就会试着去理解它们。大家就会认为它们就是一组的，并不理会实际上这些不同部分是否真的相似或关联。

第二个原则是各个部分放在一起比单独松散的结构能够产生更强的冲击力。当有几个物品是非常相似的，例如，几款不同的手表连环相扣放在一起，观众的眼睛就很自然地从一只手表移到另一只手表上。这些物品就组成一个视觉单元，能够给观众一个单独的信息而不是一种间接的信息。

如果海报中各个物品都非常相似，将它们组成一组的构图会令海报更能引人注意，而其他的元素则会被观众当作是次要的。

另一个使作品具有一致性的方法就是对形状、颜色或某些数值进行重复。应用重复最简单的方法就是在海报的背景中创造一个图案然后重复应用。在背景中这些重复的图案会产生一种很有趣的视觉及构图效果，然后将背景与前景的元素连接起来。

3. 操作思路

了解关于海报的相关专业知识后便可以开始设计与制作。根据上面的实例目标，本例的操作思路如图 8-65 所示。

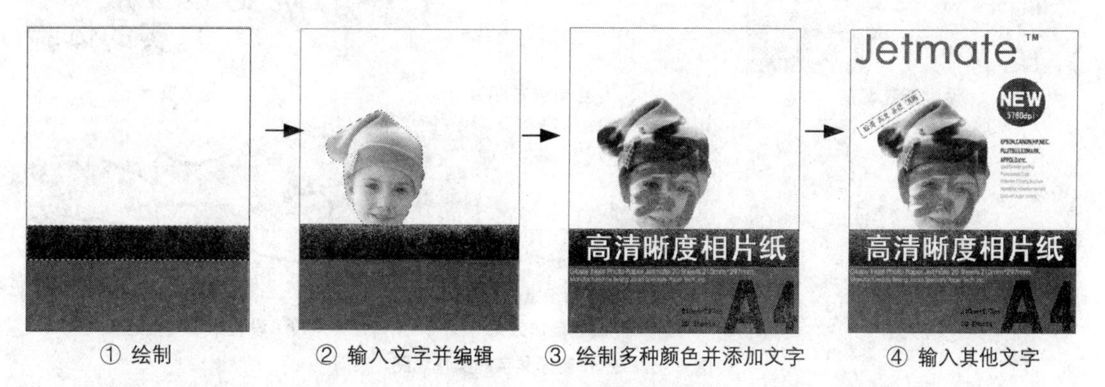

图 8-65　制作打印机海报的操作思路

制作本例的主要操作步骤如下。

❶ 新建一个图像文件，使用矩形选框工具 创建两个矩形选区，分别填充为洋红色（R40，G2，B126）和黑色。

❷ 在素材图像中抠取出小孩的头部图像，放到画面中。

❸ 使用画笔工具 在小孩脸上绘制出多种颜色的笔触，然后设置小孩图层的混合模式为“颜色加深”。

❹ 选择横排文字工具 T 在黑色和洋红色矩形中输入文字，分别在属性栏中设置文字大小和字体等属性。

❺ 继续在画面上方空白图像中输入文字，适当调整文字属性，完成本实例的制作。

8.2.2 制作变形文字

1. 实例目标

本例将制作一个变形文字，首先要输入两段文字，对其应用变形操作，本例完成后的参考效果如图 8-66 所示。通过本实例，主要掌握“变形文字”对话框中各参数的设置。

图 8-66　变形文字效果

2. 操作思路

在制作变形文字之前，首先要规划文字变形后的大体形状，再根据所需要的形状找到适合的变形方式。根据上面的实例目标，本例的操作思路如图 8-67 所示。

图 8-67 制作变形文字的操作思路

制作本例的具体操作如下。

❶ 新建一个文件，使用渐变工具为画面做橘黄色到黄色的渐变填充。

❷ 新建一个图层，选择多边形套索工具，在图像中绘制一个多边形选区，对选区应用从白色到透明的线性渐变填充。

❸ 设置该图层的图层混合模式为“叠加”，然后复制多个对象，调整图像的大小和位置，并且旋转一定的位置，得到光芒效果。

❹ 分别输入两段文字，设置字体为黑体，颜色为黑色。

❺ 将文字适当倾斜后，单击属性栏中的“创建文字变形”按钮，打开“变形文字”对话框，在“样式”下拉列表框中选择“鱼形”命令，然后设置其他参数。

❻ 分别对这两个文字图层做栅格化处理，然后合并这两个图层，载入选区后，对其应用“橙，黄，橙”线性渐变填充。

❼ 选择【编辑】→【描边】命令，在打开的“描边”对话框中设置描边为白色，然后打开“图层样式”对话框，设置描边样式，选择第 2 次描边颜色为深红色（R132，G54，B9）。

8.3 常见疑难解析

问：怎样为文字边缘填充颜色或渐变色？

答：为文字边缘填充颜色，可以使用“描边”命令，也可以使用图层样式中的描边样式制作渐变描边效果。

问：怎样在 Photoshop 中添加新的字体？

答：Photoshop 使用的是 Windows 系统的字体，在 Windows/fonts/文件夹中安装新字体就可以了。

问：在段落文字输入框中输入了过多的文字，超出了输入框的范围，怎样将超出范围的文字显示出来？

答：此时文字输入框的右下角将会出现一个“田”字符号，可以拖动文字框的各个节点，调整文字输入框的大小，使文字完全显示出来。

8.4 课后练习

(1) 制作一个企业资讯宣传广告，如图 8-68 所示。新建一个图像文件，使用钢笔工具绘制出画面底部的曲线图像和画面中的山峦图像。然后使用横排文字工具在画面中输入文字，并在属性栏中设置字体属性，接着在画面底部的曲线图像中添加文本框，输入段落文字。

图 8-68 企业资讯广告

(2) 新建一个图像文件，分别添加所需的素材图像，然后使用横排文字工具 T 在画面中输入文字，并设置不同的字体属性，如图 8-69 所示。

图 8-69 卡片设计

(3) 制作图 8-70 所示的特效文字。制作特效文字时，首先要将输入的美术文本转换为普通图层，然后通过高斯模糊、扭曲等滤镜得到火焰效果，最后使用调整菜单中的命令添加火焰色彩。

图 8-70 特效文字

第 9 课 图层的初级应用

学生：老师，我们前面学习了 Photoshop CS4 中工具和常用编辑命令的使用方法，但我发现在处理图像时很多复杂的效果都做不出来，例如改变图像的位置和效果等。

老师：Photoshop 中有个非常重要的功能——图层，它是处理图像的关键。通过创建多个图层，便可在处理图像时实现多个图像一起移动、删除和添加样式效果等，也可以只对某一个图层中的图像进行处理，而且可以随时改变不同图像的排列位置和效果，创作出多姿多彩的图像效果。只要你正确掌握了图层的使用方法，在今后的工作中就能更好地运用 Photoshop 了。

学生：真的吗？掌握了图层的使用是不是就能进行设计作品的制作了？

老师：是的！只要掌握了图层的使用方法，对于一般的设计作品，如名片、海报、广告、包装设计和效果图后期处理等设计都可以顺利完成。

学生：看来图层真的非常重要。老师，那我们就赶快学习吧！

学习目标

- 认识图层
- 熟悉“图层”面板的组成
- 掌握图层的创建、复制、移动与删除操作
- 掌握图层的链接、合并与排列操作
- 熟悉图层的对齐与分布操作

9.1 课堂讲解

本课将主要讲述图层的作用、“图层”面板、图层的类型、创建图层和管理图层等知识。通过相关知识点的学习和案例的制作，可以初步掌握图层的应用，以及如何对图层进行新建、复制、删除、链接和合并等操作。

9.1.1 认识图层

图层是 Photoshop 最重要的功能之一，也是处理图像效果的重要手段。那么，图层到底是什么？怎样才能利用图层进行图像处理呢？本节将通过具体的讲解使读者对图层有一个较全面的认识。下面进行具体讲解。

1. 图层简介

用 Photoshop 制作的作品往往是由多个图层合成的。Photoshop CS4 可以将图像的每一个部分置于不同的图层中，由这些图层叠放在一起形成完整的图像效果，用户可以独立地对每一个图层中的图像内容进行编辑、修改和效果处理等各种操作，而对其他图层没有任何影响。

2. “图层”面板

在 Photoshop CS4 中，对图层的操作可以通过“图层”面板和“图层”菜单来实现。选择【窗口】→【图层】命令，打开“图层”面板，如图 9-1 所示。

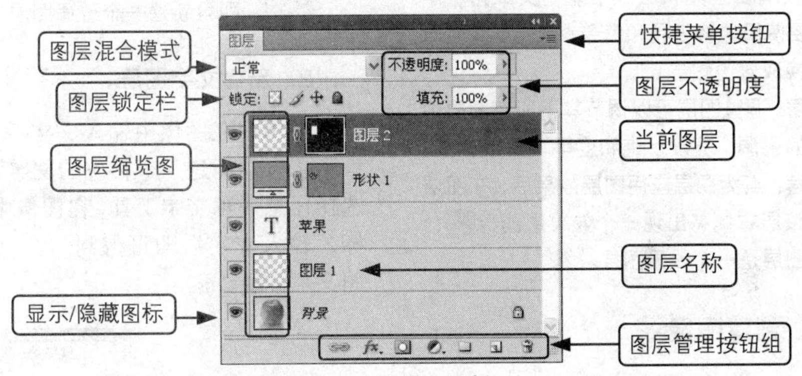

图 9-1 “图层”面板

“图层”面板中列出了图像中所有的图层，从最上面的图层开始，图层内容的缩略图显示在图层名称的左边，它随用户编辑而被更新，在所有图层之后是背景层。面板中各组成部分的作用如下。

- ◎ “锁定”栏：用于选择图层的锁定方式，包括“锁定透明像素”按钮、“锁定图像像素”按钮、“锁定位置”按钮和“锁定全部”按钮。
- ◎ “填充”数值框：用于设置图层内部的不透明度。
- ◎ “链接图层”按钮：用于链接两个或两个以上的图层，链接图层可同时进行缩放、透视等变换操作。
- ◎ “添加图层样式”按钮：用于选择和设置图层的样式。
- ◎ “添加图层蒙版”按钮：单击该按钮，可为图层添加蒙版。
- ◎ “创建新的填充和调整图层”按钮：用于在图层上创建新的填充和调整图层，其作用是调整当前图层下所有图层的色调效果。
- ◎ “创建新组”按钮：单击该按钮，可以创建新的图层组。图层组用于将多个图层放置在一起，以方便用户查找和编辑操作。

◎ “创建新图层”按钮：用于创建一个新的空白图层。

◎ “删除图层”按钮：用于删除当前选取的图层。

3. 图层类型

Photoshop CS4 中常用的图层有以下 5 种类型。

◎ 普通图层：普通图层是最基本的图层类型，相当于一张透明的画纸。

◎ 背景图层：Photoshop 中的背景图层相当于绘图时最下层不透明的画纸。在 Photoshop 中，一幅图像只能有一个背景图层。背景图层无法与其他图层交换堆叠次序，但背景图层可以与普通图层相互转换。

◎ 文本图层：使用文本工具在图像中创建文字后，Photoshop 软件自动新建一个图层。文本层主要用于编辑文字的内容、属性和取向。文本层可以进行移动、调整堆叠、拷贝等操作，但大多数编辑工具和命令不能在文本图层中使用。要使用这些工具和命令，首先要将文本图层转换成普通图层。

◎ 调整图层：调整图层可以调节其下所有图层中的图像的色调、亮度、饱和度等。

◎ 效果图层：当为图层应用图层效果后，在图层面板上该层右侧将出现一个效果层图标，表示该图层是一个效果图层。

9.1.2 创建图层

认识图层后，还需要掌握创建图层的具体操作方法。在“图层”面板中可以创建多种新的图层。下面进行具体讲解。

1. 新建普通图层

普通图层就是指除了文字图层、形状图层、填充图层和调整图层以外的图层。新建图层是指在当前图像文件中创建新的空白图层，新建的图层将位于当前图层的上方。用户可通过以下两种方法来完成图层的新建。

◎ 选择【图层】→【新建】→【图层】命令，在打开的图 9-2 所示的“新建图层”对话框中，对图层的名称、颜色、模式和不透明度进行设置，也可保持默认设置，单击 确定 按钮，得到新建图层，如图 9-3 所示。

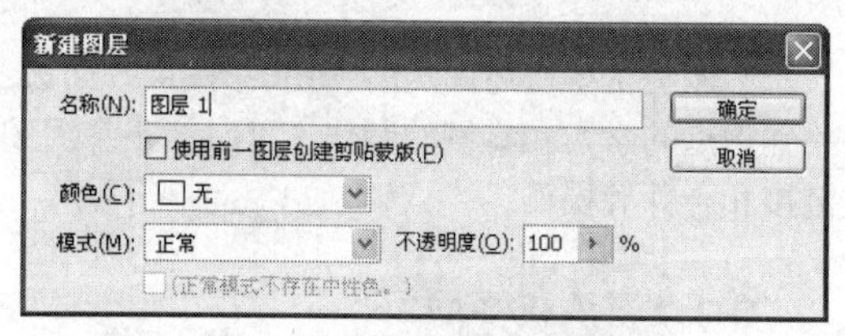

图 9-2 “新建图层”对话框

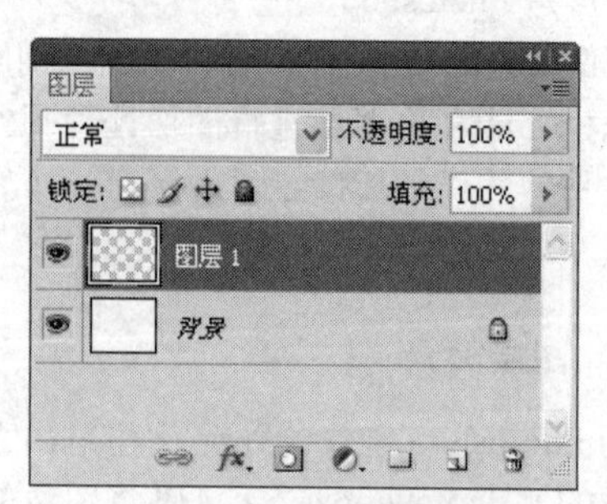

图 9-3 新建的图层

◎ 单击“图层”面板底部的“创建新图层”按钮，即可新建一个普通图层。

2. 新建文字图层

当用户在图像中输入文字后，“图层”面板中将自动新建一个相应的文字图层。方法是选择任意一种文字工具，在图像中单击插入光标，输入文字后即可得到一个文字图层，如图 9-4 所示。

图 9-4 新建文字图层

3. 新建形状图层

选择工具箱中的某一形状工具，单击属性栏中的“形状”按钮，再在图像中绘制形状，这时“图层”面板中将自动创建一个形状图层。图 9-5 所示为使用椭圆工具绘制图形后创建的形状图层。

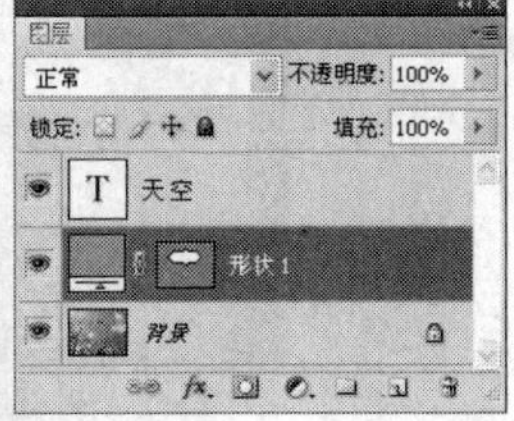

图 9-5　新建形状图层

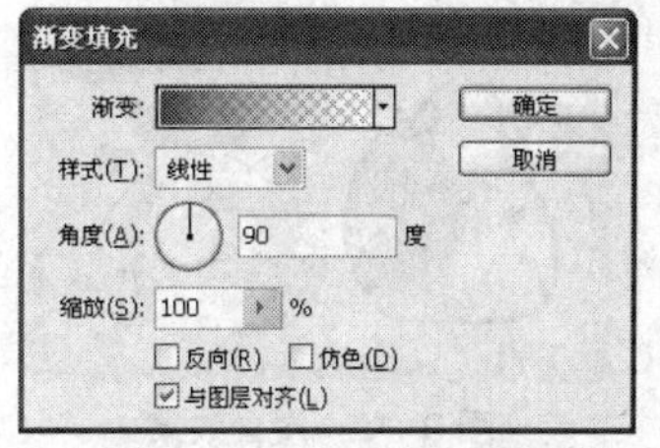

图 9-8　"渐变填充"对话框

4. 新建填充图层

Photoshop CS4 中有 3 种填充图层，分别是纯色、渐变和图案。选择【图层】→【新建填充图层】命令，在子菜单中选择相应的子菜单命令即可。例如在"酒杯.jpg"图像中新建一个渐变图层，其具体操作如下。

❶ 打开"酒杯.jpg"图像，如图 9-6 所示，将前景设置为绿色。

图 9-6　素材图像

❷ 选择【图层】→【新建填充图层】→【渐变】命令，打开"新建图层"对话框，如图 9-7 所示，在"名称"文本框中输入新建图层的名称。

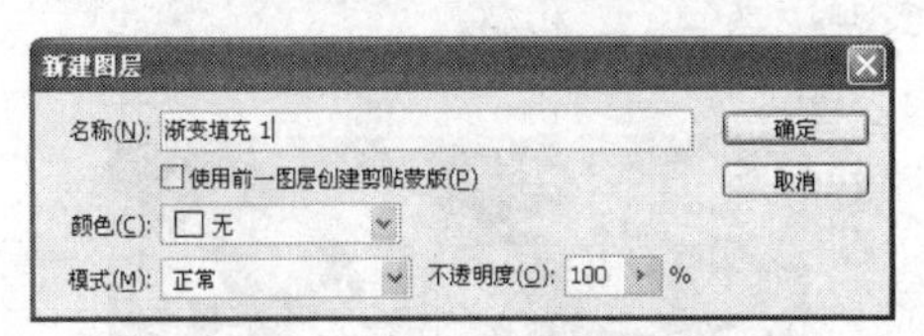

图 9-7　"新建图层"对话框

❸ 单击 确定 按钮，打开"渐变填充"对话框，在"渐变"下拉列表框中选择渐变颜色为"前景到透明"，在下方根据需要设置渐变的角度和样式等，如图 9-8 所示。

❹ 设置完成后单击 确定 按钮，即可应用渐变填充，同时生成填充图层，效果如图 9-9 所示，这时图层面板中也将出现一个调整图层，如图 9-10 所示。

图 9-9　渐变填充效果

图 9-10　"图层"面板

5. 新建色彩调整图层

选择需要调整图像颜色的最上面的图层位置，然后单击"图层"面板下方的"创建新的填充或调整图层"按钮 ，在弹出的快捷菜单中选择某个调整命令，将打开相应的调整对话框，设置好参数后应用设置即可创建相应的色彩调整图层。各调整命令的作用及设置在第 6 课已作讲解，这里不再赘述。

技巧：创建文字图层、形状和填充图层后，选择【图层】→【栅格化】→【文字】或【形状】命令，或在该图层上单击鼠标右键，在弹出的快捷菜单中选择相应的命令，即可将这些类型的图层转换为普通图层。

6. 案例——制作情景漫画

本案例在制作该图像时主要使用了图 9-11 所示的"卡通动物.psd"图像，制作好的"情景漫画"图像效果如图 9-12 所示。制作该图像首先要新建图层绘制好边框，然后通过自定形状工具和文字工具完成画面的制作。

图 9-11　卡通动物

图 9-12　漫画效果

制作该图像的具体操作如下。

❶ 新建一个空白图像文件，设置背景色为白色，然后单击“图层”面板底部的“创建新图层”按钮，新建一个图层，如图 9-13 所示。

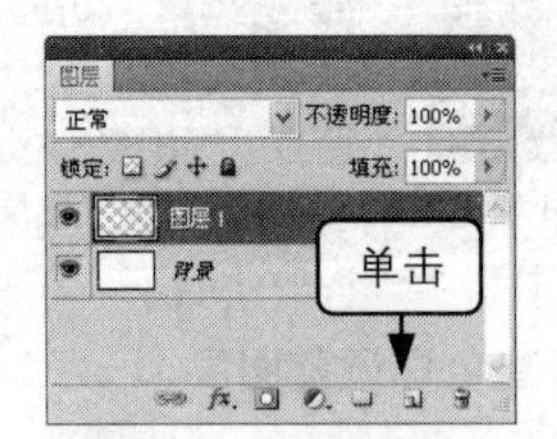

图 9-13　新建图层

❷ 选择圆角矩形工具，在属性栏中设置半径为 30px，再单击“路径”按钮，在画面中绘制一个圆角矩形，按【Ctrl+Enter】键将路径转换为选区，选择【选择】→【反向】命令，反选选区，如图 9-14 所示。

图 9-14　反选选区

❸ 选择【选择】→【修改】→【羽化】命令，在打开的“羽化选区”对话框中设置半径为 30 像素，然后填充选区颜色为深绿色（R33，G122，B16），效果如图 9-15 所示。

❹ 打开“卡通动物.psd”素材图像，使用移动工具将其直接拖到当前文件中，选择自定形状工具，单击属性栏中的“形状图层”按钮，再单击“形状”右侧的三角形按钮，在打开的面板中找到对话框图形，在画面中拖动鼠标进行绘制，如图 9-16 所示。

图 9-15　填充选区颜色

图 9-16　绘制图形

❺ 选择一种对话框图形，在画面小猪图像上方拖动鼠标绘制出该图像，这时“图层”面板中将自动创建两个形状图层，如图 9-17 所示。

图 9-17　创建形状图层

❻ 选择横排文字工具，分别在两个对话框图像中输入文字，并且在属性栏中设置文字颜色为白色，字体为文鼎特圆简体，“图层”面板中也将自动创建两个文字图层，如图 9-18 所示，完成效果的制作。

图 9-18　创建文字图层

想一想

在使用形状工具时，如果单击属性栏中的“路径”按钮和“填充像素”按钮，“图层”面板中会有什么变化呢？

7. 案例——制作唯美色调

本案例在制作时主要使用了图 9-19 所示的“风景.psd”图像，制作好的“唯美色调”图像效果如图 9-20 所示。本实例的制作主要练习灵活运用调整图层中的各项功能，为画面颜色做出调整。

图 9-19 风景图像

图 9-20 唯美色调

制作该图像的具体操作如下。

❶ 打开“风景.jpg”素材图像，如图 9-19 所示。单击“图层”面板底部的“创建新的填充或调整图层”按钮 ，在打开的快捷菜单中选择“色相/饱和度”命令，将自动切换到“调整”面板，设置参数如图 9-21 所示。

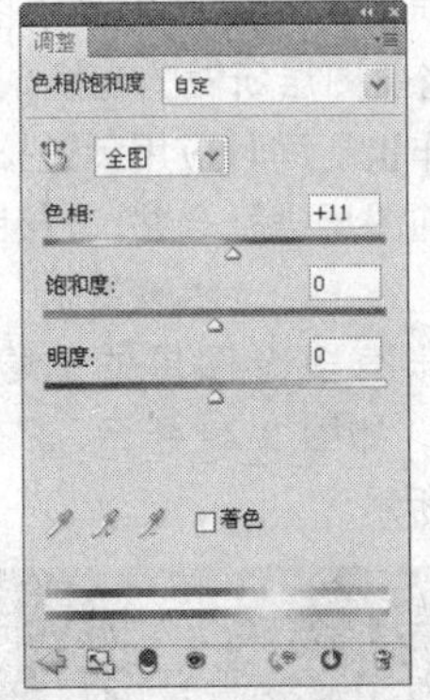

图 9-21 调整色相/饱和度

❷ 选择“通道混合器”命令，在“调整”面板中设置参数，如图 9-22 所示。

❸ 选择“曲线”命令，在“调整”面板中调整曲线，如图 9-23 所示。

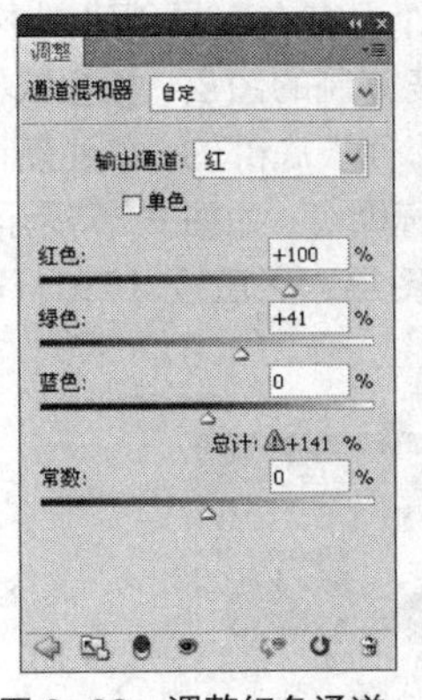

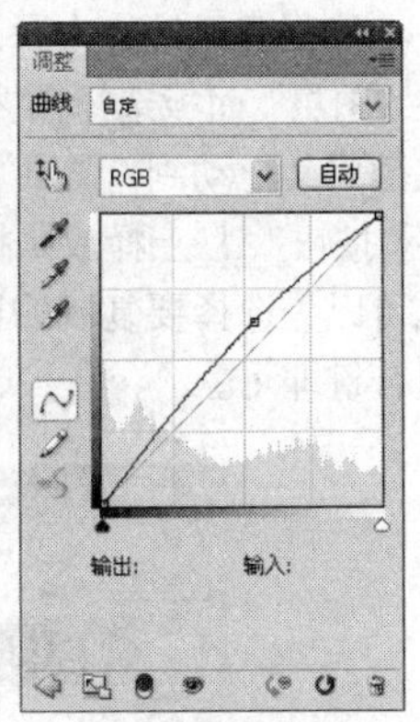

图 9-22 调整红色通道　图 9-23 调整曲线

❹ 调整完成后，“图层”面板将自动创建 3 个调整图层，如图 9-24 所示。调整后的图像效果如图 9-25 所示。

图 9-24 “图层”面板

图 9-25 图像效果

试一试

使用其他调整命令，看看能调整出哪些不一样的画面效果。

9.1.3 图层的调整

当用户创建好图层后，就需要对图像进行操作。在操作过程中图层的顺序、链接以及分组都会为用户带来很多便捷。下面进行具体讲解。

1. 复制与删除图层

复制图层就是为一个已存在图层创建副本，在“图层”面板选择需要复制的图层，按住鼠标左键将其拖动到“图层”面板底部的“创建新图层”按钮 上释放鼠标即可，如图 9-26 所示。也可以先选择要复制的图层，然后按【Ctrl+J】组合键即可。

图 9-26　复制图层

如果复制的图层不符合要求，只需将其拖到“图层”面板底部的“删除图层”按钮 即可删除图层。

2. 合并图层

在图像编辑完成后，如果不需要再进行修改，可以将图层合并，从而减小图像的大小。选择“图层”菜单，即可看到图 9-27 所示的合并图层命令，选择相应的命令，即可进行不同类型的合并图层操作。

锁定图层 (L)...
取消图层链接 (K)
选择链接图层 (S)
合并图层 (E)　Ctrl+E
合并可见图层　Shift+Ctrl+E
拼合图像 (F)
修边

图 9-27　合并图层菜单命令

◎ **合并图层**：在“图层”面板中选择两个以上要合并的图层，选择【图层】→【合并图层】命令或按【Ctrl+E】组合键即可。

◎ **合并可见图层**：选择【图层】→【合并可见图层】命令，可将“图层”面板中所有可见图层进行合并，而隐藏的图层将不被合并。

◎ **拼合图像**：选择【图层】→【拼合图像】命令，可将“图层”面板中所有可见图层进行合并，而隐藏的图层将被丢弃，并以白色填充所有透明区域。

3. 调整图层排列顺序

在Photoshop中图层是按类似堆栈的形式放置的，先建立的图层在下，后建立的图层在上。图层的叠放顺序会直接影响图像显示的效果。上面的图层总是会遮盖下面的图层，用户可以通过改变图层排列的顺序来编辑图像的效果。

单击要移动的图层，选择【图层】→【排列】命令，在打开的子菜单中选择需要的命令即可移动图层，如图 9-28 所示。

置为顶层 (F)　Shift+Ctrl+]
前移一层 (W)　Ctrl+]
后移一层 (K)　Ctrl+[
置为底层 (B)　Shift+Ctrl+[
反向 (R)

图 9-28　“排列”子菜单

◎ **置为顶层**：将当前正在编辑的活动图层移动到最顶部。

◎ **前移一层**：将当前正在编辑的活动图层向上移动一层。

◎ **后移一层**：将当前正在编辑的活动图层向下移动一层。

◎ **置为底层**：将当前正在编辑的活动图层移动到最底部。

> 提示：使用鼠标直接在“图层”面板拖动图层，也可改变图层的顺序。

4. 链接图层

链接图层的作用是固定当前图层和链接图层，以使对当前图层所做的变换、颜色调整、滤镜变换等操作也能同时应用到链接图层上，还可以对不相邻的图层进行合并。链接图层的具体操作如下。

❶ 打开一张有多个图层的图像文件“啤酒瓶.psd”，如图 9-29 所示，“图层”面板如图 9-30 所示。

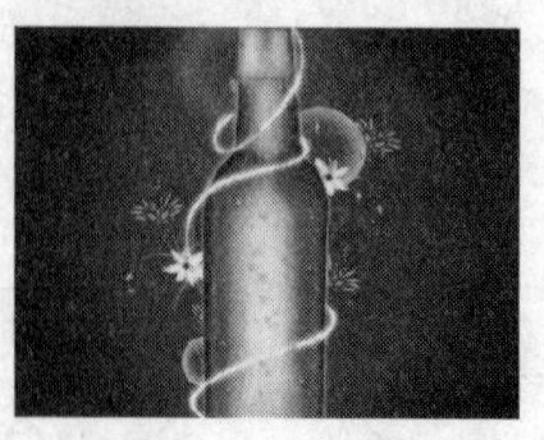

图 9-29　啤酒瓶

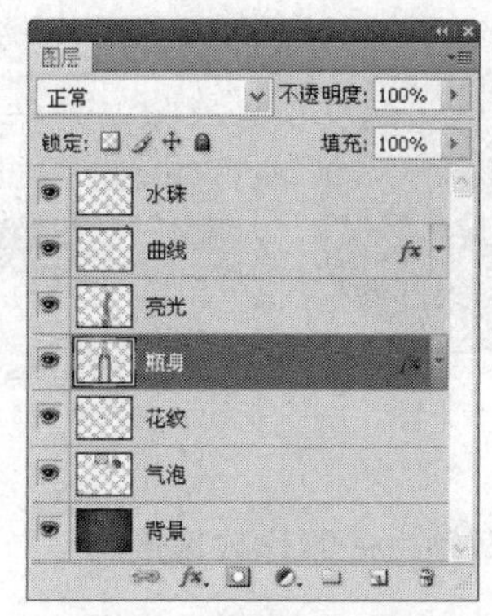

图 9-30 “图层”面板

❷ 按住【Ctrl】键在“图层”面板上单击，选择需要链接的图层，如图 9-31 所示。单击“图层”面板下方的“链接图层”按钮，当图层后面出现链接图标时，表示链接图层与当前作用层链接在一起了，如图 9-32 所示。

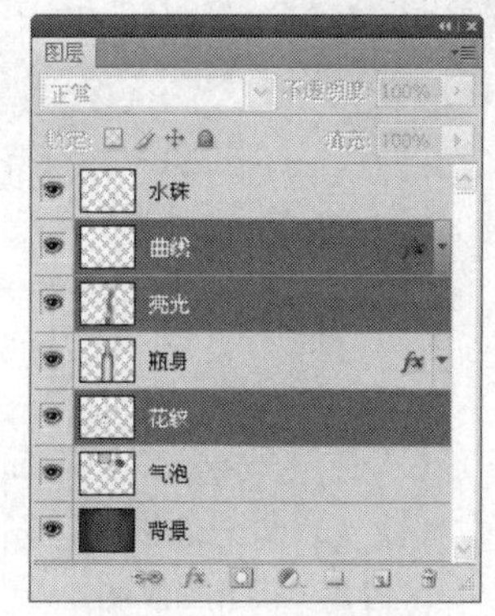

图 9-31 选择图层

图 9-32 链接图层

❸ 可以对链接在一起的图层进行整体移动、缩放和旋转等操作，如图 9-33 所示。单击链接图标便可取消图层的链接。

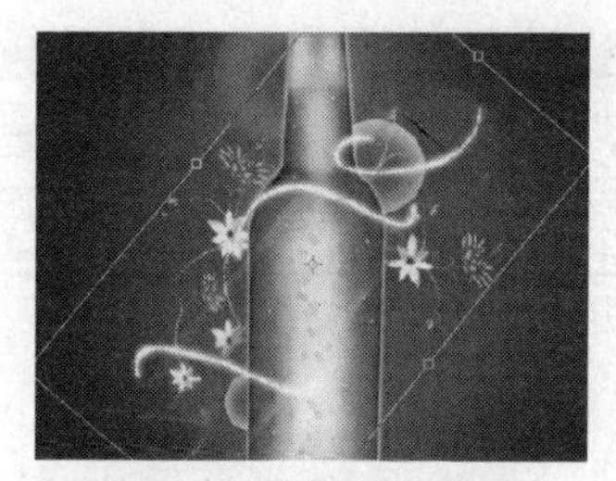

图 9-33 旋转链接后的图像

5. 锁定、显示与隐藏图层

根据需要将图层锁定后，可以防止编辑图层被误操作破坏图像效果。在“图层”面板中有 4 个选项用于设置锁定图层内容。

◎ “锁定透明像素”按钮：单击该按钮，当前图层上原本透明的部分被保护起来，不允许被编辑，后面的所有操作只对不透明图像起作用。

◎ “锁定图像像素”按钮：单击该按钮，当前图层被锁定，无论是透明区域还是图像区域都不允许填色或进行色彩编辑。此时，如果将绘图工具移动到图像窗口上会出现图标。该功能对背景图层无效。

◎ “锁定位置”按钮：单击该按钮，当前图层的变形编辑将被锁定，使图层上的图像不允许被移动或进行各种变形编辑。但仍然可以对该图层进行填充、描边等操作。

◎ “锁定全部”按钮：单击该按钮，当前图层的所有编辑将被锁定，将不允许对图层上的图像进行任何操作。此时只能改变图层的叠放顺序。

单击“图层”面板前方的眼睛图标，关闭眼睛可以隐藏“图层”面板中的图像，显示眼睛可以显示“图层”面板中的图像。

6. 创建图层组

选择【图层】→【新建】→【组】命令，打开“新建组”对话框，如图 9-34 所示，可以设置图层组的名称、颜色、模式和不透明度，单击 确定 按钮，即可在面板上增加一个空白的图层组，如图 9-35 所示。建立新的图层组后，可以用鼠标拖动其他图层放在图层组上，拖入的图层都将作为图层组的子层放于图层组之下，如图 9-35 所示。

图 9-34 “新建组”对话框

图 9-35 新图层组

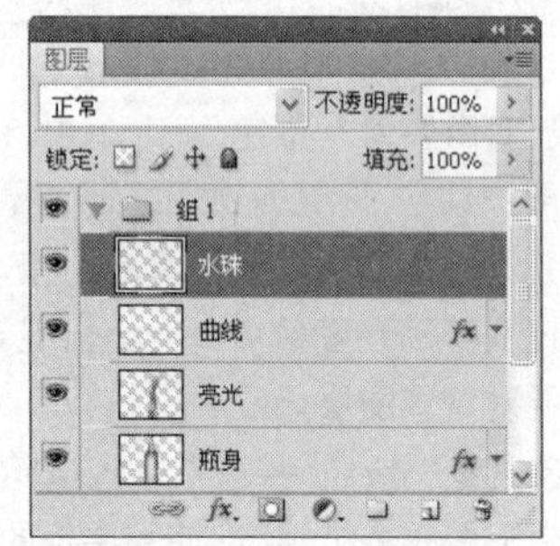

图 9-36 图层组层级关系

7. 通过剪切的图层

在“图层”面板上，可以将一个图层作为一过滤器，只允许它顶部图层显示与其大小一致的范围，有如下两种操作方法。

◎ 选择要过滤显示的图层，如图 9-37 所示，选择【图层】→【创建剪贴蒙版】命令，过滤后的效果如图 9-38 所示。

图 9-37 形状图层与普通图层

◎ 按住【Alt】键，在“图层”面板中要过滤的两个图层之间单击即可。

图 9-38 剪切后的效果

8. 案例——制作玫瑰倒影

本案例主要使用了图 9-39 所示的“玫瑰.jpg”、“水波.jpg”图像，制作好的“玫瑰倒影”图像效果如图 9-40 所示。制作该图像首先要复制图像，然后复制图层，调整图层顺序，最后进行投影处理。

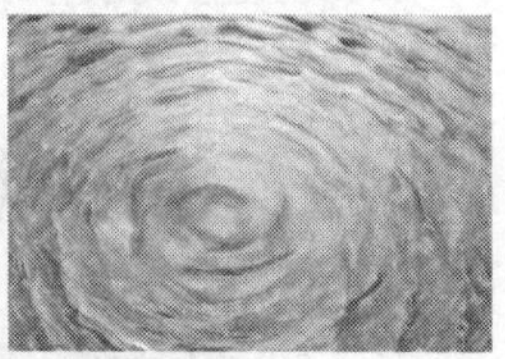

图 9-39 玫瑰和水波图像

图 9-40 倒影效果

制作该图像的具体操作如下。

❶ 打开“水波.jpg”和“玫瑰.jpg”素材图像，如图 9-39 所示。选择魔棒工具，单击玫瑰图像中的白色背景获取选区，选择【选择】→【反向】命令，获取玫瑰花图像选区。

❷ 选择移动工具，将选区内的玫瑰花直接拖到水纹图像中，“图层”面板自动得到图层 1，按【Ctrl＋T】组合键调整图像大小，并做适当旋转，如图 9-41 所示。

图 9-41 调整玫瑰花大小

❸ 选择图层1，按住鼠标左键将其拖动到“图层”面板底部的“创建新图层”按钮 上，释放鼠标后得到图层1副本，如图9-42所示。

图9-42　复制图层

❹ 选择【编辑】→【变换】→【水平翻转】命令，然后将图像放到画面下方，如图9-43所示。

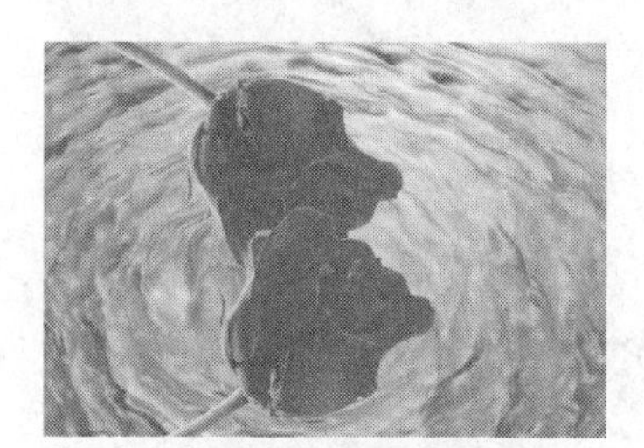
图9-43　水平翻转图像

❺ 在“图层”面板中将图层1副本拖动到图层1下方，调整图层顺序，如图9-44所示。

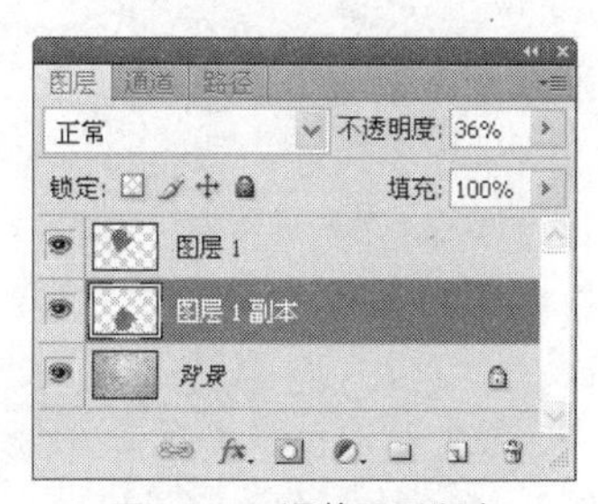

图9-44　调整图层顺序

❻ 设置图层1副本的图层不透明度为36%，完成玫瑰倒影，效果如图9-45所示。

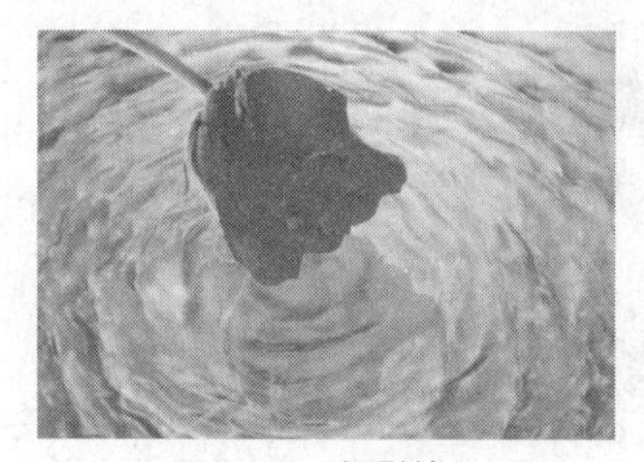
图9-45　投影效果

想一想

为什么要调整图层1副本的图层不透明度呢？

9. 案例——制作剪贴图像

本案例主要使用了图9-46所示的“动物.psd”图像，制作好的“剪贴图像”效果如图9-47所示。本实例主要练习剪贴图层的操作方法，再通过复制图层，制作一些特殊画面效果。

图9-46　动物图像

图9-47　剪贴图像

制作该图像的具体操作如下。

❶ 打开“动物.psd”素材图像，选择图层1，按【Ctrl+J】组合键复制一次图层1，得到图层1副本，如图9-48所示。

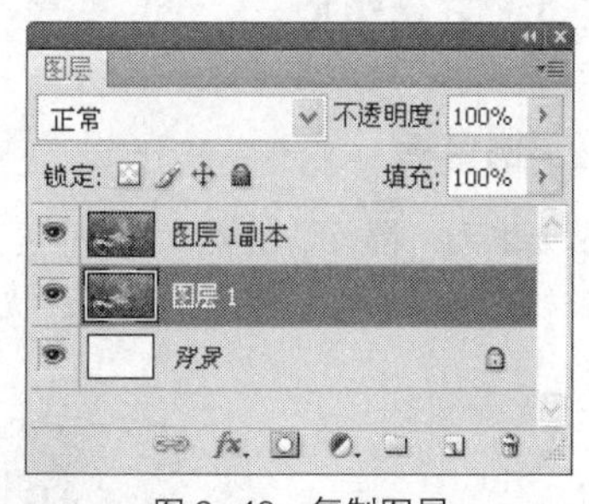

图9-48　复制图层

❷ 设置前景色为白色，选择自定形状工具 ，单击属性栏中的“形状”按钮 ，再单击“形状”右侧的三角形按钮，在打开的面板中找到花瓣图形，在画面中拖动鼠标进行绘制，如图9-49所示。

图 9-49 绘制图形

❸ 选择形状图层，按住鼠标左键向下拖动到图层 1 的下方，然后选择图层 1，选择【图层】→【创建剪贴蒙版】命令，得到剪贴图层，如图 9-50 所示。

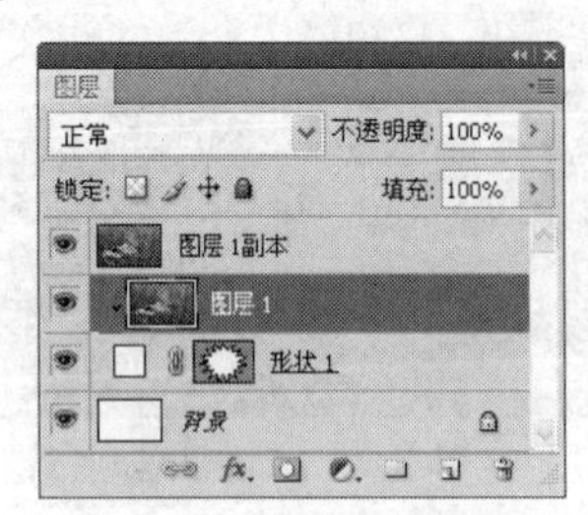

图 9-50 创建剪贴图层

❹ 选择图层 1 副本，设置图层不透明度为 57%，得到的图像效果如图 9-51 所示。

图 9-51 最终效果

试一试

调整图层 1 副本的图层不透明度为其他参数，看看有什么效果。

9.2 上机实战

本章的上机实战将分别制作艺术边框和儿童艺术照效果，综合练习本课学习的知识点，掌握图层的基本操作。

上机目标：

◎ 熟练掌握“图层”面板的使用；
◎ 熟练掌握图层的基本操作，包括图层的新建、复制、合并、调整顺序等；
◎ 理解并掌握图层在不同的设计作品中的应用方法。

建议上机学时：3 学时。

9.2.1 艺术边框

1. 实例目标

本例要求为一幅风景图像添加一个艺术边框，要求简洁大方，加入适当的装饰即可。本例完成后的参考效果如图 9-52 所示，主要运用了形状图层、文字图层以及图层的新建、复制、移动、栅格化等操作。

图 9-52 “艺术边框”效果

2. 操作思路

制作艺术边框应该与素材图像的色彩相搭配。根据上面的实例目标，本例的操作思路如图 9-53 所示。

① 添加调整图层　② 涂抹图像　③ 添加白色圆点　④ 添加蝴蝶图像

图 9-53　制作艺术边框的操作思路

制作本例的具体操作如下。

❶ 打开“大树.jpg”图像，单击“图层”面板下方“创建新的填充或调整图层”按钮，在弹出的快捷菜单中选择“纯色”命令，设置颜色为粉红色（R245，G153，B153）。

❷ 使用画笔工具用黑色在蒙版中涂抹，隐藏中间的图像，露出底层的大树图像。

❸ 设置前景色为白色，使用画笔工具，在画面中点缀出白色星点图像。

❹ 为图像添加“蝴蝶.jpg”素材图像，艺术边框制作完成。

9.2.2 快乐童年

1. 实例目标

本例制作儿童艺术照“快乐童年”的艺术画面，完成后的参考效果如图 9-54 所示。本例主要练习图层顺序的调整、复制图层以及剪贴图层等操作。

图 9-54 “快乐童年”图像效果

2. 操作思路

制作本实例时需要清楚画面的整体布局，然后开始绘制。根据上面的实例目标，本例的操作思路如图 9-55 所示。

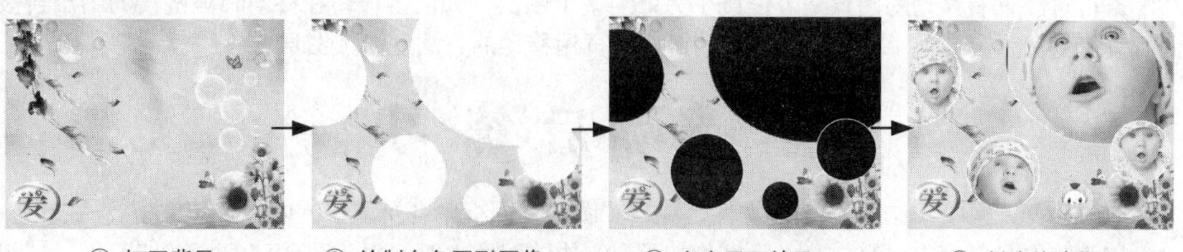

① 打开背景　② 绘制白色图形图像　③ 白底黑面效果　④ 创建剪贴蒙版

图 9-55　制作快乐童年的操作思路

制作本例的具体操作如下。

❶ 打开"背景.jpg"素材图像，新建图层 1，选择椭圆选框工具，创建椭圆选区，填充为白色。

❷ 复制图层 1，得到图层 1 副本，按【Ctrl】键单击图层 1 副本前的图层缩览图，载入图像选区，填充为白色，然后略微缩小图像。再使用同样的方法绘制出其他几个白底黑面的圆形图像。

❸ 打开"儿童 1.jpg"、"儿童 2.jpg"素材图像，分别将这两幅图像拖到当前编辑的文件中。分别复制一次对象，在图层面板中调整儿童图层在每一个圆形图层的上方。

❹ 选择【图层】→【创建剪贴蒙版】命令，隐藏圆形以外的儿童图像。

9.3 常见疑难解析

问：在 Photoshop 中，每次打开一幅图像的背景图层都是被锁定的，怎么去除？

答：在 Photoshop 中打开的每一幅图像，其背景层都被锁定，是不能删除的。可以双击背景图层，将其转换为普通图层，这样就可以对它进行编辑。

问：在制作一幅图像时调入了很多素材，因此生成了很多图层，制作完成后发现一些图层中的图像不需要了，可以将它们隐藏后再存储吗？

答：可以。虽然隐藏这些图层后再进行存储，得到的图像外观效果相同，但会增加图像的大小。如果这些图层不再需要，应将其删除，以减少图像的大小，提高计算机运行速度。

问：建立调整层有时很方便，但怎样只让调整层作用于同一图层呢？

答：分别再做几个层的效果，然后把这几个图层合并就可以了。

问：通过本课的学习可以看出图层在处理图像时起了非常关键的作用，那么在设计作品时关于图层的应用需要注意哪些问题？

答：运用图层时注意以下几点：①对于文字图层，若不需要添加滤镜等特殊效果，最好不要将其栅格化，因为栅格化后若要再次修改文字内容就很麻烦。②一幅作品并不是图层越多越好，因此制作过程中或制作完成后可以将某些图层合并，减小图像的大小。③按住【Ctrl】键不放单击图层缩略图可快速载入图层选区，在设计时会常用到。④含有图层的作品最终一定要保存为 PSD 格式文件，同时为防止他人修改和盗用，传给他人查看时可另存为 TIFF1 和 JPG 等格式。

问：使用移动工具将图像中的一个图层拖动到另一个图像中，为什么有时候却同时复制了多个图层到另一个图像中呢？

答：可以查看移动的图层是否链接了另外的多个图层，如已链接，在移动时被链接的图层会被同时复制到另一个图像中。所以应先取消链接后再用移动的方法复制该图层。

9.4 课后练习

（1）打开一幅 PSD 格式的图像文件，观察"图层"面板中各个图层的内容及其类型。

（2）制作图 9-56 所示的"胶片"图像效果，制作该图像主要使用了图 9-57 所示的"苹果"、"鸭子"和"飞机"素材图像。制作时将用到链接图层、合并图层和复制图层等操作。

图 9-56 “胶片”效果

图 9-57　素材图像

（3）新建一个图像文件，使用天空背景、花纹效果、鸽子和酒瓶图像，组合成一幅酒类广告画面，如图 9-58 所示。制作时主要用到新建图层、复制图层、创建图层组等操作。

图 9-58　酒类广告

第 10 课 图层的高级应用

学生：老师，我看到有些文字或图像很有立体感，而且看起来绘制图像的时候有些复杂呢！有没有什么简单的方法可以使图像有立体感呢？

老师：当然有！可以为图像或文字添加图层样式，包括添加投影、发光、浮雕和描边等图像效果。这些效果还能结合起来运用，如果结合得好，可以制作出独具特色的画面效果。

学生：真的吗？那这些知识学习起来容易吗？这么多种样式，其参数设置一定不少吧？

老师：是的。每一个图层样式，都会进入其对应的对话框进行设置，如投影样式，除了可以设置投影的颜色外，还可以设置投影的方向、距离，以及投影扩散的大小等。只要掌握了这些参数设置，其实也是很简单的。

学生：老师，那我们就赶快学习吧！

学习目标

- 了解图层混合模式的意义
- 熟悉每一种图层混合模式
- 掌握图层不透明度的运用
- 掌握混合选项的设置方法
- 熟悉每一种图层样式的运用

10.1 课堂讲解

运用图层混合模式和突出样式可以制作出丰富的图像效果，并且为图像增强层次感、透明感和立体感。本课将主要介绍图层混合模式和图层样式编辑等知识。通过相关知识点的学习和案例的制作，可以初步掌握各种混合模式的作用和效果，以及如何为图像添加投影、外发光、浮雕等效果的操作。

10.1.1 设置图层混合模式和不透明度

图层的混合模式在图像处理过程中起着非常重要的作用，主要用来调整图层之间的相互关系，从而生成新的图像效果。下面进行具体讲解。

1. 设置图层混合模式

图层混合模式是指将上面图层与下面图层的像素进行混合，从而得到另一种图像效果。通常情况下，上层的像素会覆盖下层的像素。Photoshop CS4 提供了 20 多种色彩混合模式方式，不同的色彩混合模式可以产生不同的效果。单击“图层”面板中 正常 下拉列表框右侧的按钮，在弹出的混合模式列表框中选择需要的模式，如图 10-1 所示。下面分别介绍各种混合模式的应用效果。

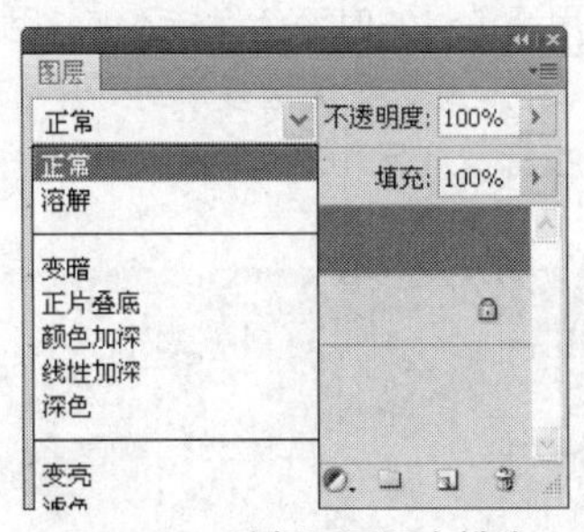

图 10–1 选择图层混合模式

正常

“正常”模式将编辑或绘制每个像素，使其成为结果色，该选项为默认模式。图 10-2 所示为有两个图层的图像，背景层为花，其上面的图层为酒瓶图像。

图 10–2 正常模式

溶解

根据像素位置的不透明度，结果色由基色或混合色的像素随机替换。将位于上面的图层的混合模式设置为“溶解”，不透明度设置为 40%的图像效果如图 10-3 所示。

图 10–3 溶解模式

变暗

使用“变暗”混合模式，可以查看每个通道中的颜色信息，并选择基色或混合色中较暗的颜色作为结果色。应用该混合模式后，将替换比混合色亮的像素，而比混合色暗的像素将保持不变，如图 10-4 所示。

图 10–4 变暗模式

正片叠底

“正片叠底”模式将当前图层中的图像颜色与其下层图层中图像的颜色混合相乘，得到比原来的两种颜色更深的第 3 种颜色，如图 10-5 所示。

图 10-5　正片叠底模式

> 提示：基色是位于下层像素的颜色；混合色是位于上层像素的颜色；结果色是混合后看到的像素颜色。

颜色加深

“颜色加深”模式将查看每个通道中的颜色信息，并通过增加对比度使基色变暗以反映混合色。与白色混合后不产生变化，图像效果如图 10-6 所示。

图 10-6　颜色加深模式

线性加深

“线性加深”模式将查看每个通道中的颜色信息，并通过减小亮度使基色变暗以反映混合色，与白色混合后不发生变化，图像效果如图 10-7 所示。

变亮

“变亮”模式将查看每个通道中的颜色信息，并选择基色或混合色中较亮的颜色作为结果色。比混合色暗的像素被替换，比混合色亮的像素将保持不变，图像效果如图 10-8 所示。

图 10-7　线性加深模式

图 10-8　变亮模式

滤色

“滤色”模式将查看每个通道中的颜色信息，并将混合色的互补色与基色复合。结果色总是较亮的颜色，用黑色过滤时颜色保持不变，用白色过滤时将产生白色。此效果类似多个幻灯片在彼此之上所产生的投影，如图 10-9 所示。

图 10-9　滤色模式

颜色减淡

“颜色减淡”模式将查看每个通道中的颜色信息，并通过减小对比度使基色变亮以反映混合色。与黑色混合则不发生变化，如图 10-10 所示。

图 10-10　颜色减淡模式

线性减淡

“线性减淡”模式将查看每个通道中的颜色信息，并通过增加亮度使基色变亮以反映混合色。与黑色混合则不发生变化，如图 10-11 所示。

图 10-11　线性减淡模式

叠加

“叠加”模式将复合或过滤颜色，具体取决于基色。图案或颜色在现有像素上叠加，同时保留基色的明暗对比。不替换基色，但基色与混合色相混以反映原色的亮度或暗度，如图 10-12 所示。

图 10-12　叠加模式

柔光

“柔光”模式将使颜色变暗或变亮，具体取决于混合色。此效果与发散的聚光灯照在图像上相似。如果混合色（光源）比 50%灰色亮，则图像变亮，就像被减淡了一样；如果混合色（光源）比 50%灰色暗，则图像变暗，就像被加深了一样。用纯黑色或纯白色绘画会产生明显较暗或较亮的区域，但不会产生纯黑色或纯白色的区域，如图 10-13 所示。

图 10-13　柔光模式

强光

“强光”模式将复合或过滤颜色，具体取决于混合色。此效果与耀眼的聚光灯照在图像上相似。如果混合色（光源）比 50%灰色亮，则图像变亮，就像过滤后的效果，这对于向图像添加高光非常有用；如果混合色（光源）比 50%灰色暗，则图像变暗，就像复合后的效果，这对于向图像添加阴影非常有用。用纯黑色或纯白色绘画会产生纯黑色或纯白色，如图 10-14 所示。

图 10-14　强光模式

亮光

“亮光”模式将通过增加或减小对比度来加深或减淡颜色，具体取决于混合色。如果混合色（光源）比 50%灰色亮，则通过减小对比度使图像变亮；如果混合色比 50%灰色暗，则通过增加对比度使图像变暗，如图 10-15 所示。

图 10-15 亮光模式

线性光

"线性光"模式将通过减小或增加亮度来加深或减淡颜色，具体取决于混合色。如果混合色（光源）比 50%灰色亮，则通过增加亮度使图像变亮；如果混合色比 50%灰色暗，则通过减小亮度使图像变暗，如图 10-16 所示。

图 10-16 线性光模式

点光

"点光"模式将根据混合色替换颜色。如果混合色（光源）比 50%灰色亮，则替换比混合色暗的像素，而不改变比混合色亮的像素；如果混合色比 50%灰色暗，则替换比混合色亮的像素，而比混合色暗的像素保持不变，这对于向图像添加特殊效果非常有用，如图 10-17 所示。

图 10-17 点光模式

差值

"差值"模式将查看每个通道中的颜色信息，并从基色中减去混合色，或从混合色中减去基色，具体取决于哪一种颜色的亮度值更大。与白色混合将反转基色值，与黑色混合则不产生变化，如图 10-18 所示。

图 10-18 差值模式

排除

"排除"模式将创建一种与"差值"模式相似但对比度更低的效果。与白色混合将反转基色值，与黑色混合则不发生变化，如图 10-19 所示。

图 10-19 排除模式

色相

"色相"模式用基色的亮度和饱和度以及混合色的色相创建结果色，如图 10-20 所示。

图 10-20 色相模式

饱和度

"饱和度"模式将用基色的亮度和色相以及混合色的饱和度创建结果色。在无饱和度的区域应用此模式绘画不会产生变化，如图 10-21 所示。

图 10-21　饱和度模式

颜色

“颜色”模式将用基色的亮度以及混合色的色相和饱和度创建结果色，这样可以保留图像中的灰阶，并且对给单色图像上色和给彩色图像着色都是非常有用的，如图 10-22 所示。

图 10-22　颜色模式

亮度

“亮度”模式将用基色的色相和饱和度以及混合色的亮度创建结果色。此模式将产生与“颜色”模式相反的效果，如图 10-23 所示。

图 10-23　亮度模式

深色

“深色”模式是比较混合色和基色的所有通道值的总和并显示值较小的颜色。“深色”不会生成第 3 种颜色（可以通过“变暗”混合获得），因为它将从基色和混合色中选择最小的通道值来创建结果颜色。图像效果如图 10-24 所示。

图 10-24　深色模式

浅色

“浅色”模式是比较混合色和基色的所有通道值的总和并显示值较大的颜色。“浅色”不会生成第 3 种颜色（可以通过“变亮”混合获得），因为它将从基色和混合色中选择最大的通道值来创建结果颜色。图像效果如图 10-25 所示。

图 10-25　浅色模式

实色混合

“实色混合”模式是将混合颜色的红色、绿色和蓝色通道值添加到基色的 RGB 值。如果通道的结果总和大于或等于 255，则值为 255；如果小于 255，则值为 0。因此，所有混合像素的红色、绿色和蓝色通道值要么是 0，要么是 255。这会将所有像素更改为原色（红色、绿色、蓝色、青色、黄色、洋红、白色或黑色）。图像效果如图 10-26 所示。

图 10-26　实色混合模式

2. 设置图层不透明度

通过设置图层的不透明度可以使图层产生透明或半透明效果。在“图层”面板右上方的“不透明度”数值框中可以输入数值来设置，取值范围是 0%～100%。

要设置某图层的不透明度，应先在“图层”面板中选择该层，当图层的不透明度小于 100%时，将显示该图层下面的图像。不透明度值越小，下面的图像就越透明；当不透明度值为 0%时，该图层将不会显示，完全显示其下面图层的内容。

图 10-27 所示为具有两个图层的图像，背景层为大树图像，其上为一个文字图层，将文字所在的图层的透明度设置为 70%和 2%，叠加后的效果分别如图 10-28 和图 10-29 所示。

图 10-27　原图

图 10-28　不透明度为 70%

图 10-29　不透明度为 20%

3. 案例——制作彩绘汽车

本例将制作一个“彩绘汽车”效果，所使用的素材图像有“汽车.jpg”和“花纹.psd”，如图 10-30 所示，制作后的效果如图 10-31 所示。在本实例中需要应用图层混合模式，让花纹图像自然地融入汽车图像中。

图 10-30　素材图像

图 10-31　彩绘汽车效果

制作该图像的具体操作如下。

❶ 按【Ctrl+O】组合键打开“汽车”素材，使用魔棒工具单击白色背景部分，获取选区，将选区反选，获取主体图像选区，如图 10-32 所示。

图 10-32　获取选区

❷ 按【Ctrl+J】组合键复制选区图像，得到图层 1，“图层”面板如图 10-33 所示。

❸ 打开“花纹.psd”素材图像，使用魔棒工具单击黑色背景部分，反选选区，获取花纹图像选区，如图 10-34 所示。

图 10-33 复制图层

图 10-34 获取花纹图像选区

❹ 使用移动工具将花纹拖入汽车文件中，得到图层 2，如图 10-35 所示。

图 10-35 得到图层 2

❺ 按【Ctrl+T】键适当缩小花纹图像，将花纹图层混合模式设置为“正片叠底”，如图 10-36 所示。

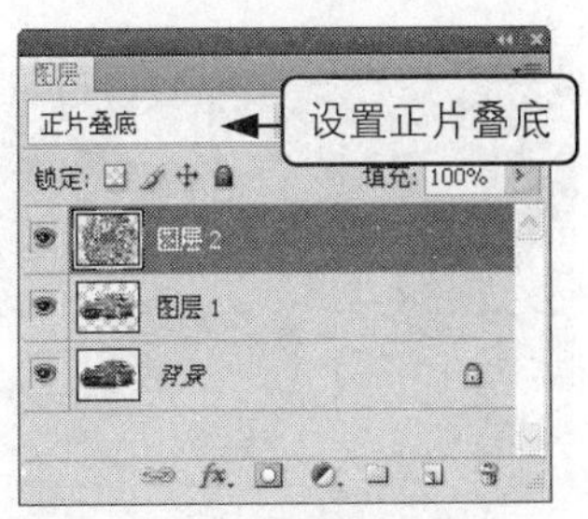

图 10-36 设置图层混合模式

❻ 按住【Ctrl】键单击图层 1 前的缩览图，将其选区载入图层 2 图像中，如图 10-37 所示。

图 10-37 载入选区

❼ 将选区反选，按【Delete】键删除选区内的图像，取消选区，使用橡皮擦工具将汽车玻璃窗和汽车车轮处的花纹擦除，彩绘汽车制作完成。最终效果如图 10-38 所示。

图 10-38 最终效果

试一试

在本实例中，将花纹图像设置为其他图层混合模式，看看哪一种模式最漂亮，效果最好。

4. 案例——制作画框图像

本实例将制作一个“画框图像”效果，主要使用了图 10-39 所示的“礼品.jpg”素材图像，制作好的画框效果如图 10-40 所示。通过该案例的学习，可以掌握文字选区的创建与编辑。

图 10-39 素材图像

图 10-40　画框效果

制作该图像的具体操作如下。

❶ 新建一个图像文件，选择渐变工具 制作线性渐变填充，设置渐变颜色从深绿色（R6，G83，B64）到浅绿色（R175，G233，B171），如图 10-41 所示。

图 10-41　渐变填充图像

❷ 打开“树叶.jpg”素材图像，使用移动工具 将其拖到渐变图像中，“图层”面板中将自动得到图层 1，按【Ctrl+T】组合键适当调整图像大小和形状，如图 10-42 所示。

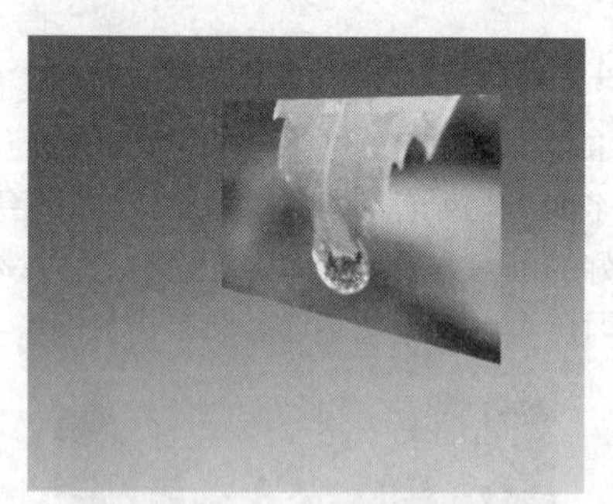

图 10-42　变换图像

❸ 按住【Ctrl】键单击图层 1，载入图像选区，然后新建一个图层，填充选区为白色，并将其放到图层 1 的下方，设置其图层不透明度为 33%，如图 10-43 所示。

❹ 按【Ctrl+T】组合键适当放大图像，得到的图像效果如图 10-44 所示。

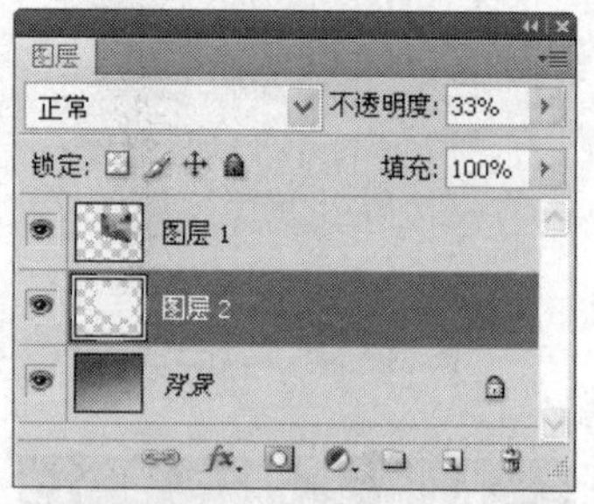

图 10-43　调整图层不透明度

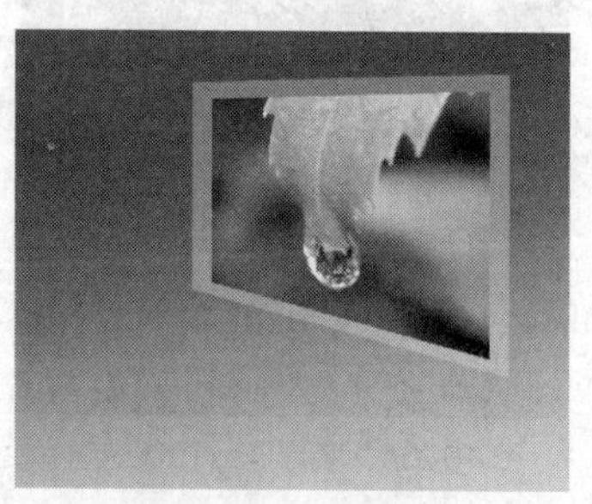

图 10-44　图像效果

❺ 新建一个图层，再次载入图层 1 的选区，填充为黄色，将其放到图层 1 的下方，并设置图层不透明度为 39%，如图 10-45 所示。

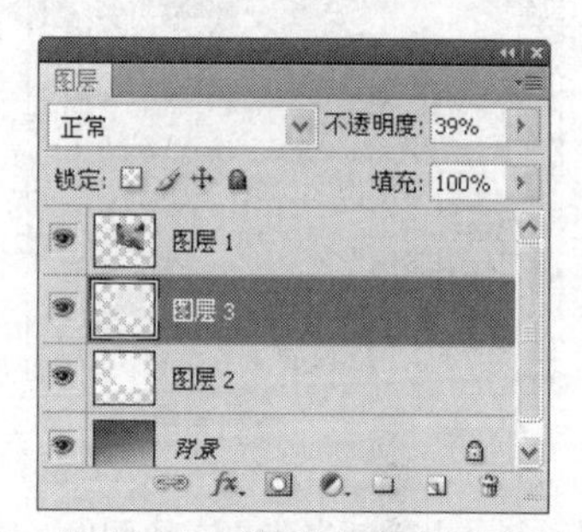

图 10-45　设置图层不透明度

❻ 同样调整黄色透明图像的大小，效果如图 10-46 所示。

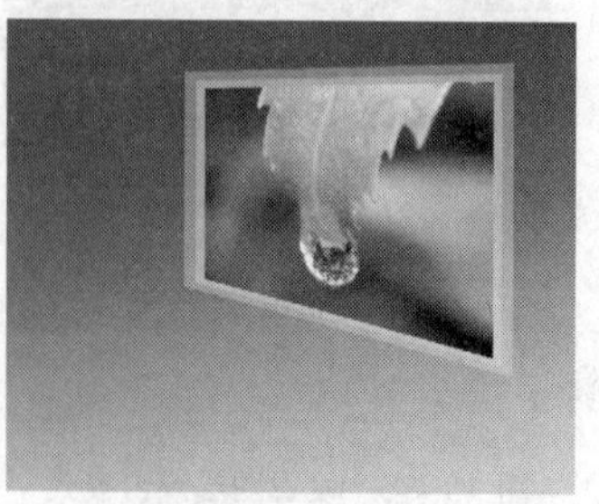

图 10-46　图像效果

❼ 选择矩形选框工具，在画框左右两侧分别绘制一个矩形选区，填充为白色，如图 10-47 所示。

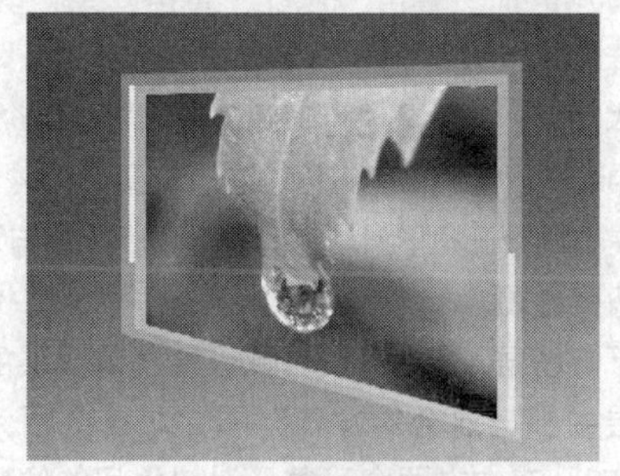

图 10-47　绘制白色矩形

❽ 再次载入图层 1 的选区，将鼠标放到选区中单击鼠标右键，在弹出的快捷菜单中选择“羽化”命令，设置羽化半径为 10，为选区填充白色，然后调整其图层不透明度和图层顺序，适当放大图像，效果如图 10-48 所示。

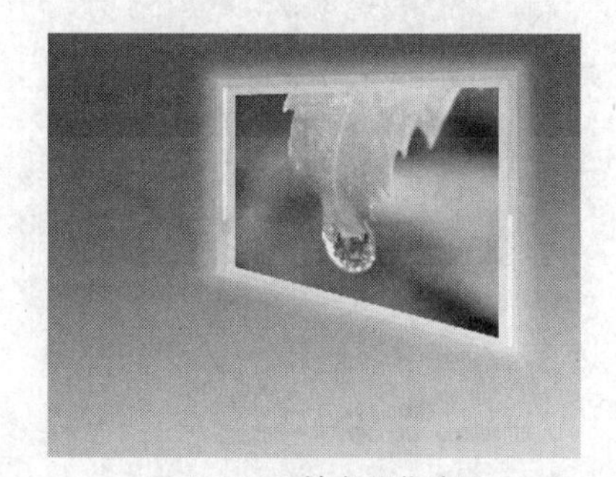

图 10-48　填充羽化选区

❾ 选择画笔工具，在画笔面板中选择星光样式，然后选中“散布”复选框，设置其参数，如图 10-49 所示。

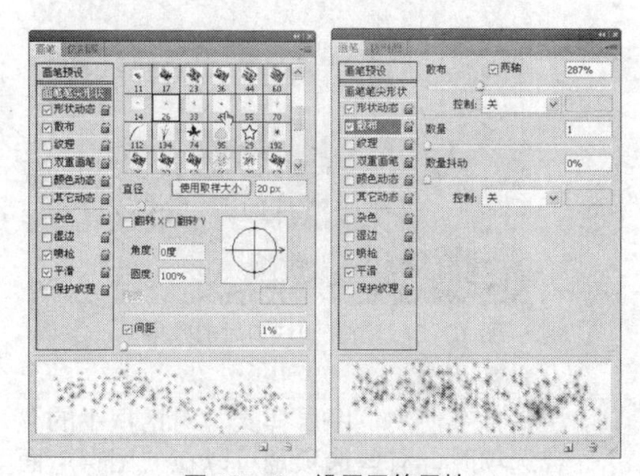

图 10-49　设置画笔属性

❿ 设置前景色为白色，在画面中拖动鼠标，绘制出星光图像，如图 10-50 所示。

图 10-50　绘制图像

⓫ 选择除了背景图层和星光图像以外的图层，按下【Ctrl+E】组合键将选择的图层合并，得到图层 1，然后按【Ctrl+J】组合键复制一次图层，得到图层 1 副本，如图 10-51 所示。

图 10-51　合并复制图层

⓬ 设置图层 1 副本的不透明度为 18%，然后按【Ctrl+T】组合键水平翻转对象，再调整其位置，得到投影效果，如图 10-52 所示。

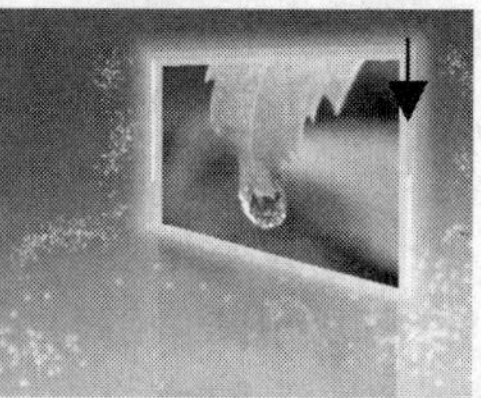

图 10-52　图像投影效果

想一想

除了改变图层透明度可以得到透明投影效果外，还可以使用什么方法得到透明投影？

10.1.2　图层样式的应用

在编辑图像的过程中，通过设置图层的样式可以创建出各种特殊的图像效果。下面分别进行介绍。

1. 混合选项

通过混合选项可以控制图层与其下面的图层像素混合的方式。选择【图层】→【图层样式】→【混合选项】命令，即可打开“图层样式”对话框。它是整个图层的透明度与混合模式的详细设置，其中有些设置可以直接在“图层”面板调整。

混合选项中相关设置项包括常规混合、高级混合和混合颜色带等，如图 10-53 所示。在常规混合设置范围中，可以设置图层的混合模式和不透明度两个基本特性，这与直接在“图层”面板设置的结果相同。

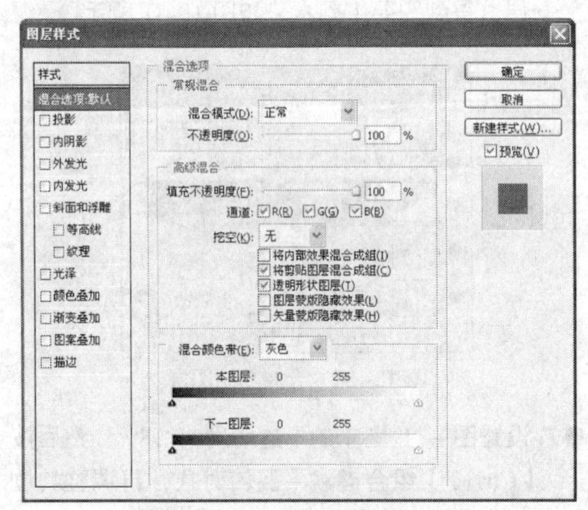

图 10-53　图层混合模式

◎ “常规混合”栏：其中“混合模式”用于设置图层之间的色彩混合模式，单击选择框右侧的三角形按钮，在打开的下拉列表中可以选择图层和下方图层之间的混合模式；“不透明度”用于设置当前图层的不透明度，这与在“图层”面板中操作相同。

◎ “高级混合”栏：其中“填充不透明度”数值框用于设置当前图层上应用填充操作的不透明度；“通道”用于控制单独通道的混合；“挖空”下拉列表框用于控制通过内部透明区域的视图，其下侧的“将内部效果混合成组”复选框用于将内部形式的图层效果与内部图层一起混合。

◎ “混合颜色带”栏：此栏用于设置进行混合的像素范围。单击右侧的三角形按钮，在打开的下拉列表中可以选择颜色通道，与当前的图像色彩模式相对应。例如，若是 RGB 模式的图像，则下拉菜单为灰色加上红、绿、蓝共 4 个选项。若是 CMYK 模式的图像，则下拉菜单为灰色加上青色、洋红、黄色、黑色共 5 个选项。

◎ **本图层**：拖动滑块可以设置当前图层所选通道中参与混合的像素范围，取值范围为 0～255。在左右两个三角形滑块之间的像素就是参与混合的像素范围。

◎ **下一图层**：拖动滑块可以设置当前图层的下一层中参与混合的像素范围，取值范围为 0～255。在左右两个三角形滑块之间的像素就是参与混合的像素范围。图 10-54 所示为调整滑块前后的效果。

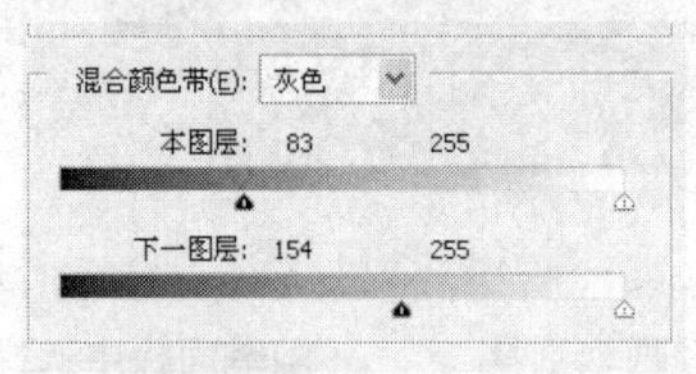

图 10-54　调整滑块前后的效果

> 注意：在使用“图层样式”对话框中的混合选项时，有些选项是可以在“图层”面板中设置的。如果在“图层样式”对话框中改变了设置，“图层”面板中的参数也将随之发生改变。

2. 图层样式

Photoshop CS4 提供了多种图层样式，用户应用其中一种或多种样式，可以制作出光照、阴影、斜面、浮雕等特殊效果。

投影

“投影”图层样式用于模拟物体受光后产生的投影效果，可以增加层次感，如图 10-55 所示。选择【图层】→【图层样式】→【投影】命令，在打开“图层样式”对话框中设置其参数，如图 10-56 所示。该对话框中各选项含义如下。

图 10-55　文字投影效果

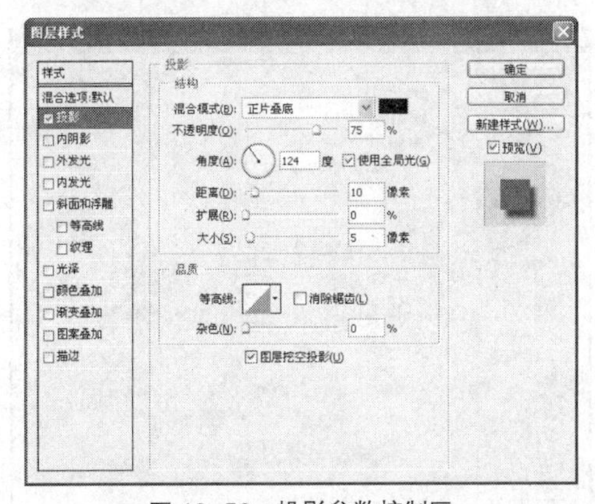

图 10-56　投影参数控制区

◎ “混合模式”下拉列表框：用于设置投影图像与原图像间的混合模式。其右侧的颜色块用来控制投影的颜色，单击它可在打开的“拾色器”对话框中设置另一种颜色（系统默认为黑色）。

◎ “不透明度”数值框：用于设置投影的不透明度。

◎ “角度”数值框：用于设置光照的方向，投影是在该方向的对面出现。

◎ ☑使用全局光(G)复选框：选中该复选框，图像中所有图层使用相同光线照入角度。

◎ “距离”数值框：用于设置投影与原图像之间的距离。数值越大，距离越远。

◎ “扩展”数值框：用于设置投影的扩散程度。数值越大，扩散越多。

◎ “大小”数值框：用于设置投影的模糊程度。数值越大，越模糊。

◎ “等高线”下拉列表框：用于设置投影的轮廓形状。

◎ ☑消除锯齿(L)复选框：用于消除投影边缘的锯齿。

◎ “杂色”数值框：用于设置是否使用噪声点来对投影进行填充。

在参数设置过程中可以在图像窗口中预览投影的效果，最后单击[确定]按钮。

内阴影

“内阴影”图层样式效果的参数对话框中各选项参数的设置与“投影”图层样式的参数设置基本相同。选择【图层】→【图层样式】→【内阴影】命令，为图像应用内阴影效果，如图 10-57 所示，其参数控制区对话框如图 10-58 所示。

图 10-57　文字内投影效果

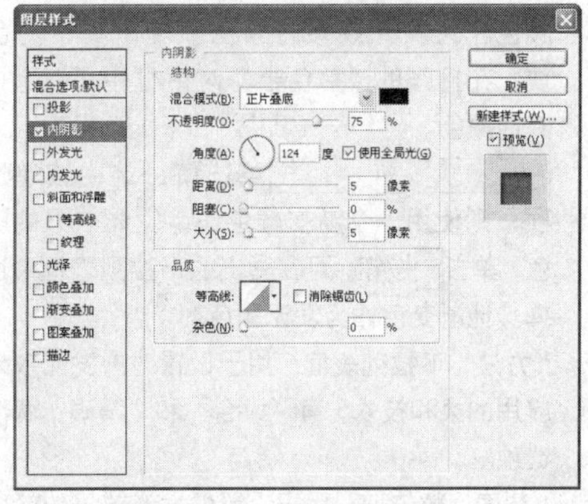

图 10-58　投影参数控制区

外发光

“外发光”图层样式就是沿图像边缘向外产生发光效果，如图 10-59 所示。选择【图层】→【图层样式】→【外发光】命令，打开对话框的参数控制区如图 10-60 所示。

图 10-59　外发光效果

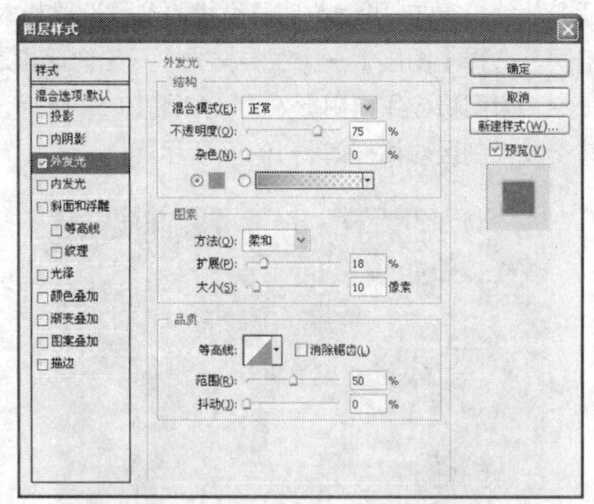

图 10-60　外发光参数控制区

各选项含义如下。

◎ ◉ ■ 单选项：选中该单选项，则使用单一的颜色作为发光效果的颜色。单击其中的色块，在打开的“拾色器”对话框中可以选择其他颜色。

◎ ◉ ▭▾ 单选项：选中该单选项，则使用一个渐变颜色作为发光效果的颜色，单击▾按钮，可在弹出的下拉列表框中选择其他渐变色作为发光颜色。

◎ “方法”下拉列表框：用于设置对外发光效果应用的柔和技术，有“柔合”和“精确”两个选项。

◎ “范围”数值框：用于设置外发光效果的轮廓范围。

◎ “抖动”数值框：用于改变渐变的颜色和不透明度。

内发光

“内发光”图层样式与“外发光”样式正好相反，它是沿图像边缘向内产生发光效果，如图 10-61 所示。选择【图层】→【图层样式】→【内发光】命令，打开对话框的参数控制区如图 10-62 所示。

图 10-61　内发光效果

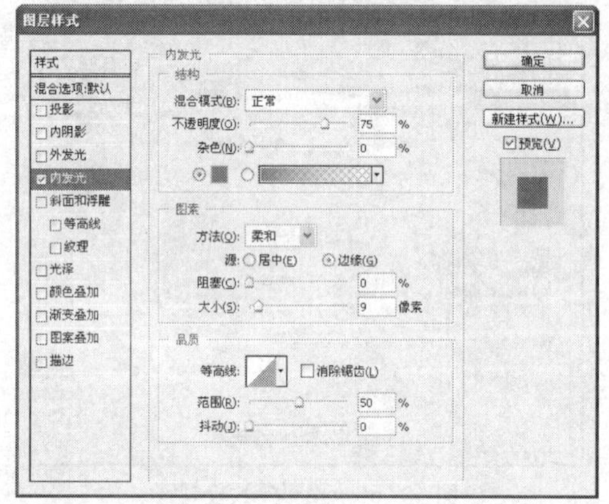

图 10-62　内发光参数控制区

斜面与浮雕

“斜面和浮雕”图层样式可以为图层中的图像产生凸出和凹陷的斜面和浮雕效果，还可以添加不同组合方式的高光和阴影，如图 10-63 所示。选择【图层】→【图层样式】→【斜面和浮雕】命令，打开对话框的参数控制区如图 10-64 所示。

图 10-63 内斜面效果

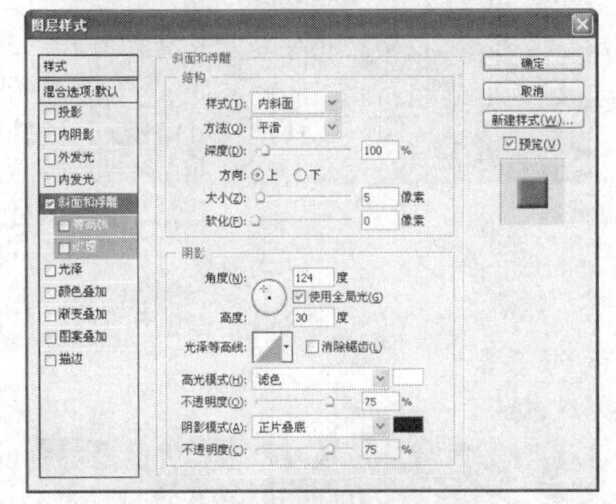

图 10-64 斜面和浮雕参数控制区

各选项含义如下。

◎ “样式”下拉列表框：用于设置斜面和浮雕的样式，包括“内斜面”、“外斜面”、“浮雕效果”、“枕状浮雕”和“描边浮雕”5 个选项。“内斜面”可在图层内容的内边缘创建斜面的效果；“外斜面”可在图层内容的外边缘创建斜面的效果；“浮雕效果”可使图层内容相对于下层图层呈现浮雕状的效果；“枕状浮雕”可产生将图层边缘压入下层图层中的效果；“描边浮雕”可将浮雕效果仅应用于图层的边界。

◎ “方法”下拉列表框：“平滑”表示将生成平滑的浮雕效果；“雕刻清晰”表示将生成一种线条较生硬的雕刻效果；“雕刻柔和”表示将生成一种线条柔和的雕刻效果。

◎ “深度”数值框：用于控制斜面和浮雕的效果深浅程度，取值范围为 1%～1000%。

◎ “方向”栏：选中⊙上单选按钮，表示高光区在上，阴影区在下；选中⊙下单选按钮，表示高光区在下，阴影区在上。

◎ “高度”数值框：用于设置光源的高度。

◎ “高光模式”下拉列表框：用于设置高光区域的混合模式。单击右侧的颜色块可设置高光区域的颜色，下侧的“不透明度”数值框用于设置高光区域的不透明度。

◎ “阴影模式”下拉列表框：用于设置阴影区域的混合模式。单击右侧的颜色块可设置阴影区域的颜色，下侧的“不透明度”数值框用于设置阴影区域的不透明度。

光泽

通过为图层添加“光泽”图层样式，可以在图像内部产生游离的发光效果，如图 10-65 所示。选择【图层】→【图层样式】→【光泽】命令，打开对话框的参数控制区如图 10-66 所示。

图 10-65 光泽效果

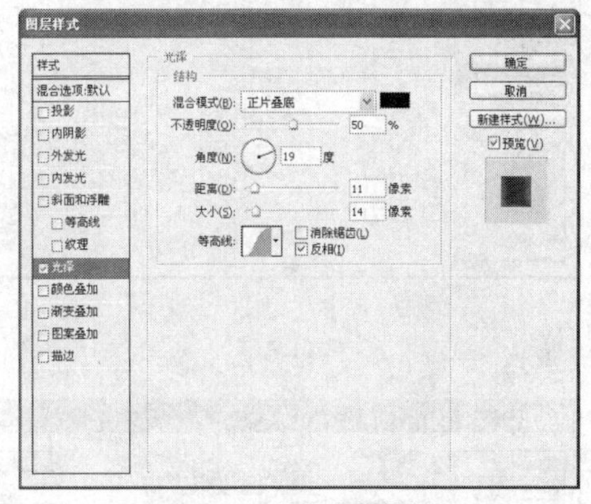

图 10-66 光泽参数控制区

叠加

“叠加”图层样式包括“颜色叠加”、“渐变叠加”和“图案叠加”3 种样式。选择【图层】→【图层样式】命令，在弹出的下拉菜单中选择相应的叠加样式，在弹出的相应对话框中设置各项参数后，即可应用“颜色叠加”、“渐变叠加”和“图案叠加”样式。设置颜色叠加的效果如图 10-67 所示；设置渐变叠加的效果如图 10-68 所示；设置图案叠加的效果如图 10-69 所示。

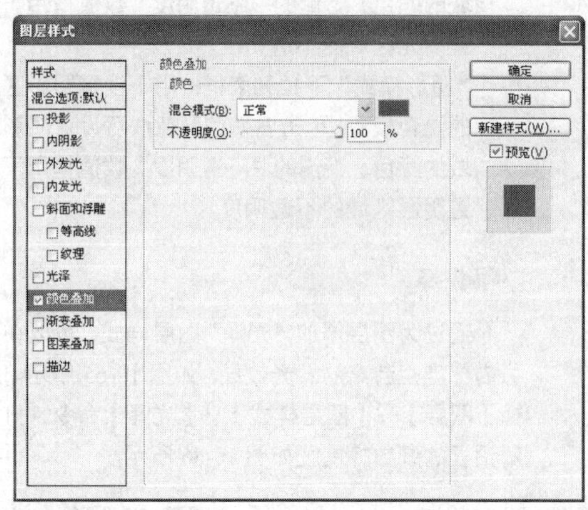

图 10-67　颜色叠加

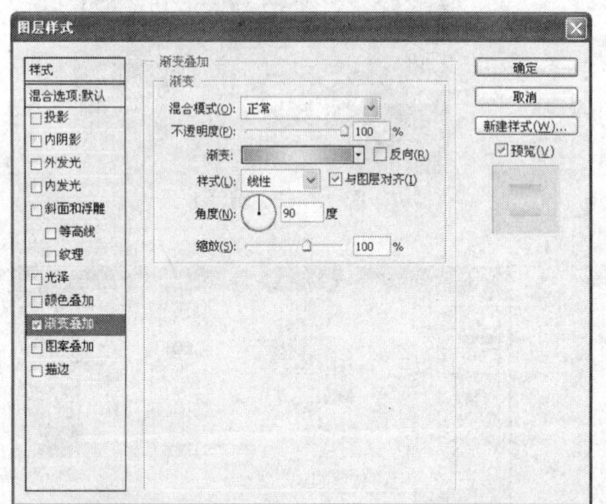

图 10-68　渐变叠加

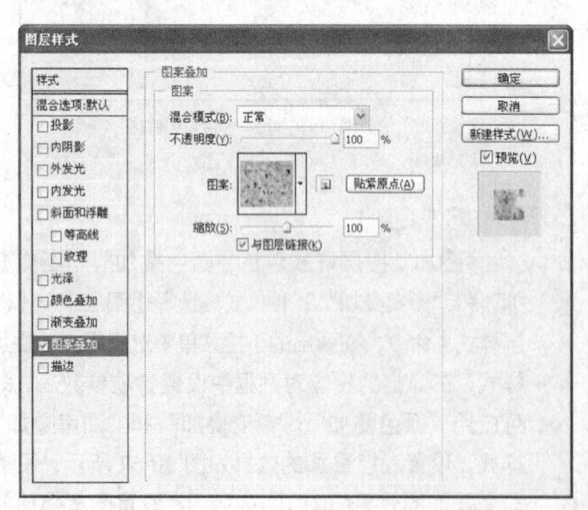

图 10-69　图案叠加

描边

使用“描边”图层样式可以沿图像边缘填充颜色，如图 10-70 所示。选择【图层】→【图层样式】→【描边】命令，打开对话框的参数控制区如图 10-71 所示。

图 10–70　描边效果

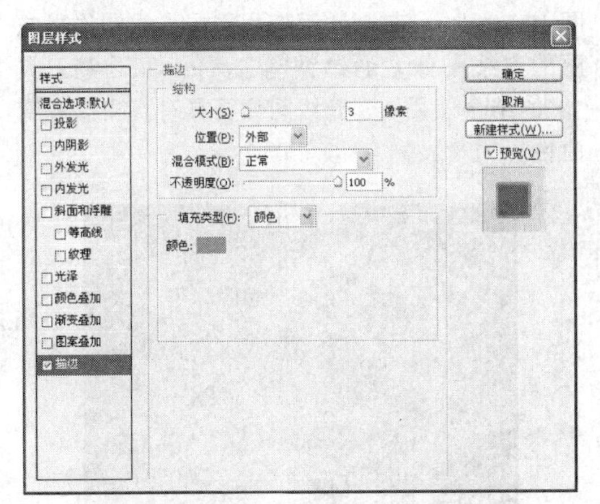

图 10–71　描边参数控制区

各选项含义如下。

◎ “位置”下拉列表框：用于设置描边的位置，有“外部”、“内部”或“居中”3 个选项。

◎ “填充类型”下拉列表框：用于设置描边填充的内容类型，包括“颜色”、“渐变”和“图案”3 种类型。

3. 案例——制作水珠效果

本案例将制作一个画面中滴满水珠的图像，效果如图 10-72 所示，该图像主要体现出画面水珠的灵动感。制作该图像首先要绘制出水珠的基本外形，然后对其应用图层样式，并调整图层的不透明度。

图 10–72　水珠图像效果

制作该图像的具体操作如下。

❶ 打开“枫叶.jpg”图像，新建“图层 1”，使用画笔工具，绘制黑色圆点，如图 10-73 所示。

图 10–73　绘制黑色圆点

❷ 双击“图层 1”，打开图层样式对话框，选择混合选项，调整填充不透明度为“10%”，如图 10-74 所示。

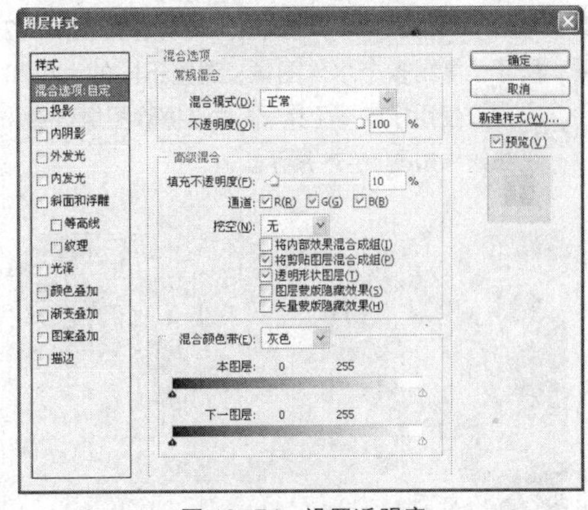

图 10–74　设置透明度

❸ 选中“投影”复选框，设置参数如图 10-75 所示，设置投影颜色为暗红色（R167，G51，B92）。

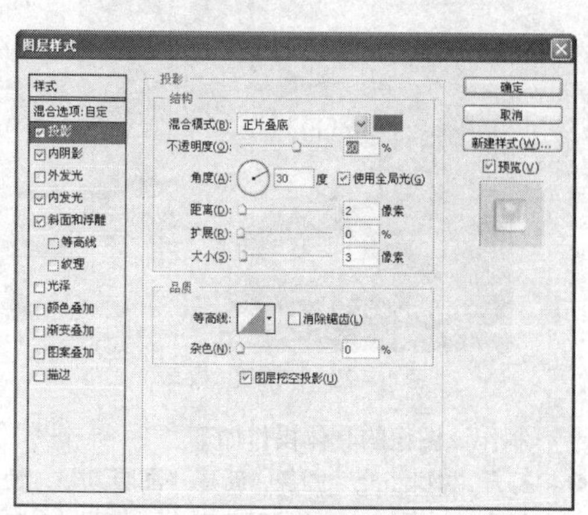

图 10-75　设置投影

❹ 选中“斜面和浮雕”复选框，设置其样式为“内斜面”，设置参数如图 10-76 所示。

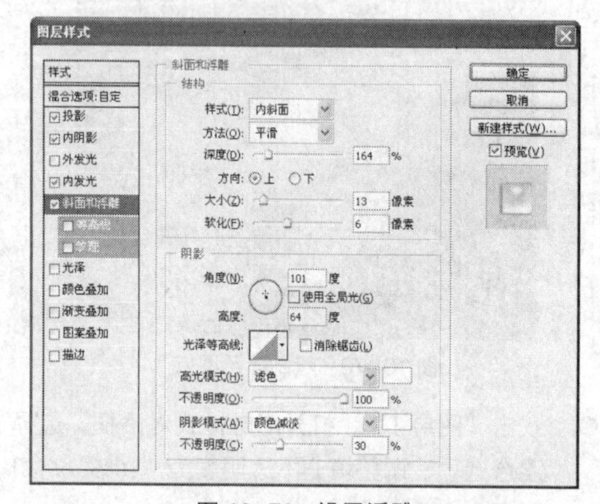

图 10-76　设置浮雕

❺ 单击 确定 按钮，水珠效果如图 10-77 所示。复制多个水珠图像，调整不同的大小和方向，使用橡皮擦工具 适当擦除图像边缘，最终效果如图 10-78 所示。

图 10-77　水珠效果

图 10-78　最终效果

想一想

在本实例绘制的过程中，如果设置其他浮雕样式，会得到怎样的水珠效果？

4. 案例——制作炫目线条

本案例将制作一个炫目线条图像，效果如图 10-79 所示。在制作时使用图层样式制作出炫丽的光线图像，通过钢笔工具 和画笔工具 的结合使用，让光线图像更具有真实感和弯曲性。

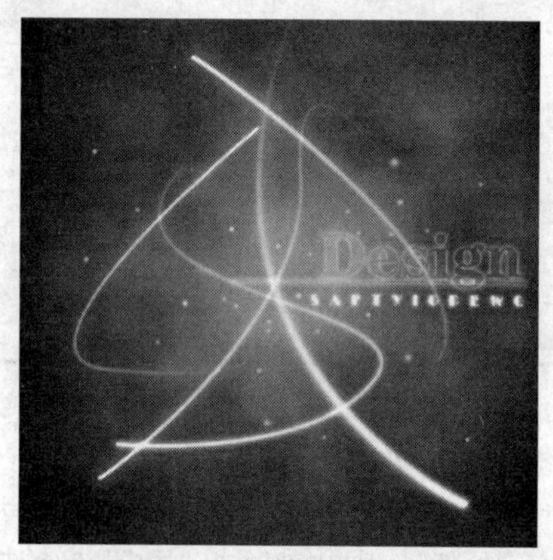

图 10-79　炫目线条图像效果

制作该图像的具体操作如下。

❶ 新建一个图像文件，选择渐变工具 ，单击属性栏中的“径向渐变”按钮 ，再按下编辑条 ，打开“渐变编辑器”对话框，设置渐变色从深红色（R146，G47，B0）到黑色，然后在画面中心向外拖动鼠标，得到渐变图像效果，如图 10-80 所示。

❷ 按【Ctrl + J】组合键复制一次背景图层，得到图层 1。接着将图层 1 的图层混合模式设置为“颜色叠加”，如图 10-81 所示，这时得到的图像

变得更加明亮，如图 10-82 所示。

图 10-80　填充渐变颜色

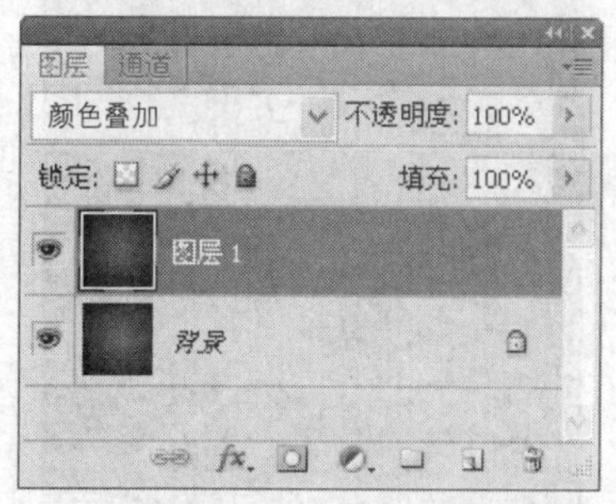

图 10-81　设置图层混合模式

图 10-82　图像效果

❸ 新建图层 2，按下【Delete】键复位背景色和前景色。选择【滤镜】→【渲染】→【云彩】命令，画面中得到云彩效果，如图 10-83 所示。

❹ 将图层 2 的图层混合模式设置为“颜色叠加”，这时图像效果有些变化，得到的图像效果如图 10-84 所示。

图 10-83　云彩效果

图 10-84　图像叠加效果

❺ 新建图层 3，选择钢笔工具 绘制一条曲线形的路径，如图 10-85 所示。选择画笔工具 ，设置画笔样式为柔角 10 像素。

❻ 设置前景色为白色，然后切换到“路径”面板中，单击面板下方的“用画笔描边路径”按钮 ，效果如图 10-86 所示。

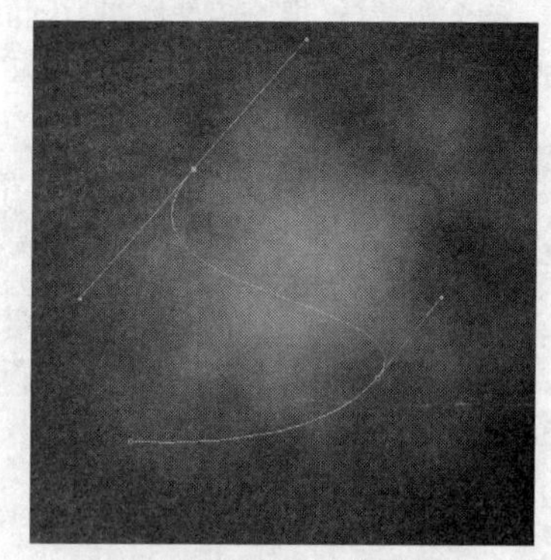

图 10-85　绘制曲线形路径

❼ 选择【图层】→【图层样式】→【投影】命令，打开“图层样式”对话框，设置投影混合模式为“颜色减淡”，颜色为橘黄色(R183，

G236，B0），然后单击下面的等高线旁边的三角形按钮，选择“半圆”样式，如图 10-87 所示。

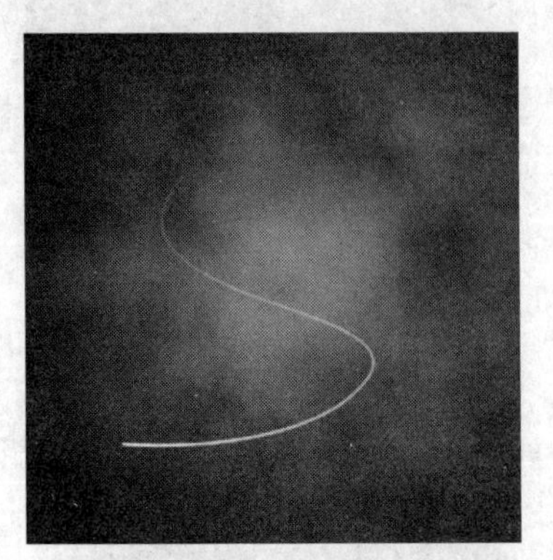

图 10-86 填充路径

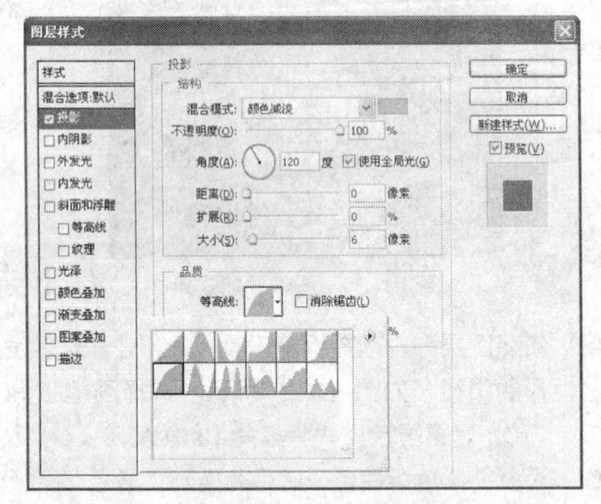

图 10-87 设置投影样式

❽ 选中“外发光”复选框，选择混合模式为“滤色”，颜色为黄色，其余设置如图 10-88 所示，完成后得到的图像效果如图 10-89 所示。

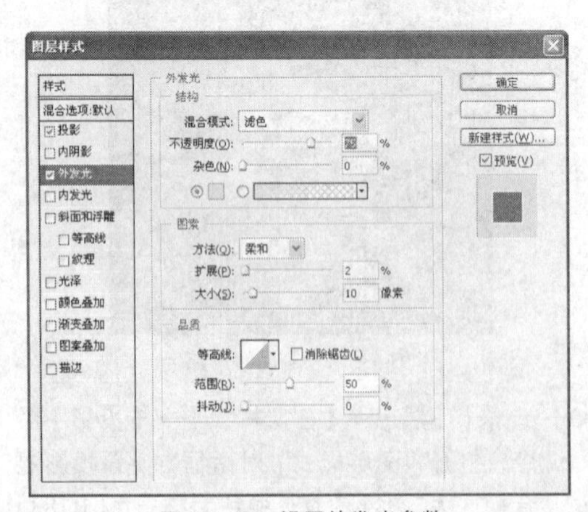

图 10-88 设置外发光参数

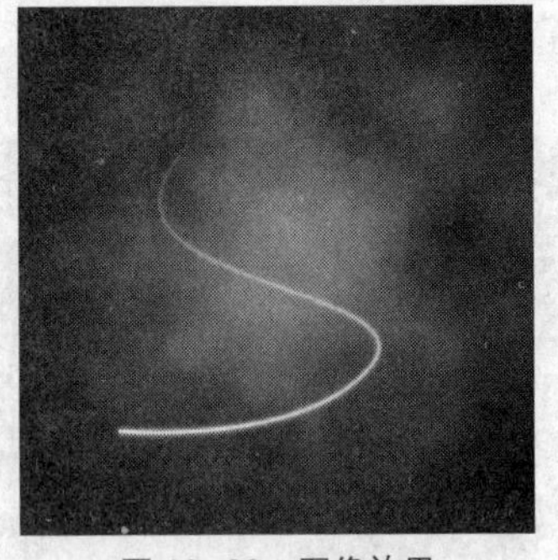

图 10-89 图像效果

❾ 使用相同的操作方法，绘制多条曲线形路径，用画笔工具填充路径，然后为其应用图层样式，得到图 10-90 所示的效果。

图 10-90 绘制其他曲线形路径

❿ 选择文字工具输入英文字母“Design”，填充为白色，并在属性栏中设置字体为“方正粗意活简体”，适当调整大小后放到图 10-91 所示的位置，并为其添加相同的图层样式。

图 10-91 输入文字

⓫ 在“图层”面板中设置图层混合模式为“颜色叠加”，“不透明度”为 60%，得到的文字效果如图 10-92 所示。使用相同的方法绘制其他图像和文字，如图 10-93 所示。

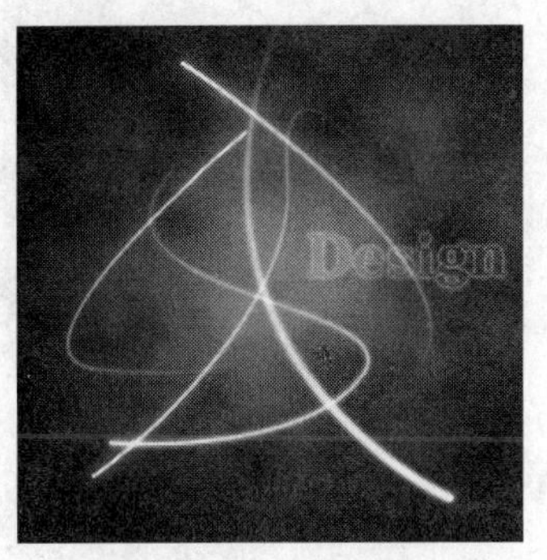

图 10-92　文字效果

图 10-93　最终效果

试一试

为本实例中的文字添加其他内发光、斜面和浮雕等图层样式，看看有什么变化。

10.2　上机实战

本章的上机实战将分别制作拼贴效果和汽车网页效果，综合练习本课学习的知识点，熟练掌握图层样式及图层混合模式的使用。

上机目标：

◎　熟练掌握 Photoshop 中各种工具的结合使用方法；

◎　熟练掌握“图层样式”对话框中各样式（主要包括“投影”、“外发光”、“描边”）的参数设置。

建议上机学时：3 学时。

10.2.1　制作拼贴效果

1. 实例目标

本例将制作一个拼贴图像效果，首先需要一张漂亮的素材图像，如图 10-94 所示，然后在其中进行操作。本例完成后的参考效果如图 10-95 所示。

图 10-94　素材图像

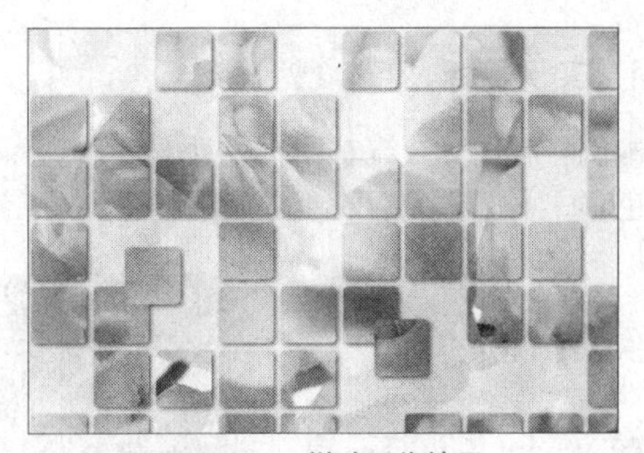
图 10-95　拼贴图像效果

2. 操作思路

制作本实例注意要使画面有层次感与立体感，主次分明。根据上面的实例目标，本例的操作思路如图 10-96 所示。

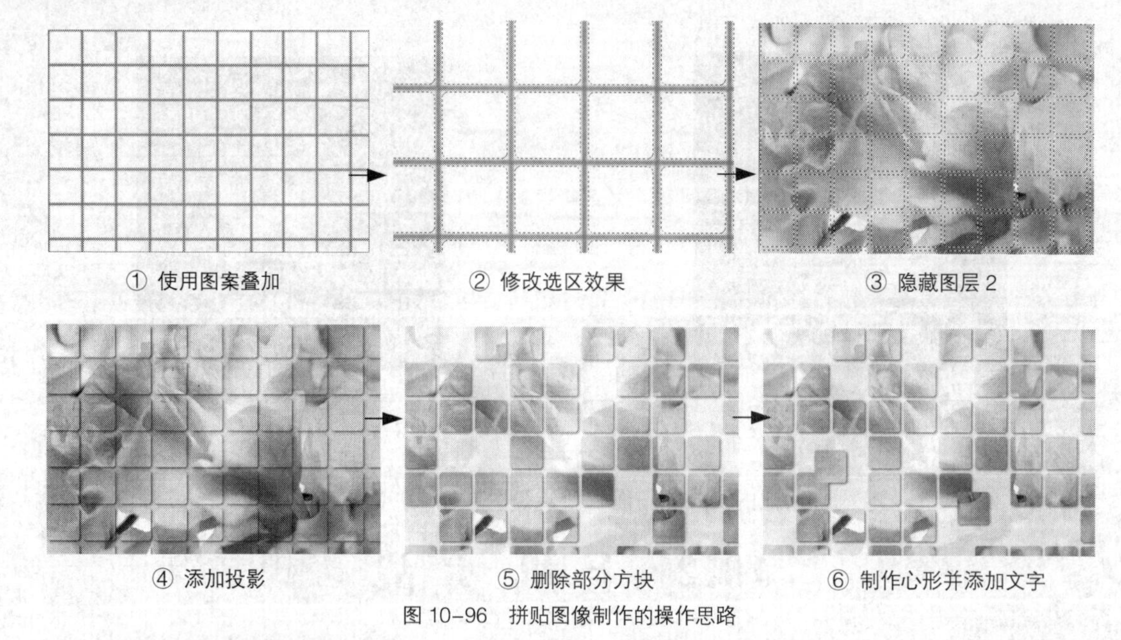

① 使用图案叠加　② 修改选区效果　③ 隐藏图层 2

④ 添加投影　⑤ 删除部分方块　⑥ 制作心形并添加文字

图 10-96　拼贴图像制作的操作思路

制作本例的具体操作如下。

❶ 打开素材图像“花.jpg”，按【Ctrl+J】组合键两次，复制出图层 1 和图层 1 副本，选择背景图层，填充为白色。

❷ 新建图层 2，打开“图层样式”对话框，为其添加图案叠加，选择网格图案。

❸ 使用魔棒工具获取深色对象选区，分别对选区应用【扩展】和【平滑】命令。

❹ 将图层 2 隐藏，选择图层 1 副本，按【Delete】键删除选区中的图像。

❺ 打开“图层样式”对话框，选中“投影”复选框，设置投影颜色为黑色，得到图像的投影效果。

❻ 选择图层 1，设置不透明度为 25%，然后选择图层 1 副本，使用魔棒工具随意地选择一些方块，然后按【Delete】键删除。

❼ 继续选择方块，然后选择工具箱中的移动工具移动方块，完成实例的制作。

10.2.2 网页设计

1. 实例目标

本例将制作一个汽车网页设计，要求画面体现出高端产品的视觉效果，并且让画面富有一定的神秘色彩。本例完成后的参考效果如图 10-97 所示。

图 10-97　汽车网页效果

2. 专业背景

网页技术更新很快，一个网站的界面设计寿命仅仅是2～3年。经典只存在于首次成功创新性的应用。网页设计不同于其他艺术，在模仿加创新的网页设计领域中，即便是完全自己设计的，也是沿用了人们已经认同的大部分用户习惯，而且这种沿袭的痕迹非常得明显。经典只是一个理念和象征。

在设计网页之前，要考虑怎样才能制作一个好的网站，以下一些原则我们需要遵守。

内容与功能决定表现形式和界面设计

进行网页设计，需要了解客户的东西很多，如建站目的、栏目规划及每个栏目的表现形式及功能要求、主色、客户性别喜好、联系方式、旧版网址、偏好网址、是否分期建设、后期的兼容性等。当把这些内容都了解清楚的时候，您就已经对这个网站有了全面而形象的定位，这时才是有的放矢去做界面设计的时候。

界面弱化

一个好的网页界面设计，它突出的是功能，着重体现网站业提供给使用者主要是内容。这就涉及浏览顺序、功能分区等。

模块化和可修改性强

模块化不仅可以提高重用性，还能统一网站风格，降低程序开发的强度。这里就涉及一些尺寸、模数、宽容度、命名规范等知识。无论是架构还是模块或图片，都要考虑可修改性强。

3. 操作思路

了解网页设计的相关知识后，即可开始设计制作网页画面。根据上面的实例目标，本例的操作思路如图10-98所示。

① 应用蒙版

② 绘制光芒图像

③ 输入文字

图10-98 制作汽车网页的操作思路

制作本例的具体操作如下。

❶ 新建文件，使用渐变工具为画面做渐变填充。然后打开“云彩.jpg”图像，放到画面中，设置其图层混合模式为“线性光”，然后添加蒙版，遮盖不需要的部分。

❷ 新建一个图层，选择多边形套索工具，在图像中绘制一个多边形选区，对选区应用从白色到透明的线性渐变填充。

❸ 在画面上下两端绘制选区，填充颜色，然后对下面的矩形应用“动感模糊”命令。

❹ 打开“汽车.psd”素材图像，放到画面中，并在“图层样式”对话框中对其应用“外发光”效果。

❺ 选择钢笔工具，绘制汽车外部的曲线，填充路径后对其应用“内发光”和“外发光”效果。

❻ 复制两次汽车图像，分别调整其大小和方向，放到画面中。然后通过钢笔工具绘制其他曲线图像。

❼ 使用横排文字工具 T 在画面中输入文字，完成实例的制作。

10.3 常见疑难解析

问：制作一幅暗调的图像，需要输入深色的文字，怎样才能使文字在画面中变得更加明显？

答：可以为文字添加各种图层样式来突出文字，如添加浅色的“投影”、“外发光”或“斜面和浮雕”图层样式等。另外，可以单击图层面板中的 填充: 100% 按钮，再拖动弹出的滑块，设置图像内部填充的不透明度。

问：在一幅图像中创建一个选区，然后使用“图层样式”对话框为其添加外发光效果，但是添加图层样式后却看不到效果，这是怎么回事呢？

答：这是因为“图层样式”对话框只对图层中的图像起作用，并不对图层中的图像选区起作用，可以将图像选区复制到新的图层中，再进行图层样式的添加。

问：给图像中的文字添加图层样式，需要先将文字进行栅格化处理吗？

答：不需要，图层样式可以直接对文字进行操作。只有在使用一些滤镜和色调调整时才需要将文字做栅格化处理。

10.4 课后练习

（1）制作一个商场情人节促销宣传广告，如图 10-99 所示。做渐变填充后，使用钢笔工具在画面中绘制主要图像，然后填充颜色，对其应用“斜面和浮雕”、“描边”等图层样式，然后输入文字，对文字应用“渐变叠加”、“描边”、“内投影”等图层样式，最后使用画笔工具添加一些星光效果。

图 10-99　商场情人节促销广告

（2）制作一个特效文字图像。在画面中输入文字，进行栅格化处理，对文字应用“外发光”图层样式，然后绘制圆环图像，同样应用“外发光”图层样式，效果如图 10-100 所示。

图 10-100　特效文字

（3）制作图 10-101 所示的多色金属按钮。制作按钮时，首先通过椭圆选框工具 绘制按钮的基本外形，然后进行颜色填充，再打开“图层样式”对话框，对其应用“斜面和浮雕”、“渐变叠加”、“投影”等样式，最后使用钢笔工具 绘制按钮中的反光图像，转换为选区后填充对象。

图 10-101　多色金属按钮

第 11 课
通道和蒙版的使用

学生：老师，我已经掌握了 Photoshop CS4 中的许多功能，例如选区的使用、文字的编辑、图层的操作等，这些已经足够让我制作出一幅完整的广告画面了。那么，通道和蒙版有什么特殊的作用呢？

老师：通道和蒙版是 Photoshop 中非常重要的功能。在通道中，我们可以对图像进行各种操作，得到很多特殊效果，甚至抠取出一些复杂图像。而使用蒙版则可以隐藏部分图像，这部分图像并不会消失，今后同样能重新使用。

学生：真的吗？那通道和蒙版功能很强大呢！

老师：在 Photoshop 中，任何一种功能都是重要的，熟练掌握了通道和蒙版的操作，就能为今后的工作带来极大的帮助。

学生：看来通道和蒙版真的非常重要。老师，那我们就赶快学习吧！

学习目标

- 了解通道的性质和功能
- 熟悉“通道”面板的组成
- 掌握通道的创建方法
- 掌握通道的复制与删除方法
- 熟悉通道的分离和合并操作
- 掌握快速蒙版的编辑方法
- 掌握图层蒙版的创建与编辑方法

11.1 课堂讲解

在 Photoshop 中通道主要用于保存图像的颜色和选区信息，而蒙版最大的作用是可以完美地合成图像。本课将主要讲述通道和蒙版的操作方法。通过相关知识点的学习和案例的制作，可以初步掌握通道面板中的几种基本操作方法，以及快速蒙版和图层蒙版的操作。

11.1.1 通道概述

通道是用于存储不同类型信息的灰度图像，这些信息通常都是与选区有着直接的关系，所以说对通道的应用实质就是对选区的应用。通道可以分为颜色通道、Alpha 通道和专色通道 3 种。下面进行具体讲解。

1. 通道的性质和功能

通道主要有两种作用：一是保存和调整图像的颜色信息，二是保存选定的范围。

在 Photoshop CS4 中打开或创建一个新的图层文件，“通道”面板将自动创建颜色信息通道。通道的功能根据其所属类型的不同而不同。在“通道”面板中列出了图像的所有通道。一幅 RGB 图像有 4 个默认的颜色通道：红色通道用于存储红色信息，绿色通道用于存储绿色信息，蓝色通道用于存储蓝色信息，而 RGB 通道是一个复合通道，用于显示所有的颜色信息，如图 11-1 所示。CMYK 模式的图像包含 4 个通道，分别是青色（C）、洋红（M）、黄色（Y）、黑色（K），如图 11-2 所示。

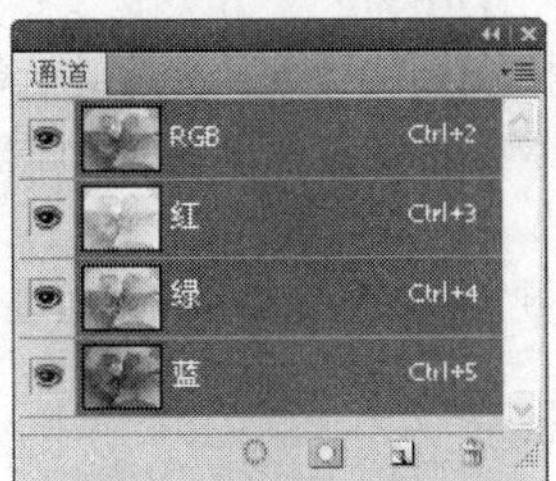

图 11-1 RGB 图像通道

图 11-2 CMYK 图像通道

2. “通道”面板

在默认状态下，“通道”面板、“图层”面板和“路径”面板是在同一组面板中，可以直接选择“通道”标签，打开“通道”面板，如图 11-3 所示。其中各选项的含义如下。

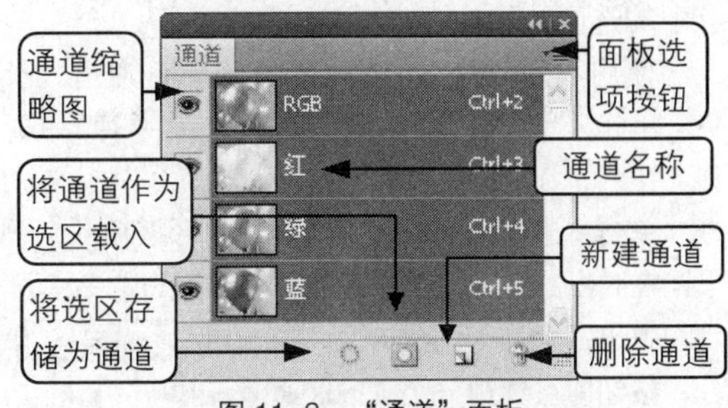

图 11-3 “通道”面板

◎ **将通道作为选区载入**：单击该按钮，可以将当前通道中的图像内容转换为选区。选择【选择】→【载入选区】命令的效果和该按钮一样。

◎ **将选区存储为通道**：单击该按钮，可以自动创建 Alpha 通道，并将图像中的选区保存。选择【选择】→【存储选区】命令的效果和该按钮一样。

◎ **创建新通道**：单击该按钮，可以创建新的 Alpha 通道。

◎ **删除通道**：单击该按钮，可以删除选择的通道。

◎ **面板选项**：单击该按钮，可以弹出通道的部分菜单命令，如图 11-4 所示。

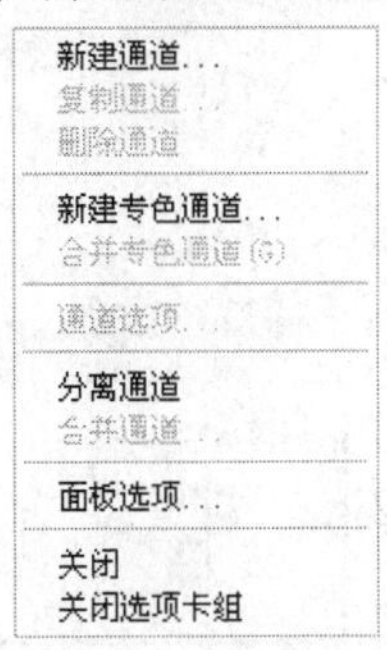

图 11-4 菜单命令

11.1.2 通道的基本操作

本节将主要讲述通道的基本操作方法。通道的操作方法与图层类似，可以进行新建、复制和删除等操作。下面分别进行介绍。

1. 创建 Alpha 通道

在“通道”面板中创建一个新的通道，称为“Alpha”通道。用户可以通过创建 Alpha 通道来保存和编辑图像选区，还可根据需要使用工具或命令对创建的 Alpha 通道进行编辑，然后载入通道中的选区。

使用下列任一方法均可创建 Alpha 通道。

◎ 单击“通道”面板中的“创建新通道”按钮。

◎ 单击“通道”面板右上角的三角形按钮，在弹出的快捷菜单中选择“新建通道”命令，弹出图 11-5 所示的对话框，单击 确定 按钮即可创建一个 Alpha 通道。

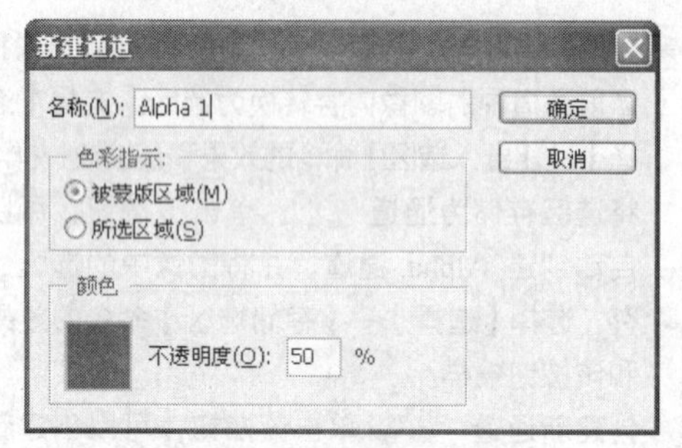

图 11-5 “新建通道”对话框

◎ 创建一个选区，选择【选择】→【存储选区】命令，打开“存储选区”对话框，如图 11-6 所示，若输入名称，则会创建以该名称命名的 Alpha 1 通道。

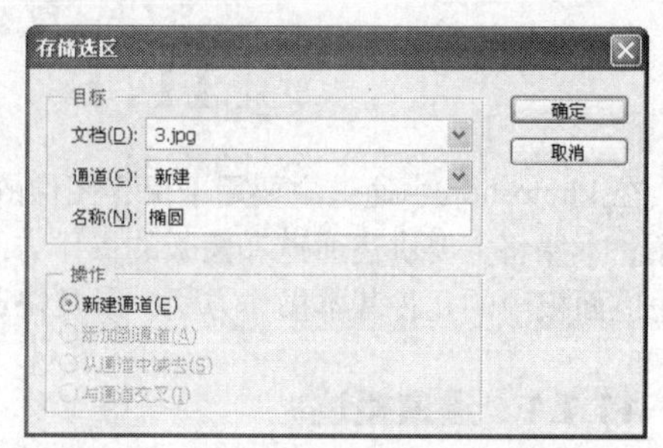

图 11-6 “存储选区”对话框

2. 创建专色通道

专色，就是除了 CMYK 以外的颜色。如果要印刷带有专色的图像，就需要在图像中创建一个存储这种颜色的专色通道。

单击“通道”面板右上角的按钮，在弹出的快捷菜单中选择“新建专色通道”命令。在打开的对话框中输入新通道名称，单击 确定 按钮，得到新建的专色通道，如图 11-7 所示。

> 技巧：按住【Ctrl】键单击“通道”面板底部的“创建新通道”按钮，也可以打开“新建专色通道”对话框。

3. 复制通道

在 Photoshop 中可以在同一文件中复制通道，也可以将通道复制到另一个新文件或打开的文件中，而原通道中的图像保持不变。复制通道有以下 3 种方法。

◎ 选择需要复制的通道，在通道上单击鼠标右键，在弹出的快捷菜单中选择“复制通道”命令。

◎ 选择需要复制的通道，单击“通道”面板右上角的按钮，在弹出的菜单中选择“复制通道”命令。

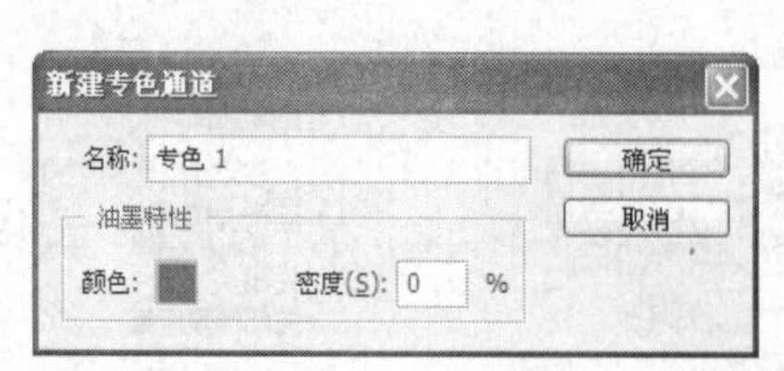

图 11-7 新建专色通道

◎ 选择需要复制的通道，按住鼠标左键将其拖到面板底部的“创建新通道”按钮 上，当光标变成 形状时释放鼠标即可。

4. 删除通道

将多余的通道删除，可以减少系统资源的使用，提高计算机运行速度。删除通道有以下 3 种方法。

◎ 选择需要删除的通道，在通道上单击鼠标右键，在弹出的快捷菜单中选择“删除通道”命令。

◎ 选择需要删除的通道，单击“通道”面板右上角的 按钮，在弹出的菜单中选择“删除通道”命令。

◎ 选择需要删除的通道，按住鼠标左键将其拖到面板底部的“删除通道”按钮 上即可。

5. 分离通道

分离通道是指将图像的每个通道分离为一个单独的图像，这样可以将分解出来的灰度图像独立地编辑、处理和保存。分离通道只是针对已拼合的图像。

单击“通道”面板右上方的三角形按钮 ，在弹出的快捷菜单中选择“分离通道”命令，图像中的每一个通道即以单独的文件存在，如图 11-8 所示。

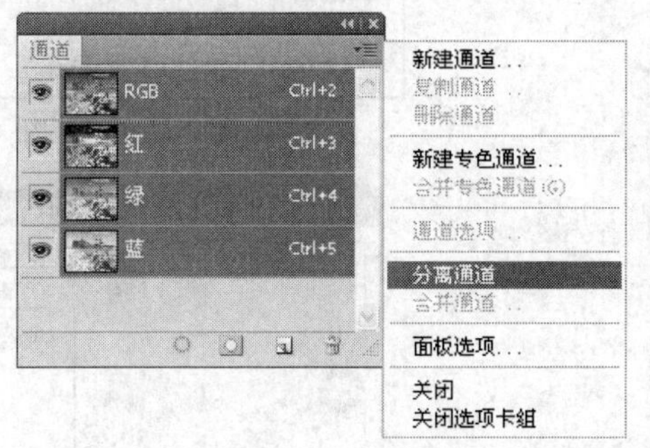

通道 灰色 Ctrl+3

图 11-8 分离通道

6. 合并通道

合并通道是分离通道的逆操作，该操作可以把多个灰度模式的图像作为不同的通道合并到一个新图像中。

用鼠标单击“通道”面板右上方的三角形按钮 ，在弹出的菜单中选择【合并通道】命令，此时打开图 11-9 所示的“合并通道”对话框，单击 确定 按钮，打开图 11-10 所示的“合并多通道”对话框，单击 下一步(N) 按钮，再次单击 确定 按钮即可合并通道。

图 11-9 “合并通道”对话框

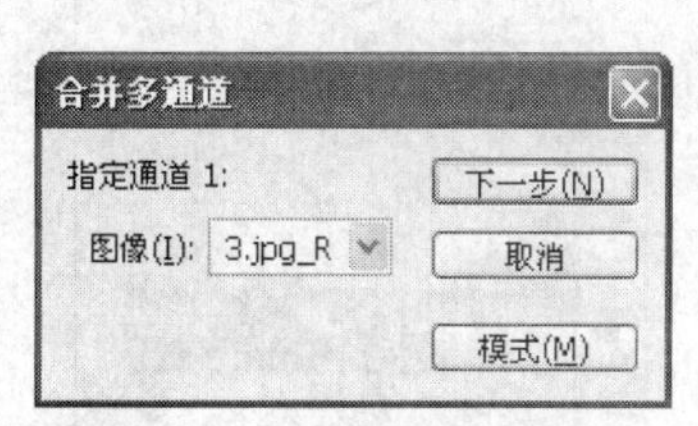

图 11-10 “合并多通道”对话框

7. 案例——制作锐化图像

本例通过通道对图 11-11 所示的“小狗.jpg”图像进行锐化，锐化后的图像效果如图 11-12 所示。通过通道来锐化图像，可以随意增强或减小需要锐化的图像区域，用特别的方法寻找到画面中的边缘锐化。

制作该图像的具体操作如下。

❶ 打开“小狗.jpg”素材图像，按下【Ctrl＋A】键全选图像，再按下【Ctrl+C】组合键复制图像，

然后切换到“通道”面板中，单击“创建新通道”按钮 新建 Alpha 1 通道，按下【Ctrl + V】组合键粘贴图像，如图 11-13 所示。接下来的操作都会在这个新建通道中进行。

图 11–11　小狗图像

图 11–12　锐化后的图像效果

图 11–13　新建 Alpha 1 通道

❷ 选择【滤镜】→【风格化】→【查找边缘】命令，使图像的边缘显示出来，如图 11-14 所示。

❸ 按【Ctrl + L】组合键打开“色阶”对话框，拖动色阶的 3 个滑块，使它们之间的距离更靠近，并且接近于左边区域，增大了黑白色之间的对比度，如图 11-15 所示。

❹ 选择【滤镜】→【模糊】→【高斯模糊】命令，设置半径为 1，对图像做进一步处理，如图 11-16 所示。

图 11–14　查找边缘效果

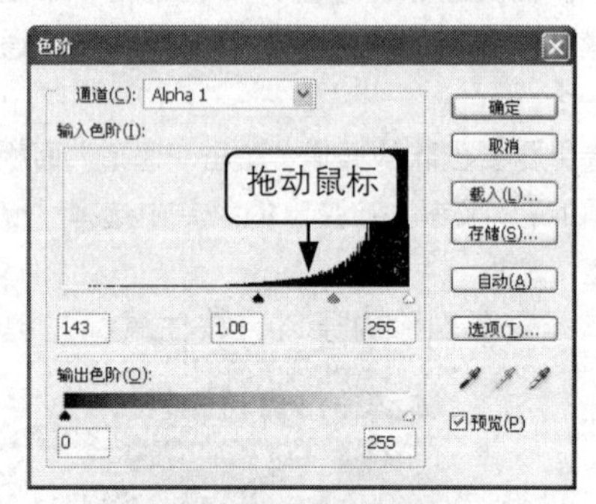

图 11–15　调整色阶

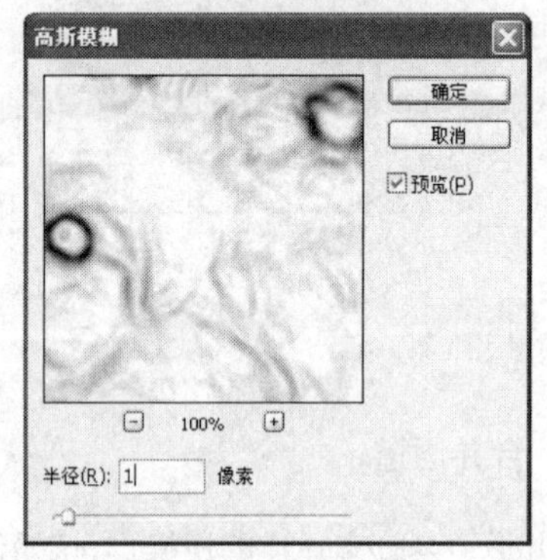

图 11–16　模糊效果

❺ 再次按【Ctrl + L】组合键打开“色阶”对话框，调整图像色阶，拖动色阶的 3 个滑块至比较靠近的位置，以最大限度取出小狗图像内部的细节，如图 11-17 所示。

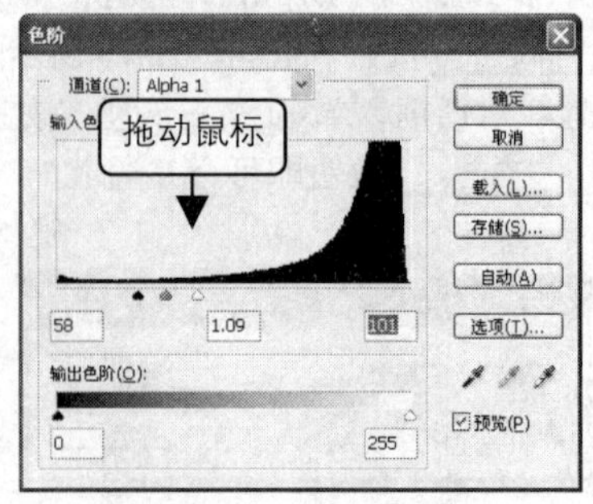

图 11–17　再次调整色阶

❻ 按住【Ctrl】键单击 Alpha 1 通道，选择【选择】→【反选】命令，得到图像选区，在“通道”面板中单击 RGB 通道，显示所有通道颜色，获取选区，如图 11-18 所示。

图 11-18　获取选区

❼ 按下【Ctrl+J】组合键复制选区图像，得到图层 1，选择【滤镜】→【锐化】→【USM 锐化】命令，在“USM 锐化”对话框中设置各项参数，如图 11-19 所示，单击 确定 按钮回到画面中，得到锐化后的图像效果如图 11-20 所示。

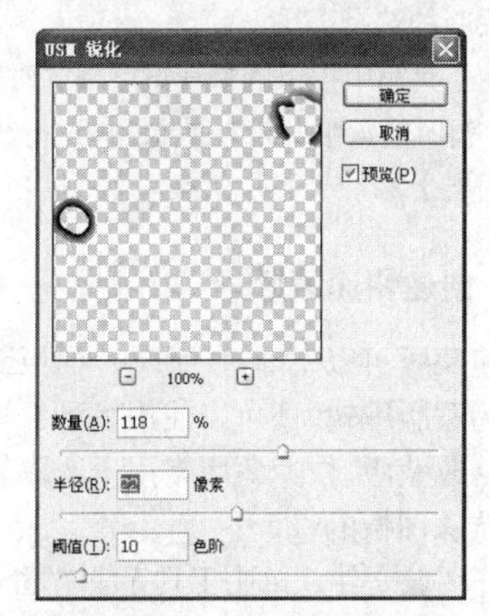

图 11-19　设置锐化参数

图 11-20　最终效果

试一试

直接选择工具箱中的锐化工具，在画面中拖动鼠标涂抹图像，对其进行锐化处理。

8. 案例——在通道中抠取图像

本实例将在通道中抠取图像，制作时使用了图 11-21 所示的“大树.jpg”图像，抠取后的效果如图 11-22 所示。该图像通过选择一个颜色通道，在其中进行曲线调整，得到图像效果。通过本案例的学习，可以掌握在通道中进行其他命令操作的方法。

图 11-21　大树图像

图 11-22　抠图效果

制作该图像的具体操作如下。

❶ 打开“大树.jpg”图像，在“通道”面板中选择蓝色通道进行复制，如图 11-23 所示。

图 11-23　复制蓝色通道

❷ 选择【图像】→【调整】→【曲线】命令，在打开的“曲线”对话框中调整曲线，将树

木与天空的颜色区分开来，如图 11-24 所示。

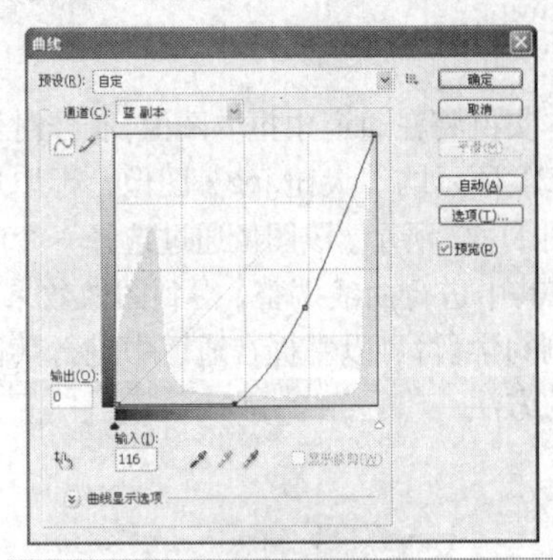

图 11-24　调整曲线

❸ 单击面板底部的“将通道作为选区载入”按钮，得到通道选区。对于一些细微的部分没有被选择，可以使用矩形选框工具通过加选的方式获得这些选区，如图 11-25 所示。

图 11-25　获取选区

❹ 单击 RGB 颜色，回到“图层”面板，双击背景图层，打开“新建图层”对话框，默认设置后将其转换为普通图层。然后按下【Delete】键删除图像背景，得到抠取的树木图像，如图 11-26 所示。

想一想

为什么要在“通道”面板中选择蓝色通道呢？

图 11-26　删除背景图像

11.1.3　蒙版的应用

蒙版是 Photoshop 中用于制作图像特效的处理手段，在图像合成中应用最为广泛。它可以保护图像的选择区域，并将部分图像处理成透明或半透明效果。下面进行具体讲解。

Photoshop CS4 提供了 3 种建立蒙版的方法。

◎ 使用 Alpha 通道来存储选区和载入选区，以作为蒙版的选择范围。

◎ 使用工具箱中提供的快速蒙版模式对图像建立一个暂时的蒙版，以方便对图像进行快速修饰。

◎ 在图层上添加某图层蒙版。

1. 创建快速蒙版

快速蒙版可以不通过“通道”面板而将任何选区作为蒙版编辑，还可以使用多种工具和滤镜命令来修改蒙版。快速蒙版常用于选取复杂图像或创建特殊图像的选区。

打开图像文件，单击工具箱下方的“以快速蒙版模式编辑”按钮，即可进入快速蒙版编辑状态，此时图像窗口并未发生任何变化，但所进行的操作都不再是针对图像，而是针对快速蒙版。这时使用画笔工具在蒙版区域进行绘制，绘制的区域将呈半透明的红色显示，如图 11-27 所示，该区域就是设置的保护区域，单击工具箱底部的“以标准模式编辑”按钮，退出快速蒙版模式，此时在蒙版区域呈红色显示的图像将在生成的选区之外，如图 11-28 所示。

注意：创建快速蒙版后将在“通道”面板中生成一个快速蒙版通道，编辑并退出快速蒙版后将自动删除该快速蒙版通道，直接生成图像选区。

图 11-27 绘制蒙版区域

图 11-28 生成选区

2. 快速蒙版的编辑

进入快速蒙版后，可通过工具箱中的工具或菜单命令进行编辑，即改变被屏蔽和非屏蔽区域的大小。对快速蒙版时编辑，系统会根据编辑时使用的绘图颜色来决定是改变被屏蔽的区域还是改变非屏蔽的区域。具体规则如下。

◎ 使用白色进行编辑时，可以减小被屏蔽区域而增大非屏蔽区域，增大选区范围。

◎ 使用黑色进行编辑时，可以减小非屏蔽区域而增大屏蔽区域，减小选区范围。

◎ 使用灰色或其他颜色进行编辑时，会创建半透明区域，对羽化或消除锯齿效果很好，创建部分半透明选区。

如果图像中存在选区，使用快速蒙版修改和编辑选区的具体操作如下。

❶ 打开“老鹰.jpg”素材图像，如图 11-29 所示，使用选框工具在图像中需要的部分创建选区，如图 11-30 所示。

❷ 单击工具箱下方的“以快速蒙版模式编辑”按钮，图像将应用快速蒙版，选区以外的被保护的图像以红色覆盖，效果如图 11-31 所示。

图 11-29 素材图像

图 11-30 创建选区

图 11-31 创建快速蒙版

❸ 使用绘图工具修改蒙版，效果如图 11-32 所示。然后单击工具箱下方的“以标准模式编辑”按钮，不被保护的区域变为选区，效果如图 11-33 所示。

图 11-32 修改蒙版

图 11-33 选区效果

3. 快速蒙版选项的设置

进入快速蒙版后，如果原图像颜色与红色屏蔽颜色较为相近，便不利于编辑，用户可以通过设置快速蒙版的选项参数来改变屏蔽颜色等选项。

双击工具箱中的“以快速蒙版模式编辑”按钮，打开图 11-34 所示的“快速蒙版选项”对话框。

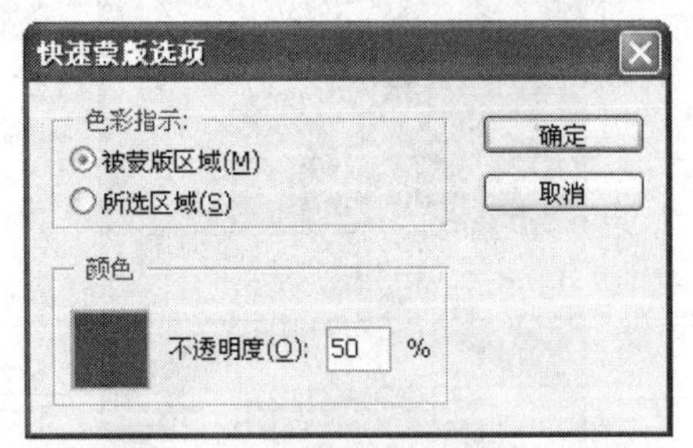

图 11–34 “快速蒙版选项”对话框

其中各选项含义如下。

◎ **“被蒙版区域”单选项**：选中该单选项，表示将作用于蒙版，被蒙住区域为原图像色彩，并作为最终选择区域。

◎ **“所选区域”单选项**：选中该单选项，表示将作用于选区，即红色屏蔽将蒙在所选区域上而不是非所选区域上，显示有屏蔽颜色的部分将作为最终选择区域。

◎ **“颜色”色块**：单击该色块，可以打开“拾色器”对话框选择屏蔽的颜色。

◎ **“不透明度”数值框**：在其数值框中可以输入屏蔽颜色的最大的不透明度值。

4. 创建图层蒙版

使用图层蒙版可以为特定的图层创建蒙版，常常用于制作图层与图层之间的特殊混合效果。图层蒙版的创建分为以下两种情况。

◎ 利用工具箱中的任意一种选择区域工具在打开的图像中绘制选择区域，然后选择【图层】→【图层蒙版】→【显示全部】命令，即可得到一个图层蒙版。

◎ 在图像中具有选择区域的状态下，在“图层”面板中单击“添加图层蒙版”按钮，可以为选择区域以外的图像部分添加蒙版。如果图像中没有选择区域，单击按钮可为整个画面添加蒙版。给图层添加蒙版后的“图层”面板如图 11-35 所示。

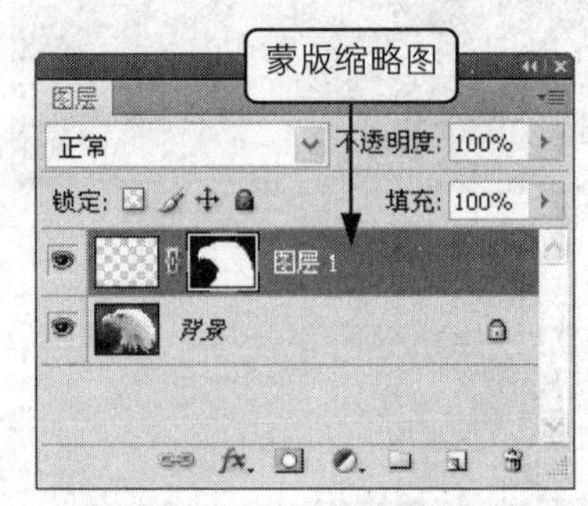

图 11–35 添加图层蒙版

5. 编辑图层蒙版

图层蒙版的编辑主要包括蒙版的填充、通过蒙版创建选区、停用并删除蒙版等。

填充蒙版

蒙版的填充实质就是增加或减少图像的显示区域，可通过画笔等图像绘制工具来完成。当填充色为黑色时，表示增加图像的显示区域，此时填充的区域完全显示图像；当填充色为白色时，表示减少图像的显示区域，此时填充区域完全不显示图像；当填充色为灰色时，表示减少图像的显示区域，填充区域呈半透明显示。

单击工具箱中的画笔工具，将前景色设置为黑色、白色和灰色，然后在蒙版区域单击并拖动鼠标，得到的效果分别如图 11-36、图 11-37 和图 11-38 所示。

图 11–36 使用黑色填充

图 11-37　使用白色填充

图 11-38　使用灰色填充

停用图层蒙版

在图层面板中蒙版的缩略图上单击鼠标右键，在弹出的快捷菜单中选择“停用图层蒙版”命令，可以将图像恢复为原始状态，但蒙版仍被保留在图层面板中，蒙版缩略图上将出现一个红色的“×”标记，如图 11-39 所示。

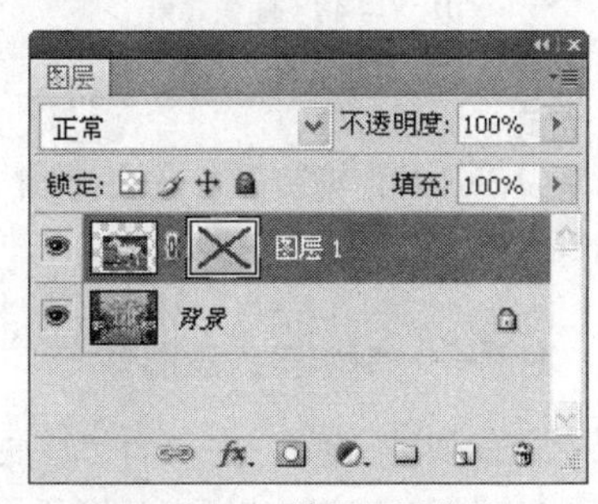

图 11-39　停用图层蒙版

应用图层蒙版

用鼠标右键单击蒙版缩略图，在弹出的快捷菜单中选择“应用图层蒙版”命令，可以应用添加的图层蒙版，而删除隐藏的图像部分。

删除图层蒙版

如果要删除图层蒙版，用鼠标右键单击蒙版缩略图，在弹出的快捷菜单中选择“删除图层蒙版”命令即可。

> 注意：当需要再次应用某个已停用的蒙版效果时，在其蒙版缩略图上单击鼠标右键，在弹出的快捷菜单中选择“启用图层蒙版”命令即可。

6. 案例——为头发染色

本案例为图 11-40 所示人物的头发染色，染色后的图像效果如图 11-41 所示，颜色自然地与发质融合。通过该案例的学习，可以掌握快速蒙版和填充图层的操作。

图 11-40　素材图像

图 11-41　头发染色效果

制作该图像的具体操作如下。

❶ 打开“美女.jpg”素材图像，单击工具箱下方的“以快速蒙版模式编辑”按钮，进入快速蒙版编辑状态。

❷ 选择画笔工具对人物的头发进行涂抹，效果如图 11-42 所示。

图 11-42　涂抹头发

❸ 按【Q】键回到标准模式，选择【选择】→【反向】命令，获取头发图像选区，如图 11-43 所示。

图 11-43　获取选区

❹ 单击“图层”面板底部的“创建新的填充或调整图层”按钮，在弹出的快捷菜单中选择“渐变”命令，在打开的“调整”面板中选择“紫，绿，橙渐变”，如图 11-44 所示。

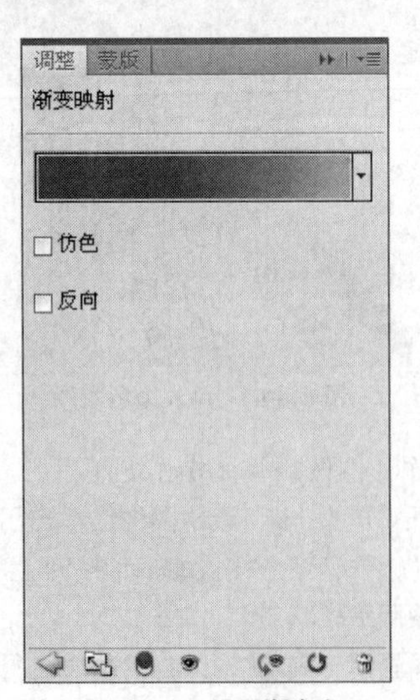

图 11-44　设置渐变色

❺ 这时“图层”面板中将自动生成一个调整图层，设置图层混合模式为“颜色”，如图 11-45 所示，得到人物头发染色的效果如图 11-46 所示。

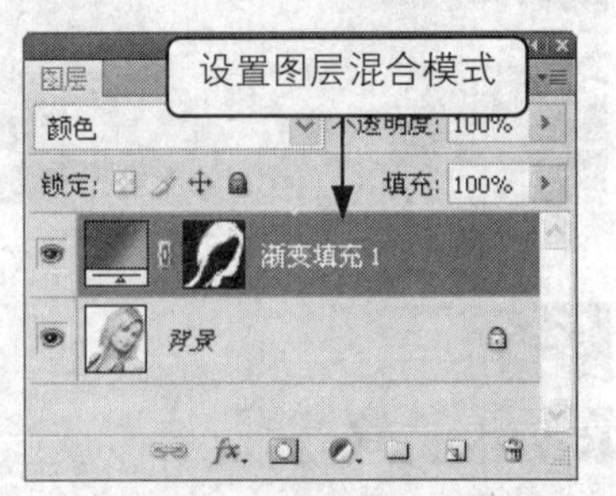

图 11-45　设置图层混合模式

图 11-46　图像效果

试一试

为头发添加其他渐变颜色，然后设置其他图层混合模式，看看头发有什么效果。

7. 案例——制作美人鱼图像

本实例使用图 11-47 所示的“星球.jpg”、“卡通.jpg”素材图像，制作出图 11-48 所示的“美人鱼”图像效果，该图像富有动感，视觉效果强。通过本案例的学习，可以掌握图层蒙版的创建与编辑操作。

制作该图像的具体操作如下。

❶ 打开“星球.jpg”、“卡通.jpg”素材图像，使用移动工具将卡通图像拖动到星球图像中，这时“图层”面板将自动生成图层 1，如图 11-49 所示。

图 11-47　素材图像

图 11-48　实例效果

图 11-49　拖动图像生成图层 1

❷ 单击“图层”面板底部的“添加图层蒙版”按钮 ，使用画笔工具 在卡通图像中涂抹背景，将背景图像隐藏起来，效果如图 11-50 所示。

❸ 设置前景色为白色，选择横排文字工具 T，在画面右下角输入两行文字，如图 11-51 所示，完成本实例的制作。

图 11-50　应用图层蒙版隐藏图像

图 11-51　添加文字

试一试

使用两幅素材图像，对其中一幅添加图层蒙版，选择画笔工具，分别调整画笔大小，在画面中涂抹，看看有什么效果。

11.2　上 机 实 战

本章的上机实战将分别制作撕裂的照片和文化书籍封面效果，综合练习本课学习的知识点，熟练掌握在通道和蒙版中对图像的操作方法。

上机目标：

◎ 掌握“通道”面板的操作；

◎ 熟练掌握图层蒙版的使用。

建议上机学时：3 学时。

11.2.1 撕裂的照片

1. 实例目标

本例要求为一张普通的照片制作撕裂的效果，要求照片的撕裂边缘真实，并且具有立体感。本例完成后的参考效果如图 11-52 所示，主要通过“通道”面板对图像进行编辑，得到撕裂的基本图像，然后对该图像添加效果。

图 11-52 “撕裂的照片”图像效果

2. 操作思路

制作本实例主要通过“通道”面板对图像进行操作。根据上面的实例目标，本例的操作思路如图 11-53 所示。

制作本例的主要操作步骤如下。

❶ 打开“向日葵.jpg”图像文件，选择【图层】→【新建】→【背景图层】命令，打开“新建图层”对话框，选择默认设置，然后单击 确定 按钮，将背景图层转换为普通图层。

❷ 新建图层 1，填充为白色。将图层 1 放到图层 0 的下方，选择图层 0，按下【Ctrl + T】组合键，按住【Shift + Alt】组合键沿中心缩小图像。

❸ 选择【图层】→【图层样式】→【投影】命令，打开“图层样式”对话框，设置投影颜色为黑色，得到图像投影效果。

❹ 切换到“通道”面板，单击面板下方的“创建新通道”按钮，得到 Alpha 1 通道。选择套索工具随意地选择图像的一半区域，填充为白色。

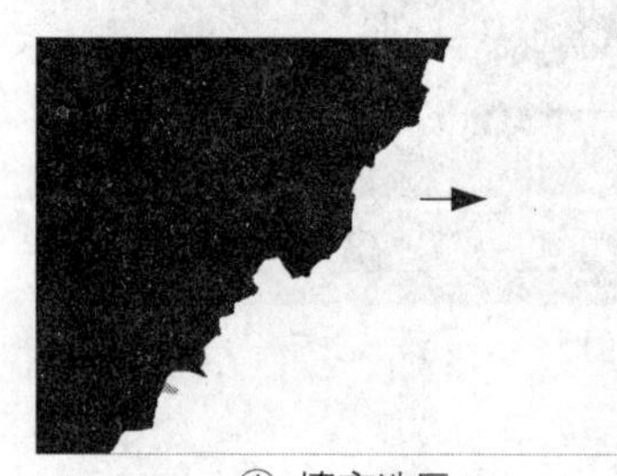

① 填充选区

② 移动选区中的图像

③ 添加投影

图 11-53 制作撕裂的照片操作思路

❺ 选择【滤镜】→【像素化】→【晶格化】命令，打开“晶格化”对话框，设置单元格大小为 10，产生边缘撕裂效果。

❻ 返回 RGB 通道，选择【选择】→【载入选区】命令，在打开的对话框中选择 Alpha 1 通道。按住【Ctrl】键移动选择区域，即可得到撕裂的图像效果。

提示：滤镜的具体操作方法，将在第 13 课进行详细介绍。

11.2.2 文化书籍封面

1. 实例目标

本例要求为“拼搏的世界”一书设计封面图像，本例完成后的参考效果如图 11-54 所示。本例主要通过绘图和文字并结合本课介绍的图层相关知识进行制作。

图 11-54 书籍封面效果

2. 专业背景

人们通过各种阅读书籍可以得到不同的信息，书的设计必然要围绕人而进行。而书的封面设计在一本书的整体设计中占有举足轻重的地位。好的封面设计不仅能招徕读者，而且还能提高书的档次。

封面设计的优劣对书籍的社会形象意义非常重大，所以封面的设计需要注意以下几点。

◎ **想象**：想象是构思的基点，想象以造型的知觉为中心，能产生明确的有意味形象。我们所说的灵感，也就是知识与想象的积累与结晶，它对设计构思是一个开窍的源泉。

◎ **构思**：构思的过程往往“叠加容易，舍弃难”，构思时往往想得很多，堆砌得很多，对多余的细节爱不忍弃。张光宇先生说过“多做减法，少做加法”，就是真切的经验之谈。对不重要的、可有可无的形象与细节，坚决忍痛割爱。

◎ **象征**：象征性的手法是艺术表现最得力的语言，用具体形象来表达抽象的概念或意境，也可用抽象的形象来意喻表达具体的事物，都能为人们所接受。

◎ **探索创新**：流行的形式、常用的手法、俗套的语言要尽可能避开不用；熟悉的构思方法、常见的构图、习惯性的技巧，都是创新构思表现的大敌。构思要新颖，就需要不落俗套，标新立异。有创新的构思就必须有孜孜不倦的探索精神。

3. 操作思路

了解了关于书籍封面设计的相关专业知识，便可开始设计与制作。根据上面的实例目标，本例的操作思路如图 11-55 所示。

制作本例的具体操作如下。

❶ 打开“天空.jpg”素材图像，新建一个图层，填充为深蓝色（R1，G31，B52）。

❷ 为深蓝色图层添加图层蒙版，然后设置画笔为柔角，在图像中间拖动，显露出下一层中间的天空图像。

❸ 添加“跳水台.jpg”和“吊旗.jpg”素材图像，同样对其添加图层蒙版，并隐藏部分图像，使其能与周围图像自然地融合。

❹ 使用横排文字工具 T 输入封面文字，选择【图层】→【图层样式】命令，在打开的“图层样式”对话框中分别添加“描边”和“外发光”效果。

❺ 添加其他素材图像和文字，完成实例的制作。

① 背景图像

② 添加图层蒙版

拼搏的世界

③ 设置图层样式

图 11-55 书籍封面设计的操作思路

11.3 常见疑难解析

问：怎样使图片之间很好地融合，而看不出图像的边缘？

答：在图片上添加蒙版，然后选用柔角的画笔工具或橡皮擦工具对图片进行处理，可以达到融合的效果。最后别忘了将图层的透明度降低，效果会更好。

问：在 Photoshop 中处理图像时，创建好的选区现在不用了需要取消，但在之后如果还要使用该选区怎么办？

答：创建选区后，使用【选择】→【存储选区】命令，会出现一个名称设置对话框，可以输入文字作为这个选区的名称。如果不命名，Photoshop 会自动以 Alpha 1、Alpha 2、Alpha 3 这样的文字来命名。使用选区存储功能后，选区存储到通道中。想要再次使用该选区时，使用【选择】→【载入选区】命令就可以方便在使用之前存储选区了。

问：存储包含有 Alpha 通道的图像会占用更多的磁盘空间，该怎么办呢？

答：在图像制作完成后，用户可以删除不需要的 Alpha 通道。方法是用鼠标把需要删除的通道拖到通道面板底部的“删除当前通道”按钮上即可，也可在要删除的通道上单击鼠标右键，在弹出的快捷菜单中选择“删除通道”命令。

问：在创建选区后，用什么方法可以改变蒙版的范围？

答：可以通过设置“快速蒙版选项”对话框来改变蒙版范围。方法是使用鼠标双击工具箱中的“以快速蒙版模式编辑”按钮，在打开的“快速蒙版选项”对话框中设置蒙版的区域。

11.4 课后练习

(1) 新建一个图像文件，运用“镜头光晕”命令得到光圈图像，然后打开“色彩平衡”对话框，调整图像颜色为橘黄色，接着选择【滤镜】→【扭曲】→【波浪】命令，得到图像波浪效果，再通过“渐变映射”和“曲线”命令调整图像色调，切换至“通道”面板，调整每一个通道的色调，使其更加接近火焰颜色，效果如图 11-56 所示。

图 11-56　火焰图像

(2) 打开提供的“黄色玫瑰.jpg”图像，如图 11-57 所示，在“通道”面板中建立一个新通道“Alpha 1”，分别使用“高反差保留”、“阈值”等命令制作磨砂图像效果，如图 11-58 所示。

图 11-57　素材图像

图 11-58　磨砂效果

(3) 制作一个旋转图像效果，旋转效果能让原本单一的图案具有奇特的变化。打开素材图像“荷花.jpg”，如图 11-59 所示，在画面中创建椭圆选区，然后添加快速蒙版，对其应用“高斯模糊”、“旋转扭曲”等滤镜，得到的图像效果如图 11-60 所示。

图 11-59　素材图像

图 11-60　图像效果

第 12 课
滤镜的应用（上）

学生：老师，通过前面的学习我基本掌握了 Photoshop CS4 中工具和常用编辑命令的使用，对于绘制图像、调整图像颜色等也有了一定的认识。可是如何才能制作出一些具有特殊效果的图像呢？

老师：其实运用前面所学的知识是可以制作出一些特殊图像效果的，但毕竟有限。而 Photoshop 中有一个滤镜菜单，其中包含了多种制作特殊效果的滤镜命令，我们只要熟练掌握这些命令的各种参数设置，就能制作出精美、绚丽的画面效果来。

学生：真的吗？那这些命令都是些什么呢？

老师：单击滤镜菜单，就可以看到各项子菜单命令，这些滤镜命令可以结合起来使用，往往会制作出很多意想不到的效果。

学生：看来滤镜命令非常有趣。老师，那我们就赶快学习吧！

学习目标

- 了解滤镜
- 认识滤镜在使用过程中的问题
- 掌握滤镜库的使用方法
- 熟练掌握液化滤镜的操作方法
- 掌握消失点滤镜的设置和应用方法

12.1 课堂讲解

本课主要讲述滤镜的一些相关知识，以及简单滤镜的设置与应用。在 Photoshop 中，滤镜对图像的处理起着十分重要的作用，不同的滤镜产生不同的效果，同一滤镜也会产生不同的效果，所以读者必须认真学习滤镜，并熟悉相关参数的设置方法。

12.1.1 滤镜相关知识

在使用滤镜处理图像前，首先要了解什么是滤镜、应用滤镜的注意问题，以及滤镜的一般设置方法。下面进行具体讲解。

1. 认识滤镜

滤镜是图像处理的“灵魂”，它可以编辑当前可见图层或图像选区内的图像效果，将其制作成各种特效。

Photoshop 的滤镜功能主要有 5 个方面的作用，分别是优化印刷图像、优化 Web 图像、提高工作效率、增强创意效果和创建三维效果。滤镜极大地增强了 Photoshop 的功能，有了滤镜，用户就可以轻易地创造出艺术性很强的专业图像效果。

2. 应用滤镜注意的问题

Photoshop 的滤镜种类繁多，应用不同的滤镜功能，可产生不同的图像效果。但滤镜功能也存在以下几点局限性。

◎ 它不能应用于位图模式、索引颜色以及 16 位/通道图像。某些滤镜功能只能用于 RGB 图像模式，而不能用于 CMYK 图像模式。用户可通过“模式”菜单将其模式转换为 RGB 模式。

◎ 滤镜是以像素为单位对图像进行处理的。因此，在对不同像素的图像应用相同参数的滤镜时，所产生的效果也会不同。

◎ 在对分辨率较高的图像文件应用某些滤镜功能时，会占用较多的内存空间，这时会造成计算机的运行速度减慢。

◎ 在对图像的某一部分应用滤镜效果时，可先羽化选取区域的图像边缘，使其过渡平滑。

在学习滤镜时，不能孤立地看待某一种滤镜效果，应针对滤镜的功能特征进行剖析，以达到真正认识滤镜的目的。

3. 滤镜的一般使用方法

在 Photoshop CS4 中，单击“滤镜”菜单，将弹出图 12-1 所示的“滤镜”子菜单，其中提供了多个滤镜组，在滤镜组中还包含了多种不同的滤镜效果。各种滤镜的使用方法基本相似，只需打开并选择需要处理的图像窗口，再选择“滤镜”菜单下相应的滤镜命令，在打开的参数设置对话框中，将各个选项设置为适当的参数，单击 确定 按钮即可。

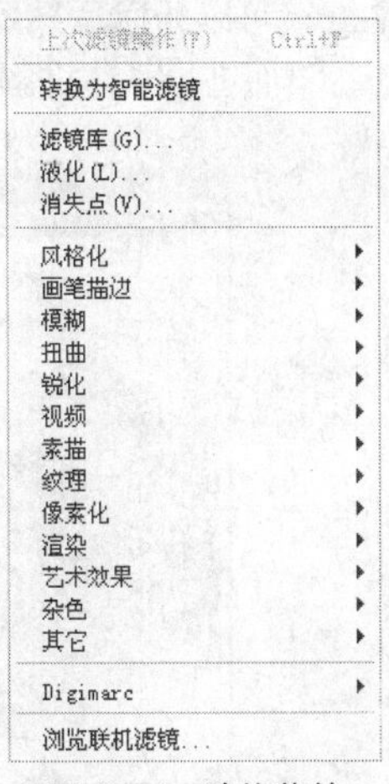

图 12-1 滤镜菜单

在各个参数设置对话框中，都有相同的预览图像效果的操作方法，如选择【滤镜】→【模糊】→【动感模糊】命令，打开“动感模糊”对话框，如图 12-2 所示。

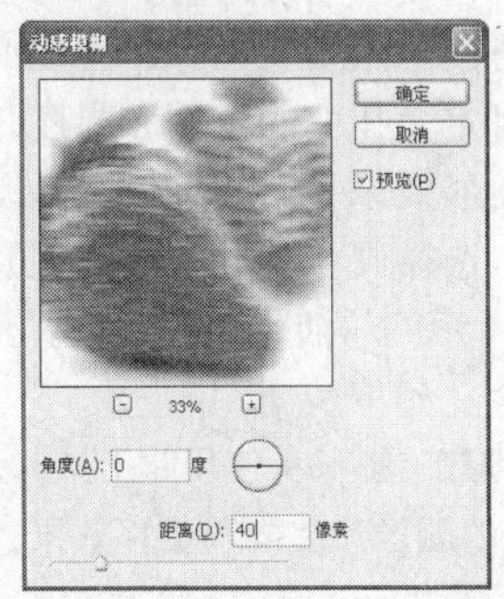

图 12-2 “动感模糊”对话框

◎ **"预览"复选框**：选中该复选框，可在原图像中观察应用滤镜命令后的效果；取消该复选框的选中，则只能通过对话框中的预览框来观察滤镜的效果。

◎ **－和＋按钮**：用于控制预览框中图像的显示比例。单击－按钮可缩小图像的显示比例；单击＋按钮可放大图像的显示比例。

在对话框中，将鼠标光标移动到预览框中，当光标变成抓手形状时，按下鼠标拖动可移动视图的位置；将光标移动到原图像中，当光标变为□形状时，在图像上单击，即可将预览框中的视图调整到单击处的图像位置。

12.1.2 简单滤镜的设置与应用

Photoshop CS4 提供了几个简单滤镜。学习使用这些简单滤镜可以为以后熟练运用滤镜打下牢固的基础。下面进行具体讲解。

1. 滤镜库的设置与应用

Photoshop CS4 中的滤镜库整合了"扭曲"、"画笔描边"、"素描"、"纹理"、"艺术效果"和"风格化"6 种滤镜功能，通过该滤镜库，可对图像应用这 6 种滤镜功能的效果。

打开一张图片，选择【滤镜】→【滤镜库】命令，弹出图 12-3 所示的"滤镜库"对话框。

◎ 在展开的滤镜效果中，单击其中一个效果命令，可在左边的预览框中查看应用该滤镜后的效果。

◎ 单击对话框右下角的"新建效果图层"按钮，可新建一个效果图层。单击"删除效果图层"按钮，可删除效果图层。

◎ 在对话框中单击按钮，可隐藏效果选项，从而增加预览框中的视图范围。

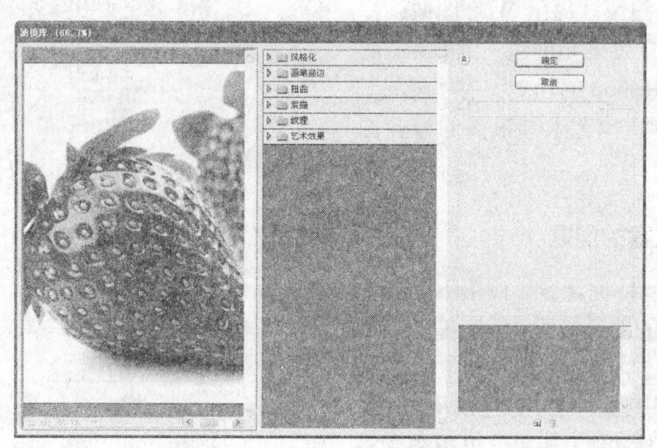

图 12-3 "滤镜库"对话框

2. 液化滤镜的设置与应用

液化滤镜是用来使图像产生扭曲的，用户不但可以自定义扭曲的范围和强度，还可以将调整好的变形效果存储起来或载入以前存储的变形效果。选择【滤镜】→【液化】命令，打开图 12-4 所示的"液化"对话框。其左侧列表中各工具含义如下。

◎ **向前变形工具**：使用此工具，可将被涂抹区域内的图像产生向前位移效果，如图 12-5 所示。

图 12-4 "液化"对话框

图 12-5　变形效果

◎ **重建工具**：用于在液化变形后的图像上涂抹，可以将图像中的变形效果还原为原图像。
◎ **顺时针旋转扭曲工具**：使用此工具，可以使被涂抹的图像产生旋转效果，如图 12-6 所示。

图 12-6　扭曲效果

◎ **褶皱工具**：使用此工具，可以使图像产生向内压缩变形的效果。
◎ **膨胀工具**：使用此工具，可以使图像产生向外膨胀放大的效果。
◎ **左推工具**：使用此工具，可以使图像中的像素发生位移变形效果。
◎ **镜像工具**：使用此工具，可以复制图像并使图像产生与原图像对称的效果。
◎ **湍流工具**：使用此工具，可以使图像产生类似水波纹的变形效果。
◎ **冻结蒙版工具**：使用此工具，在图像中进行涂抹，可以将图像中不需要变形的部分图像保护起来。
◎ **解冻蒙版工具**：使用此工具，可以解除图像中的冻结部分。

3. 消失点滤镜的设置与应用

使用创新的消失点工具，可以在极短时间内达到令人称奇的效果，它可以让用户口仿制、绘制和粘贴与任何图像区域的透视自动匹配的元素。

选择【滤镜】→【消失点】命令，打开图 12-7 所示的“消失点”对话框。各工具含义如下。

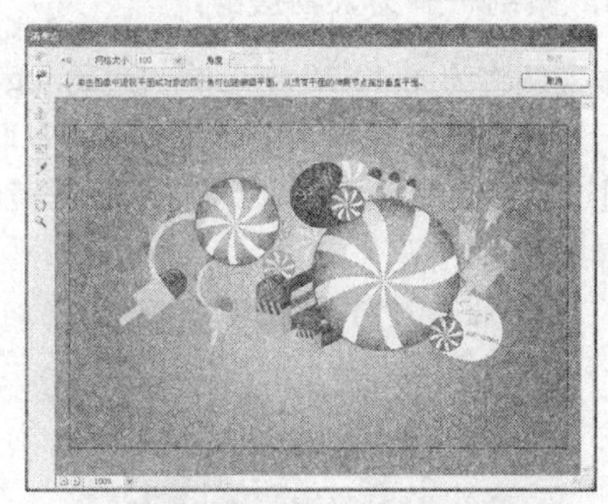

图 12-7　“消失点”对话框

◎ **创建平面工具**：打开“消失点”对话框，系统默认选择该工具，这时可在预览框中不同的地方单击 4 次，以创建一个透视平面，如图 12-8 所示。在对话框顶部的“网格大小”下拉列表框中可设置显示的密度。

图 12-8　创建透视平面

◎ **编辑平面工具**：用于调整透视平面，其调整方法与图像变换操作相同，拖动平面边缘的控制点即可，如图 12-9 所示。

图 12-9　调整透视平面

◎ **图章工具**：该工具与工具箱中仿制图章工具的使用方法完全一样，即在透视平面内按住【Alt】键并单击，对图像取样，然后在透视平面其他位置单击，将取样图像复制到单击处，复制后的图像保持与透视平面相同的透视关系。

4. 案例——为人物瘦身

本实例将为图 12-10 所示的“运动.jpg”图像进行瘦身处理，瘦身后的效果如图 12-11 所示。通过该案例的学习，可以掌握液化滤镜中各种工具的操作。

图 12-10 “运动”图像

图 12-11 瘦身效果

制作该图像的具体操作如下。

❶ 打开“运动.jpg”图像，如图 12-10 所示，可以看到画面中人物的腰部和右手臂有些赘肉。

❷ 选择【滤镜】→【液化】命令，打开“液化”对话框，选择褶皱工具，在对话框右侧设置画笔大小为 86，在人物右手臂图像中单击鼠标并慢慢拖动，对手臂图像进行收缩处理，如图 12-12 所示。

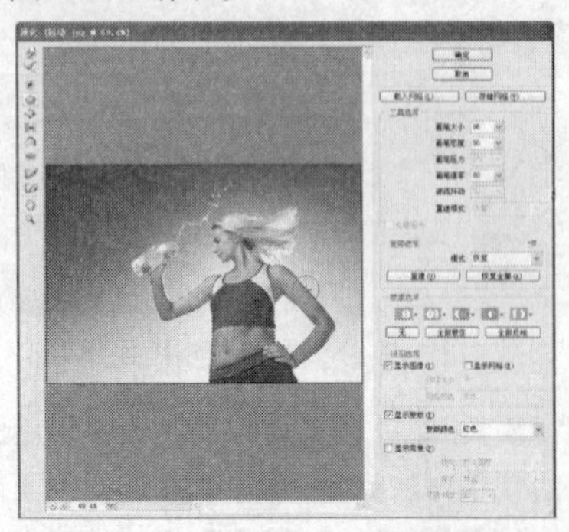

图 12-12 对人物右手臂做瘦身处理

❸ 选择向前变形工具，在对话框右侧设置画笔大小为 76，然后使用鼠标沿人物腰部向内拖动，对腰部图像进行收缩处理，如图 12-13 所示。

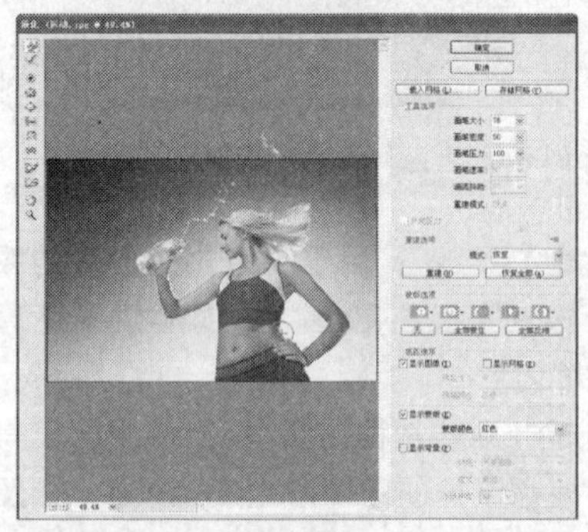

图 12-13 对人物腰部做瘦身处理

❹ 单击 确定 按钮，完成液化滤镜的操作，得到的瘦身效果如图 12-11 所示。

想一想

本例中还可以使用哪些工具对人物腰部进行瘦身处理？

5. 案例——修饰图像

本案例将对图 12-14 所示图像中的小提琴进行修饰，处理后的效果如图 12-15 所示。通过该案例的学习，主要掌握消失点滤镜的设置及应用。

图 12-14 “地板”图像

图 12-15 “修饰图像”效果

制作该图像的具体操作如下。

❶ 打开“小提琴.jpg”素材图像，选择【滤镜】→【消失点】命令，打开“消失点”对话框，如图12-16所示。

图12-16　打开对话框

❷ 选择“创建平面工具”按钮，在画面中定义一个透视框，沿着4个角拉出一个平行四边形，使网格覆盖要修改的范围，然后继续使用创建平面工具创建多个透视框，如图12-17所示。

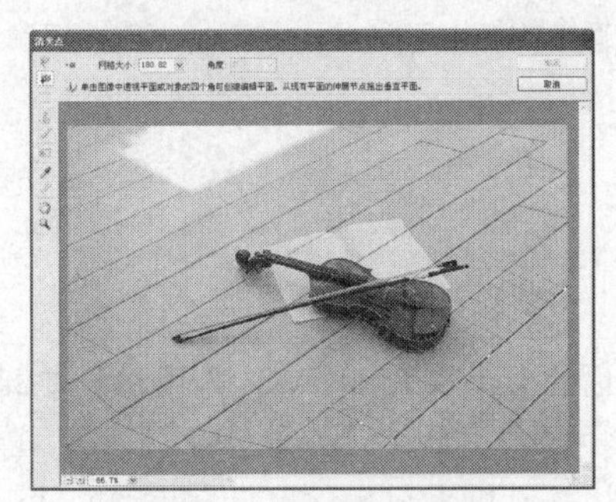

图12-17　创建多个透视框

❸ 选择图章工具，按住【Alt】键在第一个透视框中单击鼠标左键设置源点，拖动鼠标复制，遮盖小提琴上面部分，如图12-18所示。

图12-18　复制图像

❹ 用同样的方法使用图章工具在其他的透视框中获取源点，复制图像遮盖小提琴，效果如图12-19所示。单击 确定 按钮，木地板效果如图12-14所示。

图12-19　遮盖小提琴

试一试

打开一幅有多余背景的照片，使用消失点滤镜去除多余的图像。

12.2 上机实战

本章的上机实战将分别制作朦胧画面和苹果烛台效果，综合练习本课学习的知识点，熟练掌握滤镜的设置与应用方法。

上机目标：

◎ 熟练掌握滤镜库的使用；

◎ 熟练掌握液化滤镜中各种工具的使用。

建议上机学时：3学时。

12.2.1 制作朦胧画面

1. 实例目标

本例要制作一个朦胧图像效果，完成后的效果如图12-20所示。主要是练习使用滤镜库为画面添加各种特效滤镜。

图 12-20 图像效果

2. 操作思路

在了解滤镜库的设置后，可以通过实际操作来巩固所学的知识。根据上面的实例目标，本例的操作思路如图 12-21 所示。

制作本例的具体操作如下。

❶ 打开“房屋.jpg”素材图像，选择【滤镜】→【滤镜库】命令，打开“滤镜库”对话框，单击“扭曲”滤镜组下的“扩散亮光”滤镜。

❷ 单击对话框右下角的“新建效果图层”按钮，保持该滤镜效果，再选择“画笔描边”下方的“阴影线”滤镜，即可得到图 12-20 所示的图像效果。

① 选择扩散光亮滤镜　② 选择阴影线滤镜　③ 新建并保持的滤镜

图 12-21 制作朦胧画面的操作思路

12.2.2 制作苹果烛台

1. 实例目标

本例将一个普通的苹果图像制作成烛台的效果，完成后的参考效果如图 12-22 所示。本例主要通过液化滤镜中的相关操作来制作完成。

图 12-22 制作苹果烛台的操作思路

2. 操作思路

使用滤镜可以制作千奇百怪的图像。根据上面的实例目标，本例的操作思路如图 12-23 所示。

制作本例的具体操作如下。

❶ 打开“苹果.jpg”素材图像，复制一次背景图层，然后新建“图层 1”，选择画笔工具，绘制黑色矩形线条。

❷ 选择“背景副本”图层，选择【滤镜】→【液化】命令，打开“液化”对话框，在对话框右侧选择“显示背景”选项，切换到图层 1 中，使用向前变形工具，沿着矩形边框涂抹整个苹果图像，单击

确定 按钮。

❸ 选择减淡工具涂抹苹果边缘，增加边缘高光。再选择加深工具涂抹苹果，增加边缘暗调效果。

① 绘制线条

② 使用向前变形工具

③ 对边缘图像进行减淡和加深处理

图 12-23 制作苹果烛台的操作思路

12.3 常见疑难解析

问：什么是滤镜呢？

答：滤镜是利用对图像中像素的分析，按每种滤镜的特殊数学算法进行像素色彩、亮度等参数的调节，从而完成原图像部分或全部像素的属性参数的调节或控制，其结果是使图像明显化、粗糙化或实现图像的变形。

问：消失点滤镜与工具箱中的仿制图章工具的工作原理相似吗？

答：是的，但是它们的工作结果是有区别的。仿制图章工具只能根据源图像的透视关系进行原样复制，而通过消失点滤镜可根据需要任意调整复制后图像的透视关系，这一点是仿制图章工具所无法比拟的。

12.4 课 后 练 习

（1）打开一幅 JPG 格式的图像文件，选择【滤镜】→【滤镜库】命令，在打开的对话框中选择多种滤镜，查看图像效果。

（2）打开素材图像“花瓶.jpg”和“水墨.jpg”，如图 12-24 所示。将“花瓶.jpg”图像通过消失点滤镜按照正确的透视关系放置到“水墨.jpg”图像中，如图 12-25 所示。

图 12-24 素材图像

图 12-25 图像效果

第 13 课 滤镜的应用（下）

学生：老师，通过第 12 课的学习，我已经知道了滤镜的概念、滤镜使用时的注意事项，以及怎样使用滤镜库等。如果想要获得多种特殊效果又该怎么操作呢？

老师：在本课中将进一步介绍滤镜，重点介绍高级滤镜的参数控制及其应用范围。掌握了滤镜中的各种参数设置，就能制作出很多具有特殊效果的图像。

学生：真的？这些滤镜能够结合起来使用吗？

老师：当然可以。通常在制作图像特殊效果时，都会使用多个滤镜，并且每一种滤镜在使用过程中会有一些微妙的变化，从而我们能获得不同的画面效果，所以在制作出满意的画面效果时，一定要记得将图像保存下来。

学生：哦，是这样的啊！老师，那我们就赶快学习吧！

学习目标

- 掌握风格化和画笔描边滤镜组的使用方法
- 掌握模糊和扭曲滤镜的使用方法
- 掌握素描和纹理滤镜的使用方法
- 熟练运用像素画和艺术效果滤镜组
- 掌握锐化滤镜组的操作方法
- 了解智能滤镜的使用方法

13.1 课堂讲解

本课主要讲述滤镜中各项命令的具体操作。用户可以通过应用滤镜为图像添加各种特殊效果，从而将所有滤镜的功能应用自如。

13.1.1 滤镜的设置与应用一

Photoshop CS4 中提供了功能强大的滤镜使用功能，它可以应用多种的效果改变源图像。下面来介绍其中一部分滤镜的使用。

1. 风格化滤镜组

风格化滤镜组主要通过移动和置换图像的像素并增加图像像素的对比度，生成绘画或印象派的图像效果。选择【滤镜】→【风格化】命令，在展开的子菜单中共有 9 种命令。

查找边缘

使用“查找边缘”滤镜可以突出图像边缘，该滤镜无参数设置对话框。打开图 13-1 所示的素材图像，选择【滤镜】→【风格化】→【查找边缘】命令，得到图 13-2 所示的效果。

图 13-1 素材图像

图 13-2 查找边缘效果

等高线

使用“等高线”滤镜可以沿图像的亮区和暗区的边界绘制出线条较细、颜色较浅的线条效果。选择【滤镜】→【风格化】→【等高线】命令，打开其参数设置对话框，如图 13-3 所示，在预览框中可以查看滤镜效果。

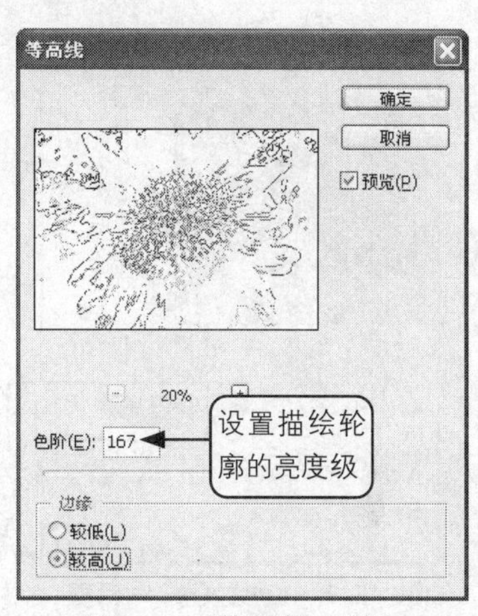

图 13-3 “等高线”对话框

风

使用“风”滤镜可在图像中添加一些短而细的水平线来模拟风吹效果。选择【滤镜】→【风格化】→【风】命令，打开其参数设置对话框，如图 13-4 所示，在预览框中可以查看滤镜效果。

图 13-4 “风”对话框

浮雕效果

使用“浮雕效果”滤镜可以通过勾划选区的边界并降低周围的颜色值，使选区显得凸起或压低，生成浮雕效果。选择【滤镜】→【风格化】→【浮雕效果】命令，打开其参数设置对话框，如图 13-5 所示，在预览框中可以查看滤镜效果。

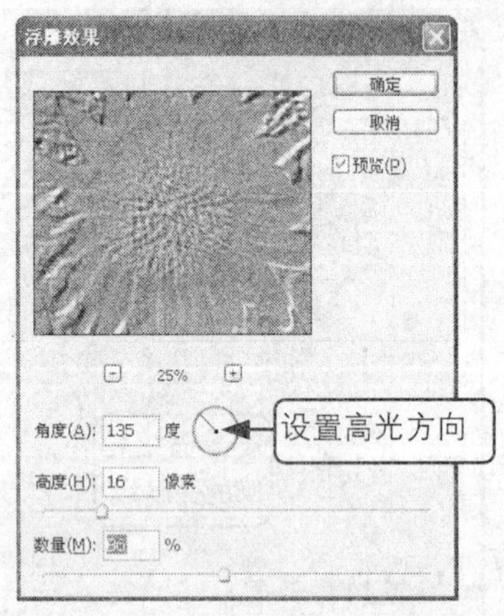

图 13-5 “浮雕效果”对话框

扩散

使用“扩散”滤镜可以根据在其参数对话框所选择的选项搅乱图像中的像素，使图像产生模糊的效果。选择【滤镜】→【风格化】→【扩散】命令，打开其参数设置对话框，如图 13-6 所示，在预览框中可以查看滤镜效果。

图 13-6 “扩散”对话框

拼贴

使用“拼贴”滤镜可以将图像分解成许多小贴块，并使每个方块内的图像都偏移原来的位置，看上去好像整幅图像是画在方块瓷砖上一样。选择【滤镜】→【风格化】→【拼贴】命令，打开其参数设置对话框，设置参数后单击 确定 按钮，效果如图 13-7 所示。

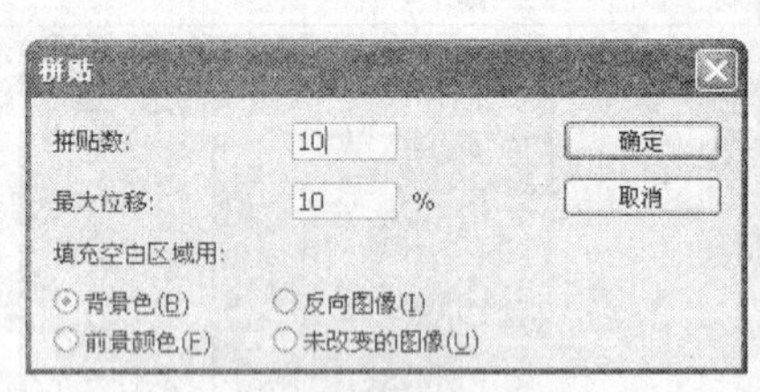

图 13-7 “拼贴”效果

对话框中各项参数设置如下。

◎ “拼贴数”数值框：用于设置在图像每行和每列中要显示的最小贴块数。

◎ “最大位移”数值框：用于设置允许贴块偏移原始位置的最大距离。

◎ “填充空白区域用”栏：用于设置贴块之间空白区域的填充方式。

曝光过度

使用“曝光过度”滤镜可以产生图像正片和负片混合的效果，类似于在显影过程中将摄影照片短暂曝光。该滤镜无参数设置对话框。

凸出

使用“凸出”滤镜可以将图像分成一系列大小相同但有机叠放的三维块或立方体，生成一种三维纹理效果。选择【滤镜】→【风格化】→【凸出】命令，打开其参数设置对话框，如图13-8所示。

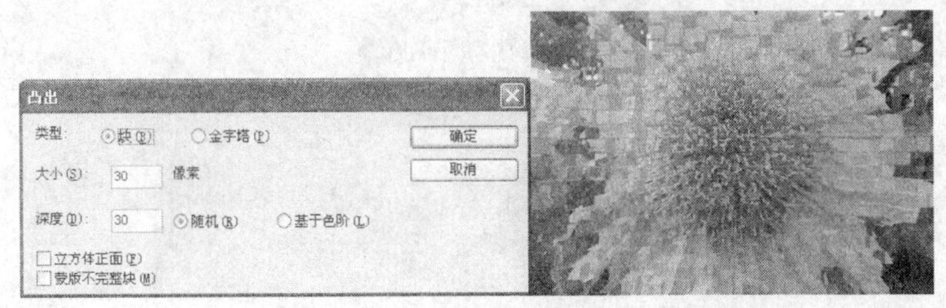

图13–8 “凸出”效果

照亮边缘

使用“照亮边缘”滤镜可以向图像边缘添加类似霓虹灯的光亮效果。选择【滤镜】→【风格化】→【照亮边缘】命令，打开图13-9所示的对话框，在预览框中可以查看图像效果。

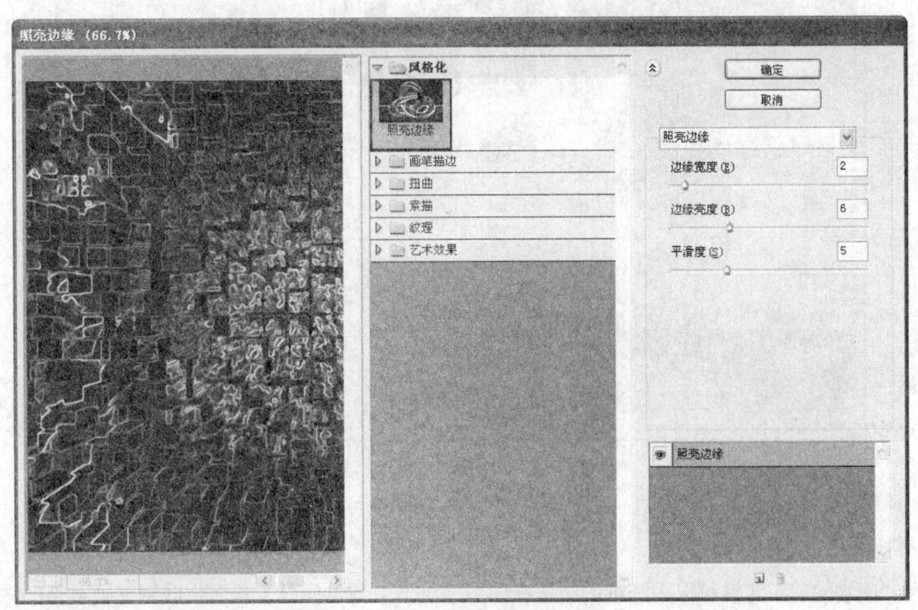

图13–9 “照亮边缘”对话框

2. 画笔描边滤镜组

画笔描边滤镜组用于模拟不同的画笔或油墨笔刷来勾画图像，产生绘画效果。该组滤镜提供了8种滤镜效果，全部位于滤镜库中。

成角的线条

“成角的线条”滤镜可以使用对角描边重新绘制图像，即用一个方向的线条绘制图像的亮区，用相反方向的线条绘制暗区。打开“番茄1.jpg”素材图像，如图13-10所示，选择【滤镜】→【画笔描边】→【成角的线条】命令，将打开图 13-11 所示的对话框。

图 13-10 素材图像

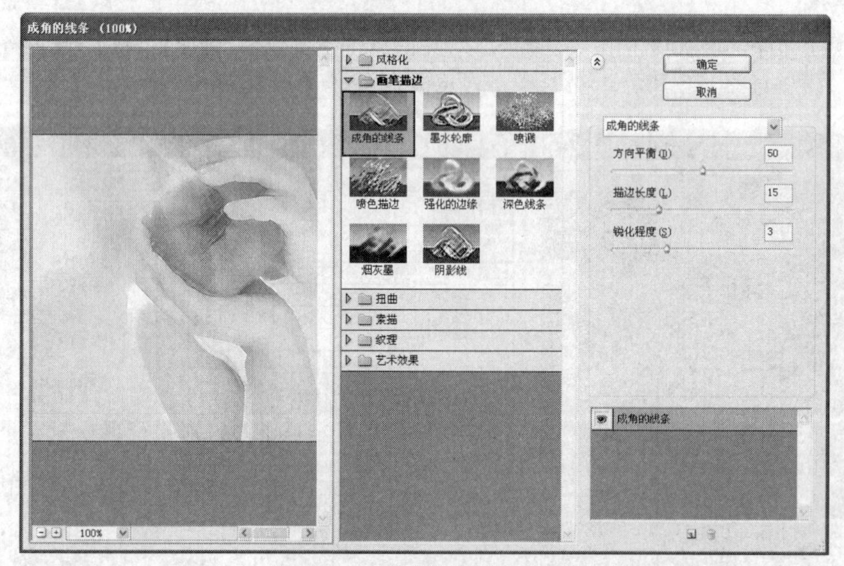

图 13-11 “成角的线条”对话框

墨水轮廓

使用“墨水轮廓”滤镜可以用纤细的线条在图像原细节上重绘图像，从而生成钢笔画风格的图像。其参数控制区和对应的滤镜效果如图 13-12 所示。

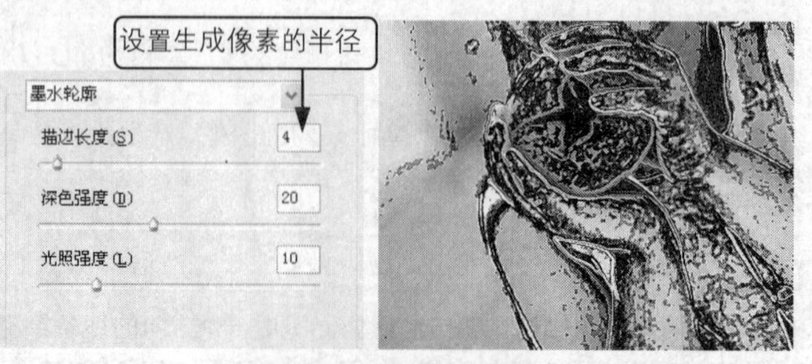

图 13-12 墨水轮廓效果

喷溅

使用“喷溅”滤镜可以模拟喷溅喷枪的效果。在滤镜库中选择喷溅滤镜。其参数控制区和对应的滤镜效果如图 13-13 所示。

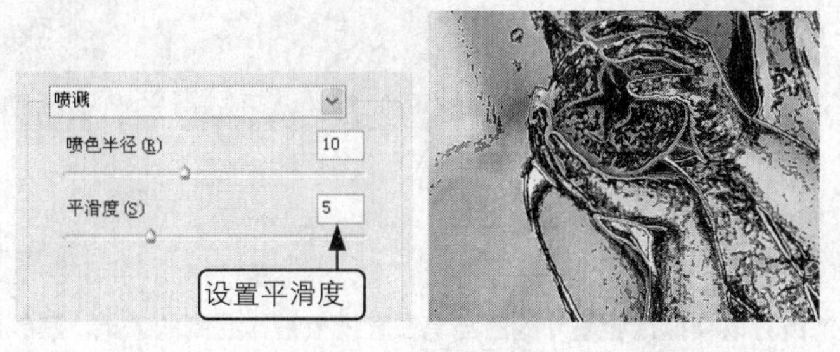

图 13-13　喷溅效果

喷色描边

使用“喷色描边”滤镜可以在喷溅滤镜生成效果的基础上增加斜纹飞溅效果。其参数控制区和对应的滤镜效果如图 13-14 所示。

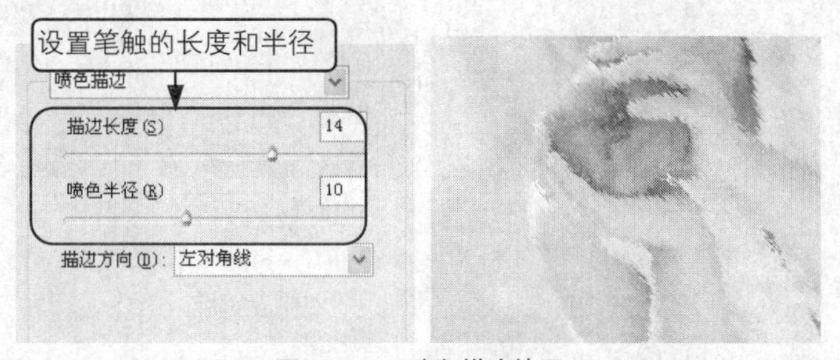

图 13-14　喷色描边效果

强化的边缘

使用“强化的边缘”滤镜可以在图像边缘产生高亮的边缘效果。其参数控制区和对应的滤镜效果如图 13-15 所示。

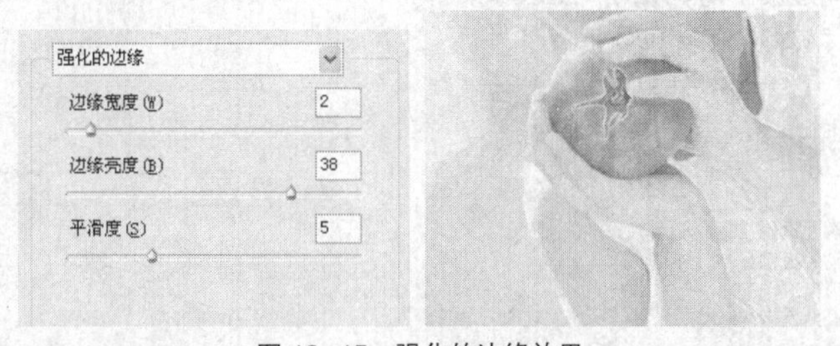

图 13-15　强化的边缘效果

深色线条

使用“深色线条”滤镜将用短而密的线条来绘制图像的深色区域，用长而白的线条来绘制图像中颜色较浅的区域，从而产生一种很强的黑色阴影效果。其参数控制区和对应的滤镜效果如图 13-16 所示。

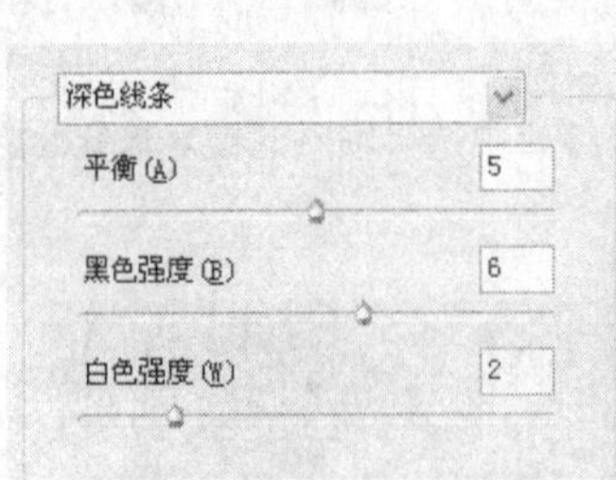

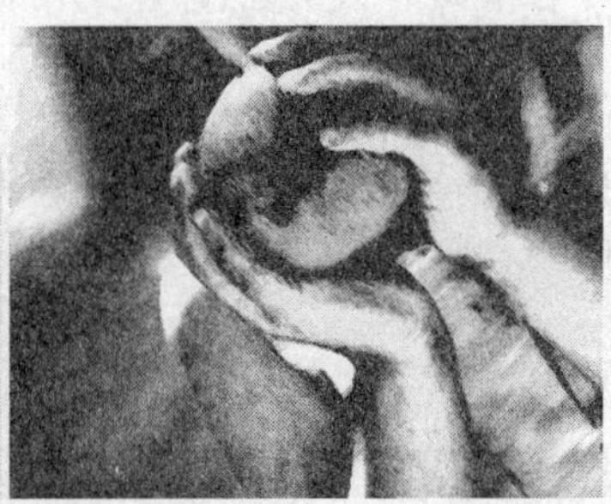

图 13-16　深色线条效果

烟灰墨

使用“烟灰墨”滤镜可以模拟饱含墨汁的湿画笔在宣纸上进行绘制的效果。其参数控制区和对应的滤镜效果如图 13-17 所示。

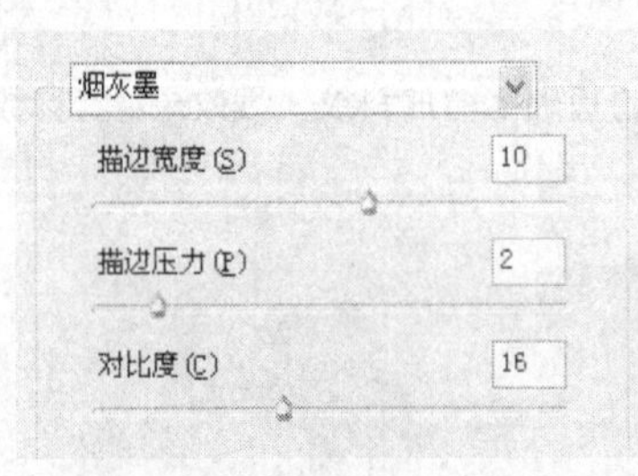

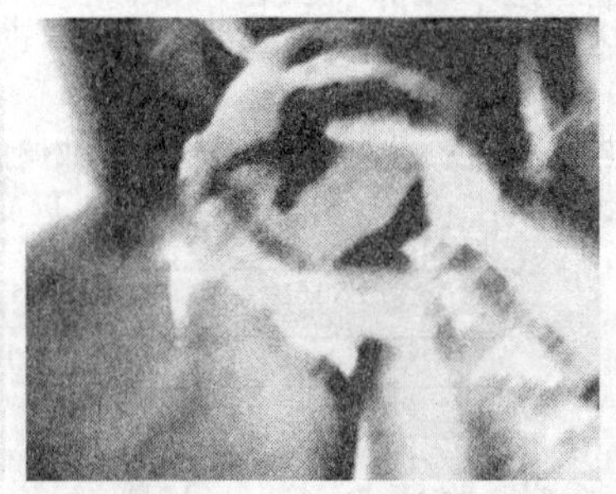

图 13-17　烟灰墨效果

阴影线

使用“阴影线”滤镜可以在图像表面生成交叉状倾斜划痕效果，它与成角的线条滤镜相似。

3. 模糊滤镜组

使用模糊滤镜组可以通过削弱相邻像素的对比度，使相邻像素之间过渡平滑，从而产生边缘柔和、模糊的效果。在“模糊”子菜单中提供了“动感模糊”、“径向模糊”和“高斯模糊”等 11 种模糊效果，如图 13-18 所示。

表面模糊...
动感模糊...
方框模糊...
高斯模糊...
进一步模糊
径向模糊...
镜头模糊...
模糊
平均
特殊模糊...
形状模糊...

图 13-18　菜单

表面模糊

使用“表面模糊”滤镜模糊图像时保留图像边缘，可用于创建特殊效果，以及用于去除杂点和颗粒。打开“企鹅.jpg”素材图像，选择【滤镜】→【模糊】→【表面模糊】命令，其参数设置对话框如图 13-19 所示。

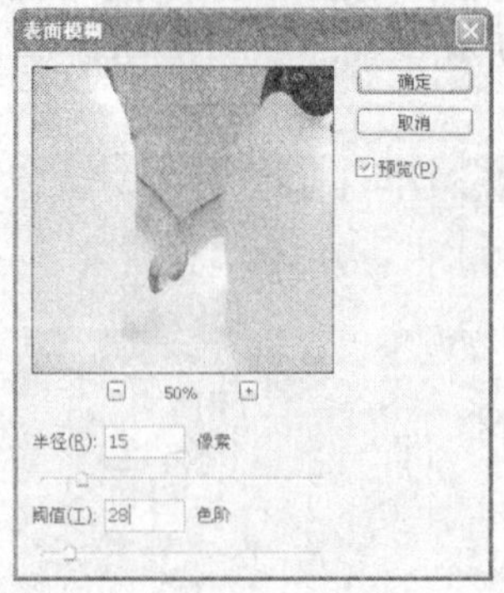

图 13-19　表面模糊

动感模糊

使用“动感模糊”滤镜可以使静态图像产生运

动的效果，其原理是通过对某一方向上的像素进行线性位移来产生运动的模糊效果。其参数设置对话框如图 13-20 所示。

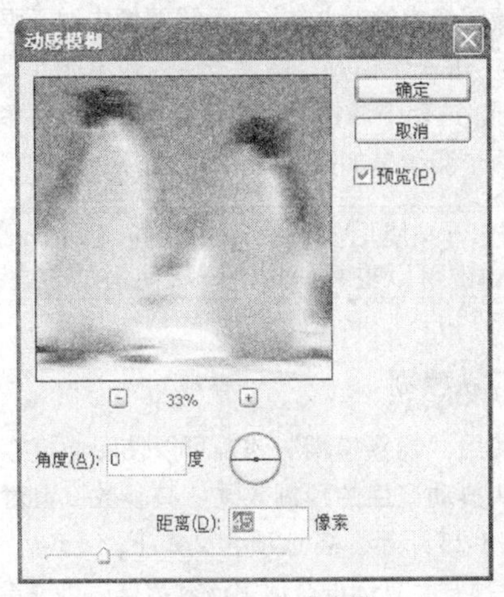

图 13-20　动感模糊

高斯模糊

使用“高斯模糊”滤镜可以对图像总体进行模糊处理。其参数设置对话框如图 13-21 所示。

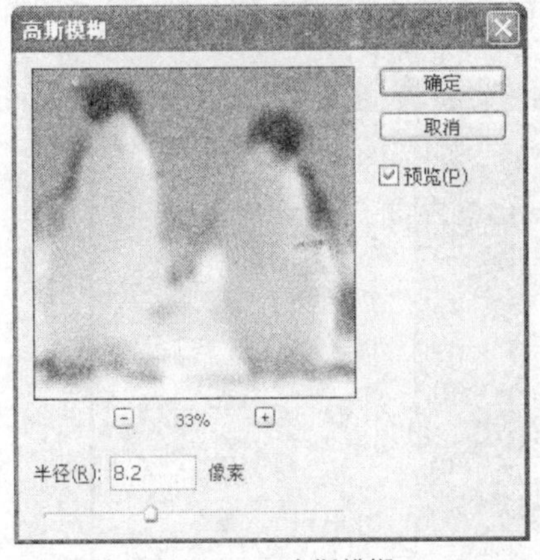

图 13-21　高斯模糊

方框模糊

使用“方框模糊”滤镜是以邻近像素颜色平均值为基准模糊图像。选择【滤镜】→【模糊】→【方框模糊】命令，打开“方框模糊”对话框，如图 13-22 所示。“半径”选项用于设置模糊效果的强度，数值越大，模糊效果越强。

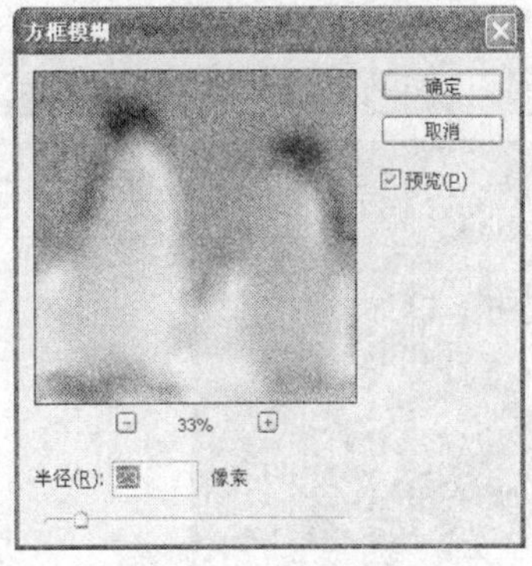

图 13-22　方框模糊

形状模糊

使用“形状模糊”滤镜可以使图像按照某一形状进行模糊处理。其参数设置对话框如图 13-23 所示。

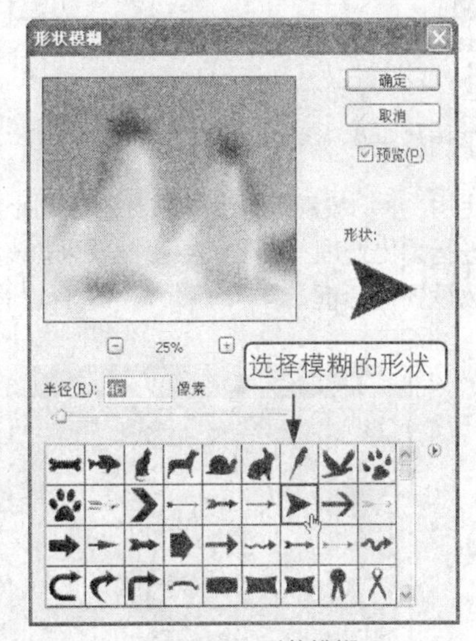

图 13-23　形状模糊

特殊模糊

使用“特殊模糊”滤镜用于对图像进行精确模糊，是唯一不模糊图像轮廓的模糊方式。其参数设置对话框如图 13-24 所示。在对话框的“模式”下拉列表框中有 3 种模式，在“正常”模式下，与其他模糊滤镜差别不大；在“仅限边缘”模式下，适用于边缘有大量颜色变化的图像增大边缘，图像边缘将变白，其余部分将变黑；在“叠加边缘”模式下，滤镜将覆盖图像的边缘。

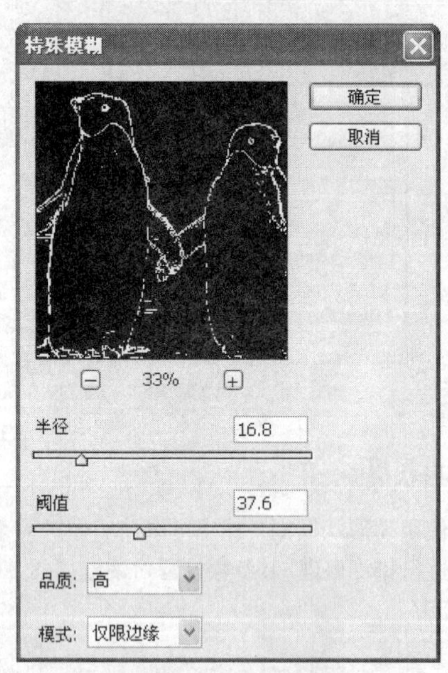

图 13-24　特殊模糊

平均模糊

使用“平均模糊”滤镜可以对图像的平均颜色值进行柔化处理，从而产生模糊效果。该滤镜无参数设置对话框。

模糊和进一步模糊

“模糊”和“进一步模糊”滤镜都是用于消除图像中颜色明显变化处的杂色，使图像更加柔和，并隐藏图像中的一些缺陷，柔化图像中过于强烈的区域。“进一步模糊”滤镜产生的效果比“模糊”滤镜强。这两个滤镜都没有设置对话框，可多次应用这两个滤镜来加强模糊效果。

技巧：使用滤镜命令后，按【Ctrl+F】组合键可以重复使用上一次使用过的滤镜。

镜头模糊

使用“镜头模糊”滤镜可以使图像模拟摄像时镜头抖动产生的模糊效果。其参数设置对话框如图 13-25 所示。各选项含义如下。

◎　“预览”复选框：选中该复选框后可预览滤镜效果。其下方的单选项用于设置预览方式，选中“更快”单选项可以快速预览调整参数后的效果，选中“更加准确”单选项可以精确计算模糊的效果，但会增加预览的时间。

◎　“深度映射”栏：用于调整镜头模糊的远近。通过拖动“模糊焦距”数值框下方的滑块，便可改变模糊镜头的焦距。

图 13-25　镜头模糊

◎ “光圈”栏：用于调整光圈的形状和模糊范围的大小。

◎ “镜面高光”栏：用于调整模糊镜面亮度的强弱程度。

◎ “杂色”栏：用于设置模糊过程中所添加的杂点数量和分布方式。该栏的相关参数设置与添加杂色滤镜相同。

径向模糊

使用“径向模糊”滤镜可以使图像产生旋转或放射状模糊效果。其参数设置对话框和模糊后的图像效果如图 13-26 所示。

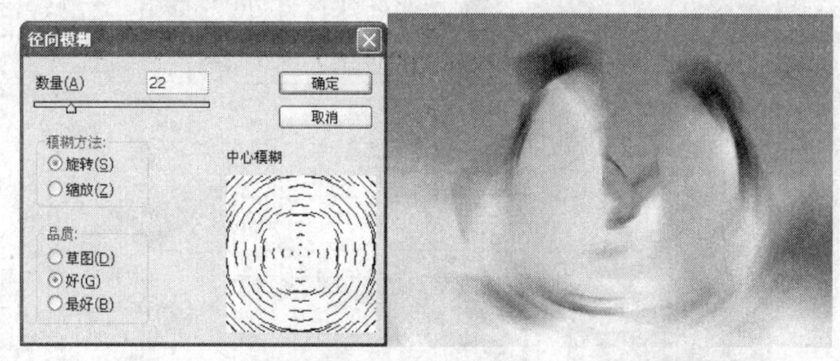

图 13-26 径向模糊

4. 扭曲滤镜组

扭曲滤镜组用于对当前图层或选区内的图像进行各种扭曲变形处理。该组滤镜提供了 13 种滤镜效果。

波纹

使用“波纹”滤镜可以产生水波荡漾的涟漪效果。打开“番茄 2.jpg”图像文件，如图 13-27 所示，选择【滤镜】→【扭曲】→【波纹】命令，打开其参数设置对话框，在预览框中可以查看图像效果，如图 13-28 所示。

图 13-27 素材图像

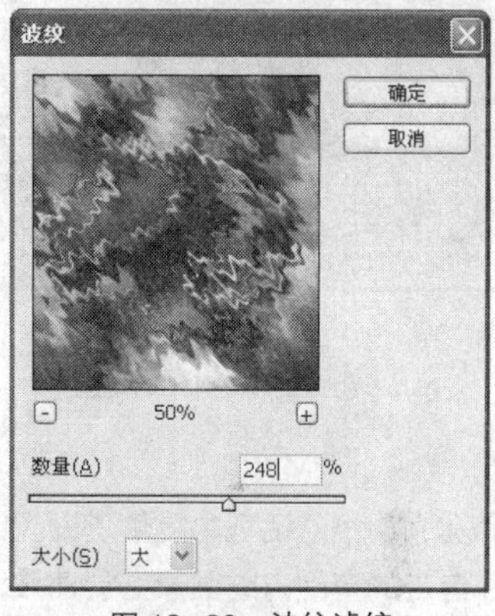

图 13-28 波纹滤镜

水波

使用“水波”滤镜可以沿径向扭曲选定范围或图像，产生类似水波涟漪的效果。选择【滤镜】→【扭曲】→【水波】命令，打开图 13-29 所示的对话框。

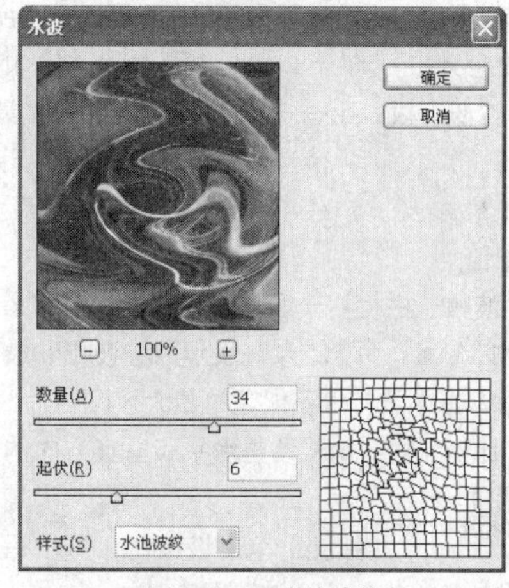

图 13-29 水波滤镜

玻璃

使用“玻璃”滤镜可以制造出不同的纹理，让图像产生一种隔着玻璃观看的效果。选择【滤镜】→【扭曲】→【玻璃】命令，打开图 13-30 所示的对话框。各选项含义如下。

◎ “扭曲度”数值框：用于调节图像扭曲变形的程度。数值越大，扭曲越严重。

◎ “平滑度”数值框：用于调整玻璃的平滑程度。

◎ “纹理”下拉列表框：用于设置玻璃的纹理类型。其下拉列表框中有“块状”、“画布”、“磨砂”和“小镜头”4 个选项。

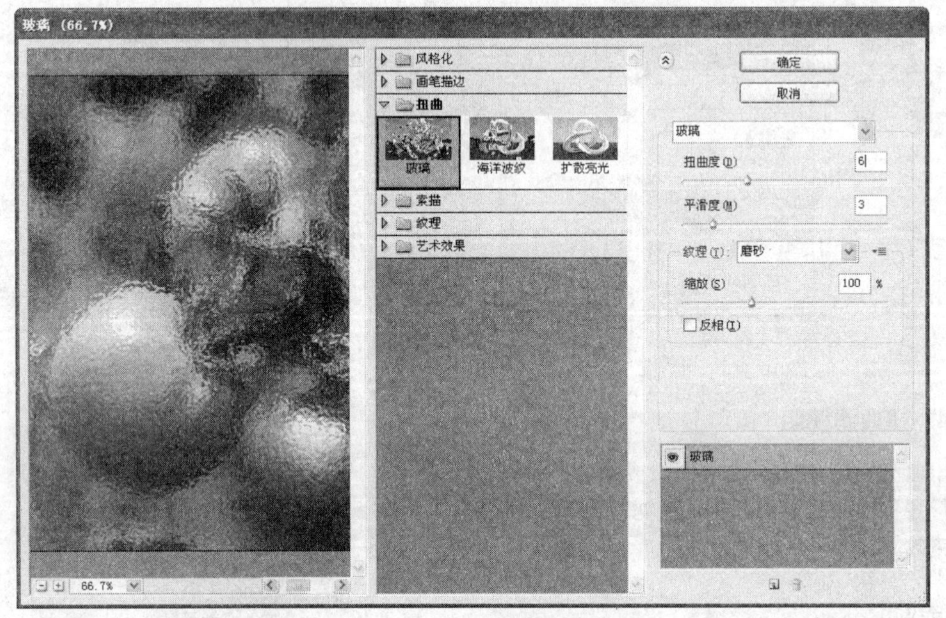

图 13-30　玻璃滤镜

波浪

在“波浪”滤镜对话框中提供了设置波长的多个选项，在选定的范围内或图像上创建波浪起伏的图像效果。选择【滤镜】→【扭曲】→【波浪】命令，在打开的对话框中设置参数，如图 13-31 所示。各选项含义如下。

◎ “波长”栏：用于控制波峰间距，有“最小”和“最大”两个选项，分别表示最小波长和最大波长，最小波长值不能超过最大波长值。

◎ “波幅”栏：用于设置波动幅度，有“最小”和“最大”两个选项，表示最小波幅和最大波幅，最小波幅值不能超过最大波幅值。

◎ “比例”栏：用于调整水平和垂直方向的波动幅度。

◎ 随机化(Z) 按钮：单击该按钮，可按指定的设置随机生成一个波浪图案。

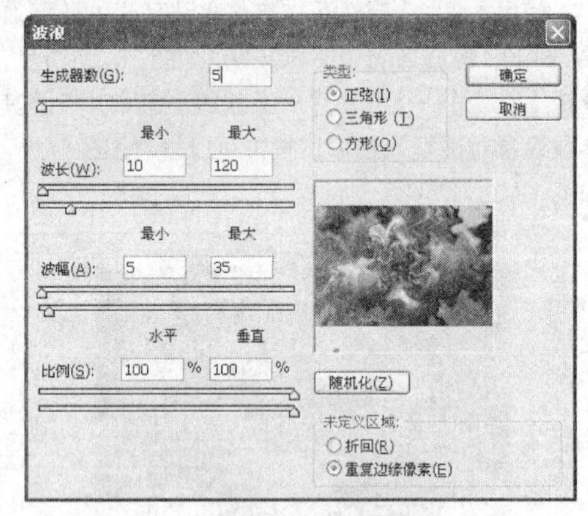

图 13-31　波浪滤镜

海洋波纹

使用“海洋波纹”滤镜可以扭曲图像表面，使图像产生一种在水面下方的效果。在滤镜库中选择海洋滤镜，其滤镜效果和参数控制区如图 13-32 所示。

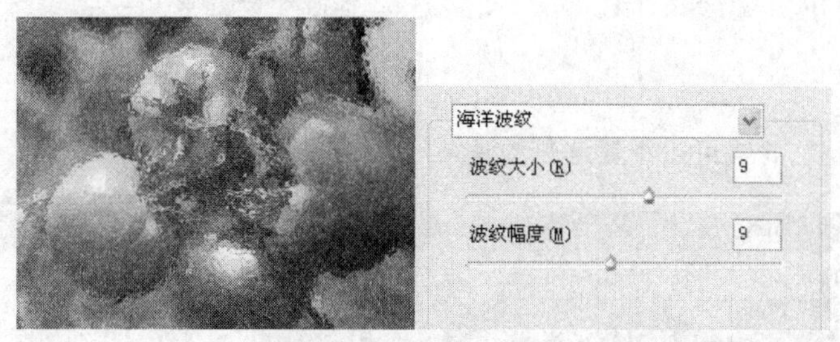

图 13-32　海洋波纹滤镜

旋转扭曲

使用“旋转扭曲”滤镜可以对图像产生顺时针或逆时针旋转效果。选择【滤镜】→【扭曲】→【旋转扭曲】命令，打开其参数设置对话框，如图 13-33 所示。

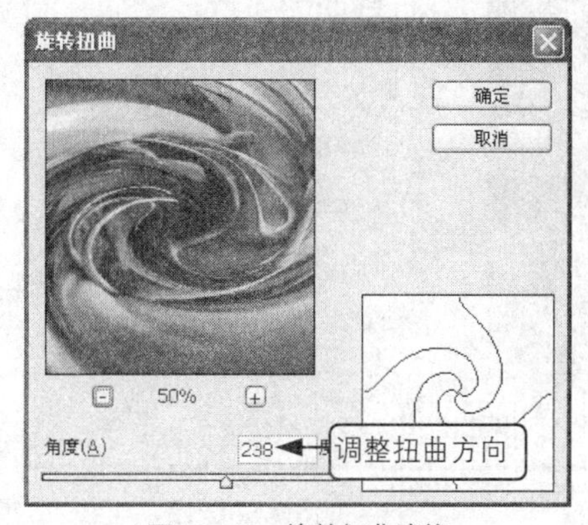

图 13-33　旋转扭曲滤镜

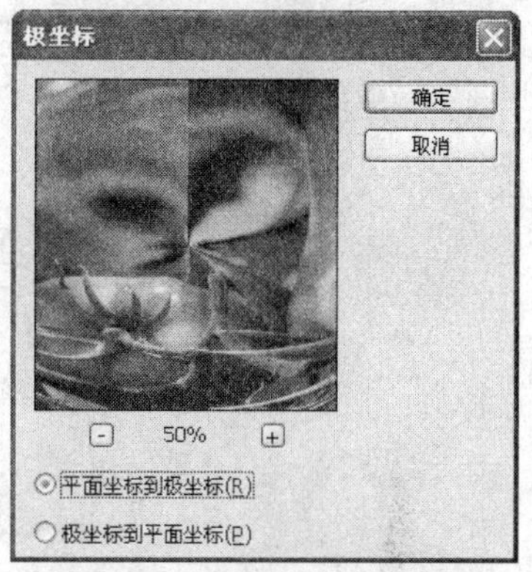

图 13-34　平面坐标到极坐标

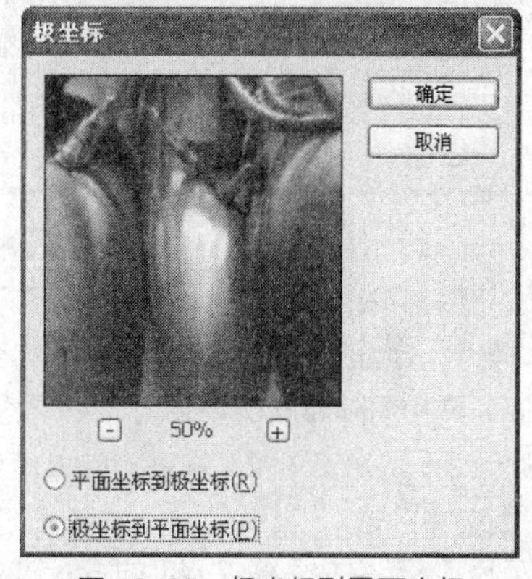

图 13-35　极坐标到平面坐标

极坐标

使用“极坐标”滤镜可以将图像的坐标从直角坐标系转换到极坐标系。选择【滤镜】→【扭曲】→【极坐标】命令，打开“极坐标”对话框。各选项参数含义如下。

◎ “平面坐标到极坐标”单选项：从直角坐标系转化到极坐标系，如图 13-34 所示。

◎ “极坐标到平面坐标”单选项：从极坐标系转化到直角坐标系，如图 13-35 所示。

挤压

使用“挤压”滤镜可以使全部图像或选定区域内的图像产生一个向外或向内挤压的变形效果。选择【滤镜】→【扭曲】→【挤压】命令，打开其参数设置对话框，如图 13-36 所示。

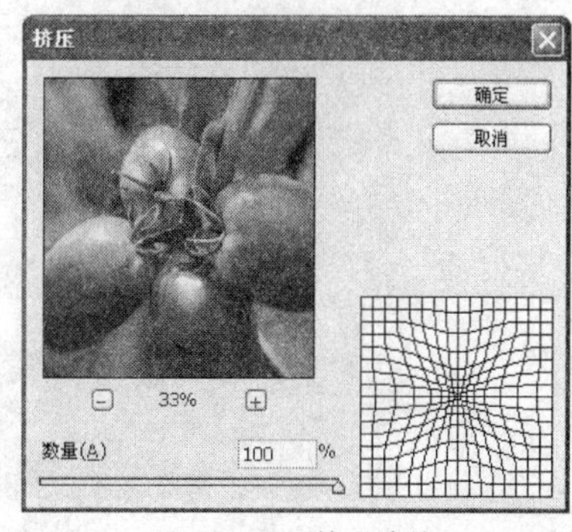

图 13-36　挤压滤镜

镜头校正

使用“镜头校正”滤镜可以修复常见的镜头缺陷，如桶形和枕形失真、晕影以及色差。选择【滤镜】→【扭曲】→【校正】命令，打开其参数设置对话框，如图 13-37 所示。各选项含义如下。

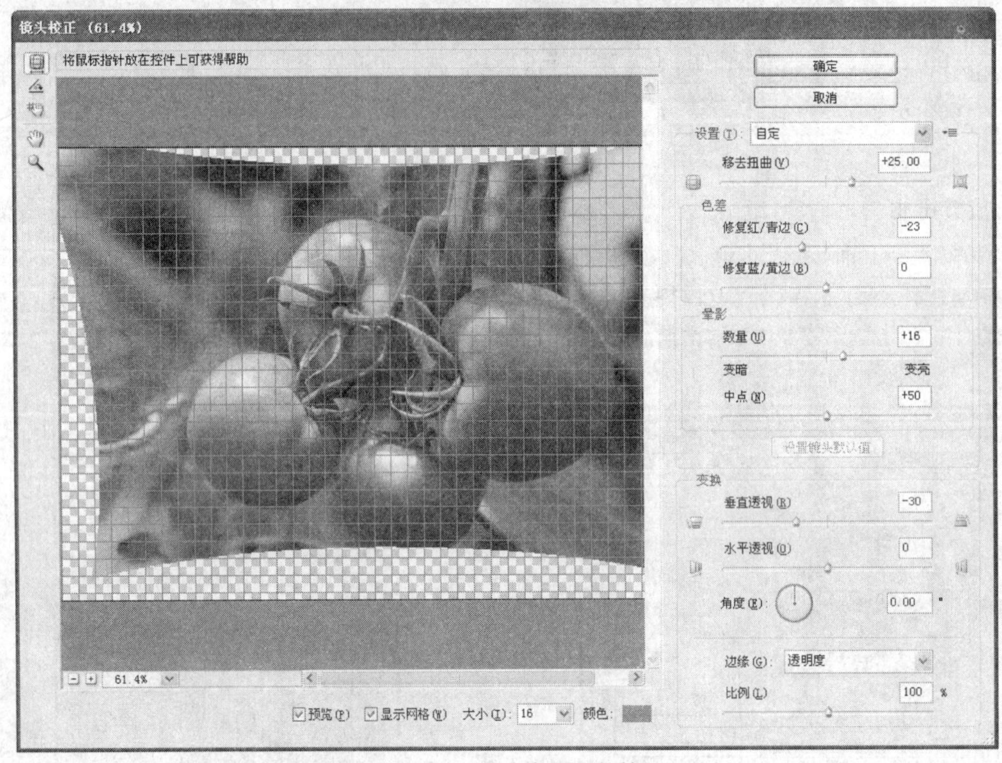

图 13-37 “镜头校正”对话框

◎ 移去扭曲：用来调整图像中产生的镜头变形失真。当数值为正时，产生内陷效果；当数值为负时，产生向外膨胀的效果。

◎ 垂直透视：用来使图像在垂直方向上产生透视效果。

◎ 水平透视：用来使图像在水平方向上产生透视效果。

扩散光亮

使用“扩散光亮”滤镜是以工具箱中背景色为基色对图像进行渲染，好像透过柔和漫射滤镜观看的效果，亮光从图像的中心位置逐渐隐没。在滤镜库中选择该命令，图像效果和参数控制区如图 13-38 所示。

图 13-38 扩散光亮滤镜

切变

使用“切变”滤镜可以使图像在水平方向产生弯曲效果。选择【滤镜】→【扭曲】→【切变】命令，打开“切变”对话框，在对话框左上侧方格框中的垂直线上单击可创建切变点，拖动切变点可实现图像的切变，如图13-39所示。

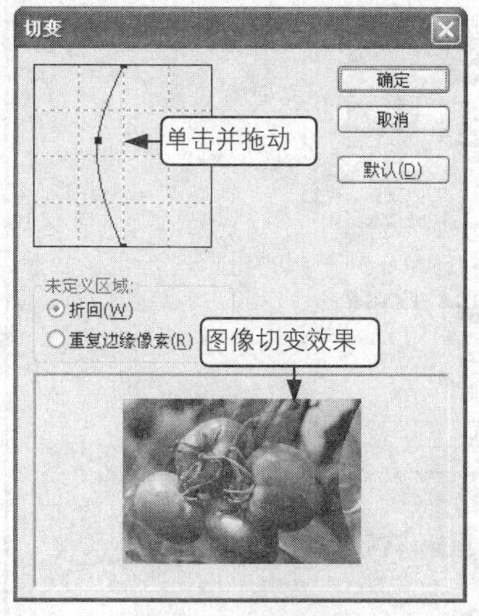

图13-39　切变滤镜

球面化

使用“球面化”滤镜模拟将图像包在球上并扭曲、伸展来适合球面，从而产生球面化效果。选择【滤镜】→【扭曲】→【球面化】命令，打开其参数设置对话框，如图13-40所示。

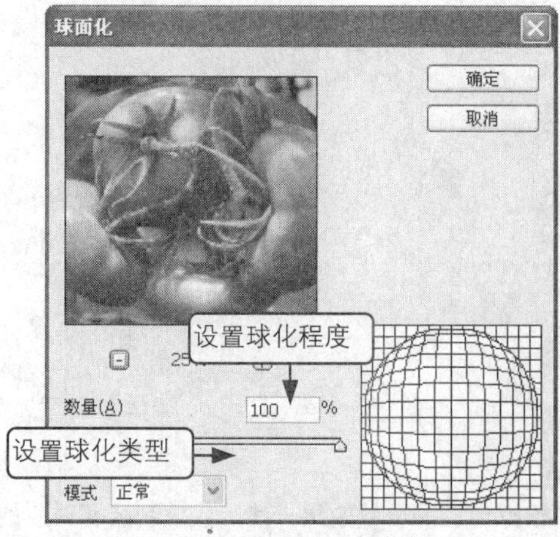

图13-40　球面化滤镜

置换

“置换”滤镜的使用方法较为特殊。使用该滤镜后，图像的像素可以沿不同的方向移位，其效果不仅依赖于对话框，而且还依赖于置换的置换图。

选择【滤镜】→【扭曲】→【置换】命令，打开并设置“置换”对话框，如图13-41所示，单击 确定 按钮，在打开的对话框中选择图13-42所示的图片，单击 打开(O) 按钮，图像产生位移后的效果如图13-43所示。

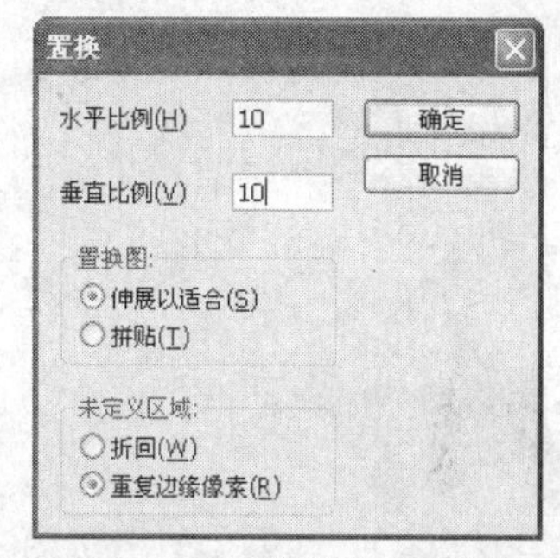

图13-41　“置换”对话框

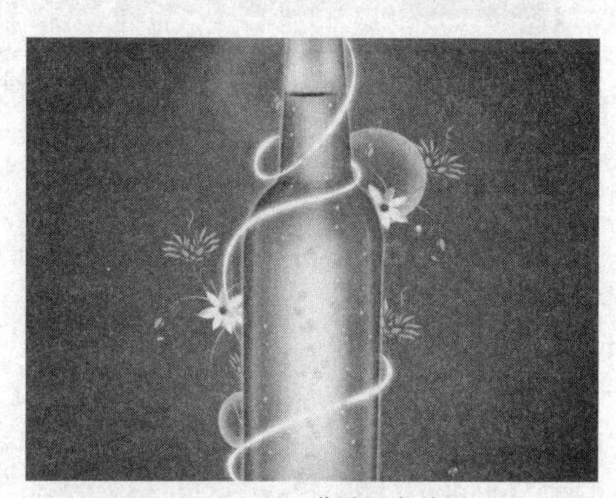

图13-42　位移图文件

图13-43　位移后的图像

5. 素描滤镜组

素描滤镜组可以用来在图像中添加纹理，使图像产生素描、速写及三维的艺术绘画效果。该组滤镜提供了 14 种滤镜效果，全部位于该滤镜库中，如图 13-44 所示。

图 13-44 素描滤镜组

便条纸

使用“便条纸”滤镜可以模拟凹陷压印图案，产生草纸画效果。其参数控制区和对应的滤镜效果如图 13-45 所示。

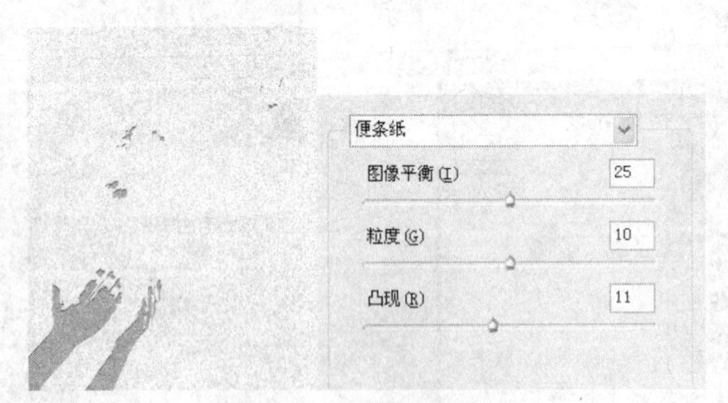

图 13-45 便条纸滤镜

半调图案

使用“半调图案”滤镜可以用前景色和背景色在图像中模拟半调网屏的效果。其参数控制区和对应的滤镜效果如图 13-46 所示。

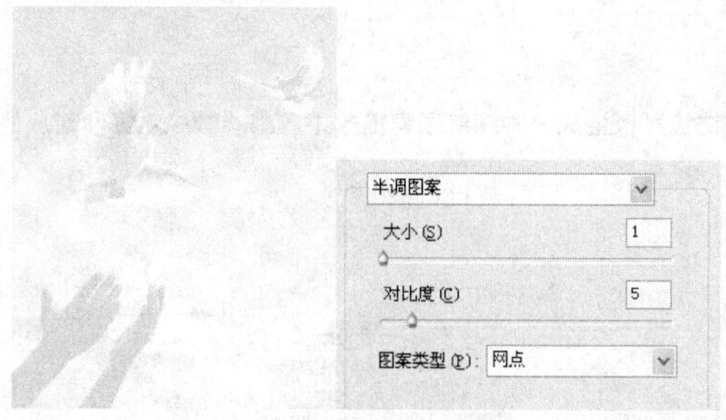

图 13-46　半调图案滤镜

粉笔和炭笔

使用“粉笔和炭笔”滤镜可以使图像产生被粉笔和炭笔涂抹的草图效果。在处理过程中，粉笔使用背景色，用来处理图像较亮的区域，而炭笔使用前景色，用来处理图像较暗的区域。其参数控制区和对应的滤镜效果如图 13-47 所示。

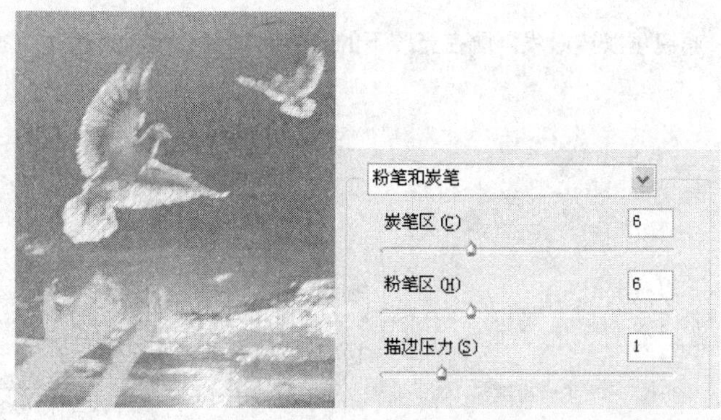

图 13-47　粉笔和炭笔滤镜

铬黄渐变

使用“铬黄渐变”滤镜可以将图像处理成好像是擦亮的铬黄表面，类似于液态金属的效果。其参数控制区和对应的滤镜效果如图 13-48 所示。

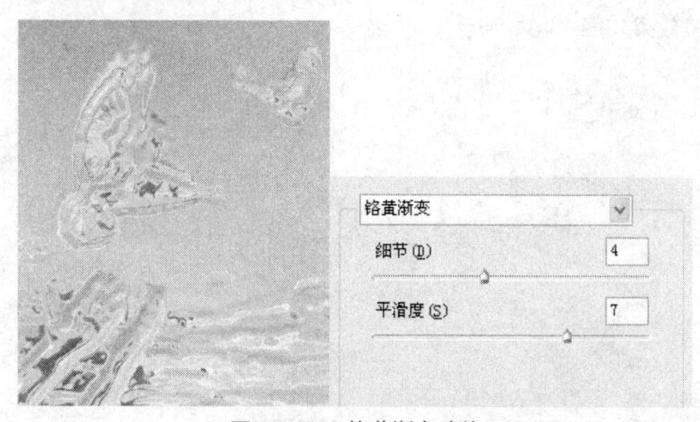

图 13-48　铬黄渐变滤镜

绘图笔

使用“绘图笔”滤镜可以生成一种钢笔画素描效果。其参数控制区和对应的滤镜效果如图 13-49 所示。

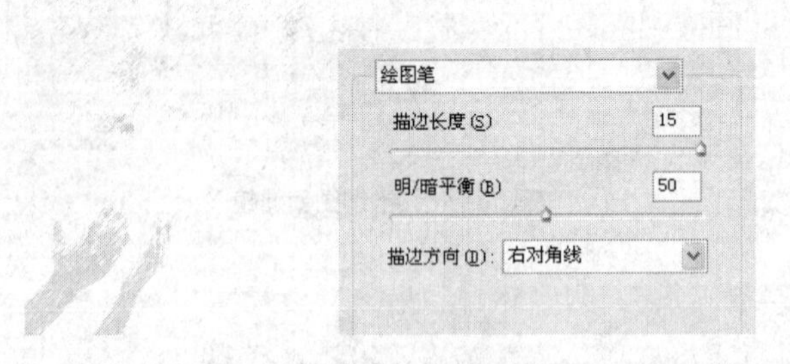

图 13-49　绘图笔滤镜

基底凸现

使用“基底凸现”滤镜可以模拟浅浮雕在光照下的效果。其参数控制区和对应的滤镜效果如图 13-50 所示。

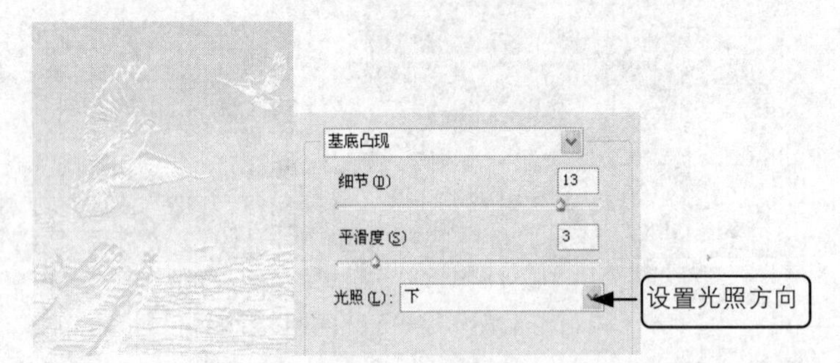

图 13-50　基底凸现滤镜

水彩画纸

使用“水彩画纸”滤镜可以模仿在潮湿的纤维纸上涂抹颜色，产生画面浸湿、纸张扩散的效果。其参数控制区和对应的滤镜效果如图 13-51 所示。

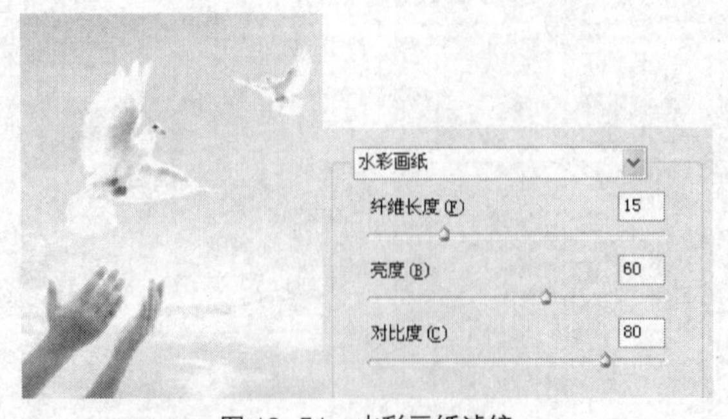

图 13-51　水彩画纸滤镜

撕边

使用“撕边”滤镜可使图像呈粗糙、撕破的纸片状，并使用前景色与背景色给图像着色。其参数控制区和对应的滤镜效果如图 13-52 所示。

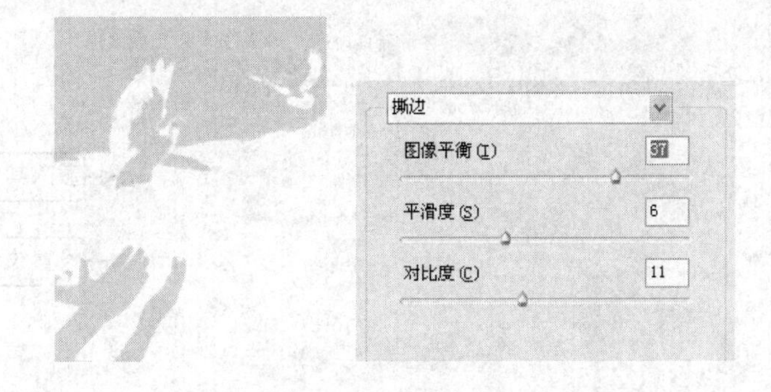

图 13-52　撕边滤镜

塑料效果

使用“塑料效果”滤镜可以使图像看上去好像是用立体石膏压模而成。使用前景色和背景色上色，图像中较暗的区域突出，较亮的区域下陷。其参数控制区和对应的滤镜效果如图 13-53 所示。

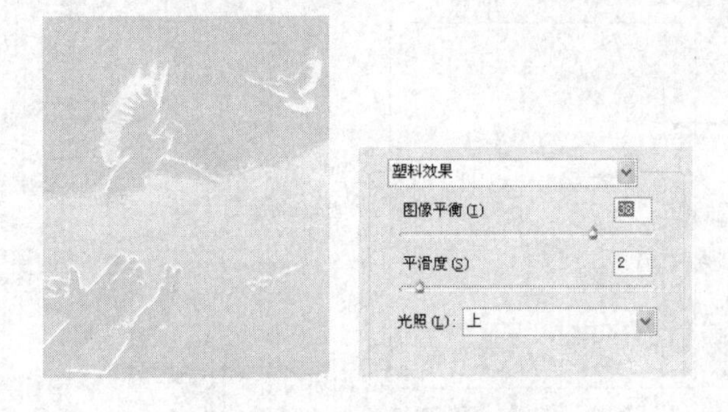

图 13-53　塑料效果滤镜

炭笔

使用“炭笔”滤镜将产生色调分离的、涂抹的效果，主要边缘以粗线条绘制，而中间色调用对角描边进行素描。其参数控制区和对应的滤镜效果如图 13-54 所示。

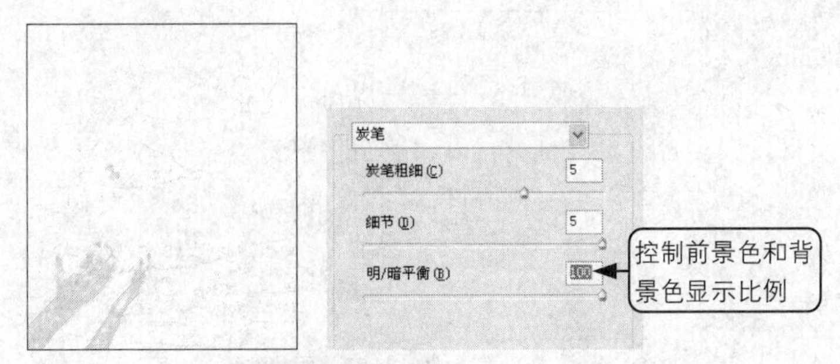

图 13-54　炭笔滤镜

炭精笔

使用“炭精笔”滤镜可以模拟炭精笔绘制图像的效果，在暗区使用前景色绘制，在亮区使用背景色绘制。其参数控制区和对应的滤镜效果如图 13-55 所示。

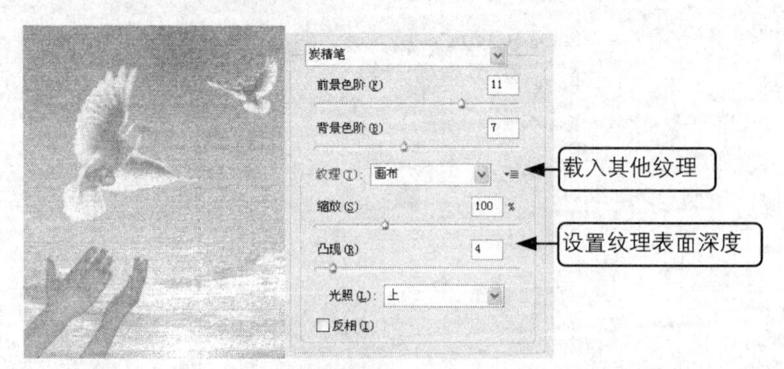

图 13-55　炭精笔滤镜

图章

使用“图章”滤镜能使图像简化、突出主体，看起来好像用橡皮和木制图章盖上去一样。其参数控制区和对应的滤镜效果如图 13-56 所示。

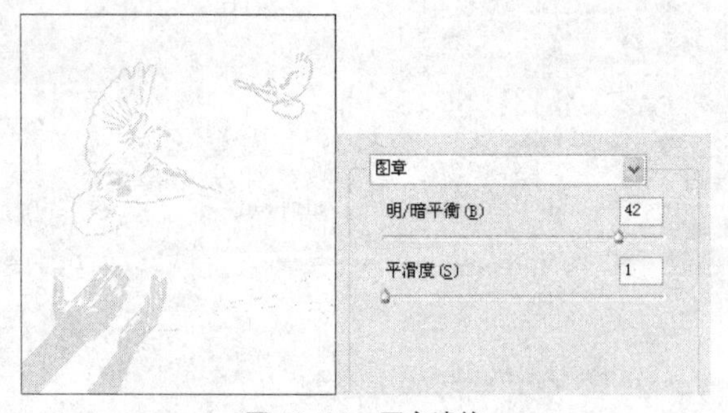

图 13-56　图章滤镜

网状

使用“网状”滤镜能模拟胶片感光乳剂的受控收缩和扭曲的效果，使图像的暗色调区域好像被结块，高光区域好像被颗粒化。其参数控制区和对应的滤镜效果如图 13-57 所示。

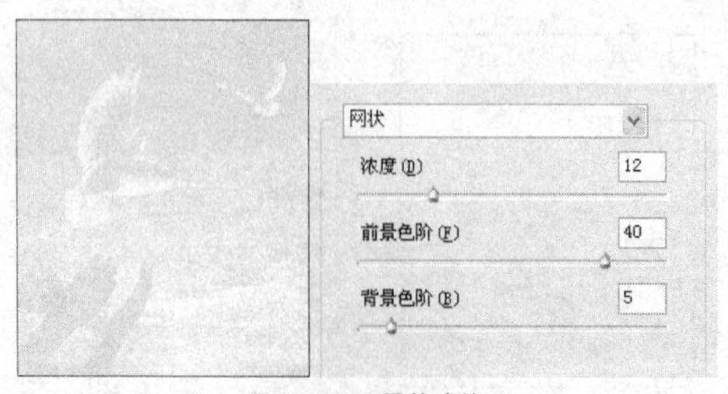

图 13-57　网状滤镜

影印

使用“影印”滤镜可以模拟影印效果，并用前景色填充图像的高亮度区，用背景色填充图像的暗区。其参数控制区和对应的滤镜效果如图 13-58 所示。

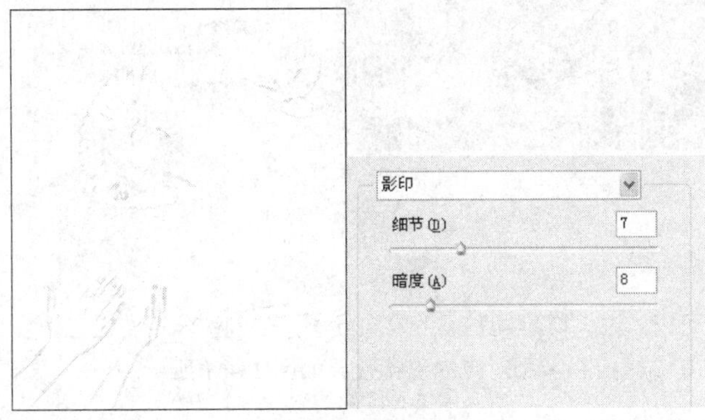

图 13-58　影印滤镜

6. 纹理滤镜组

应用纹理滤镜组可以使图像应用多种纹理的效果，产生一定的材质感。该组滤镜提供了 6 种滤镜效果，全部位于该滤镜库中，如图 13-59 所示。

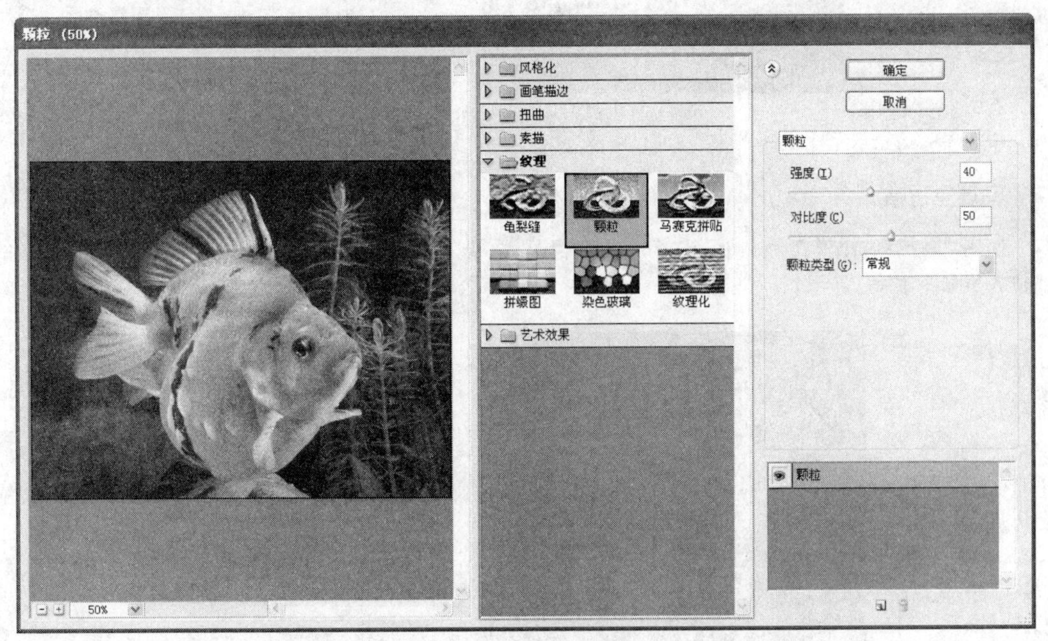

图 13-59　纹理滤镜组

龟裂缝

使用“龟裂缝”滤镜可以在图像中随机生成龟裂纹理并使图像产生浮雕效果。其参数控制区和对应的滤镜效果如图 13-60 所示。

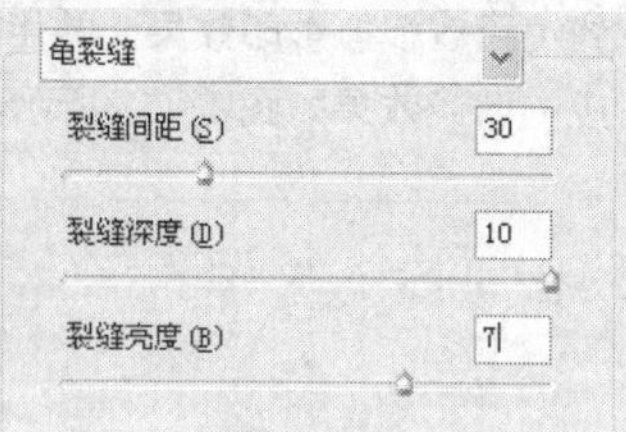

图 13-60　龟裂缝滤镜

颗粒

使用“颗粒”滤镜可以通过模拟不同种类的颗粒纹理添加到图像中，在“颗粒类型”下拉列表框中可以选择多种颗粒形态。其参数控制区和对应的滤镜效果如图 13-61 所示。

图 13-61　颗粒滤镜

马赛克拼贴

使用“马赛克拼贴”滤镜可以产生分布均匀但形状不规则的马赛克拼贴效果。其参数控制区和对应的滤镜效果如图 13-62 所示。

图 13-62　马赛克拼贴滤镜

拼缀图

使用“拼缀图”滤镜可使图像产生由多个方块拼缀的效果，每个方块的颜色是由该方块中像素的平均颜色决定的。其参数控制区和对应的滤镜效果如图 13-63 所示。

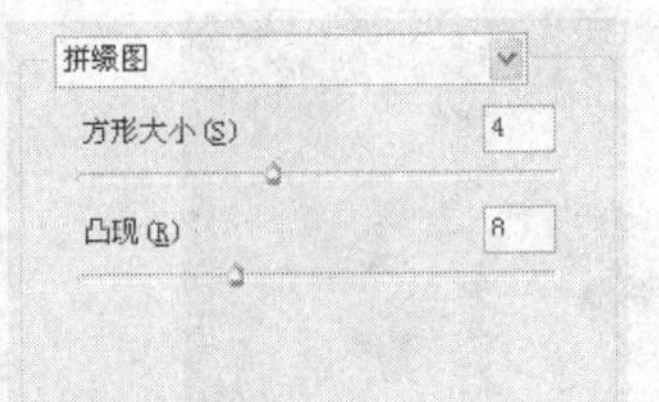

图 13-63　拼缀图滤镜

染色玻璃

使用“染色玻璃”滤镜可以使图像产生由不规则的玻璃网格拼凑出来的效果。其参数控制区和对应的滤镜效果如图 13-64 所示。

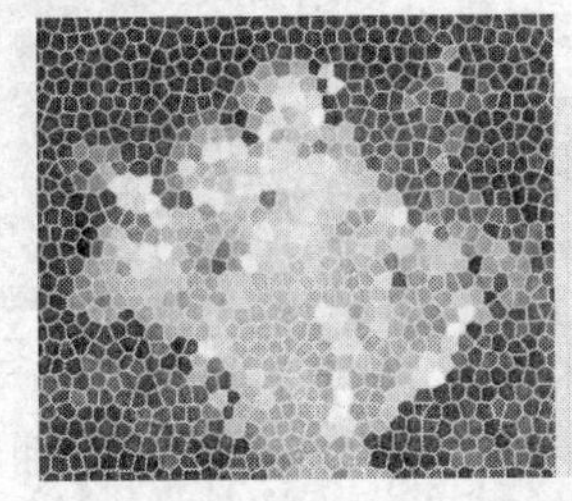

图 13-64　染色玻璃滤镜

纹理化

使用“纹理化”滤镜可以向图像中添加系统提供的各种纹理效果，或根据另一个文件的亮度值向图像中添加纹理效果。其参数控制区和对应的滤镜效果如图 13-65 所示。

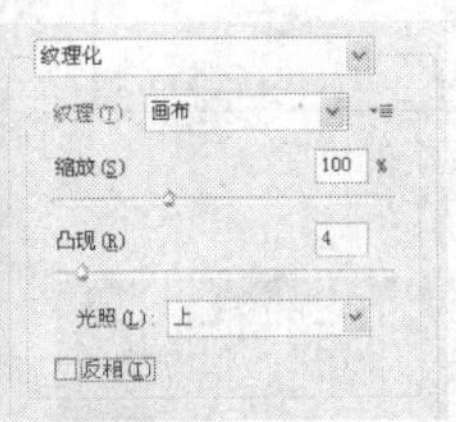

图 13-65　纹理化滤镜

7. 案例——制作彩色特效桌面图像

本案例将对图 13-66 所示的“昆虫.jpg”、“花朵 2.jpg”图像制作“彩色特效桌面”图像，效果如图 13-67 所示。通过该案例的学习，可以掌握“径向模糊”和“旋转扭曲”两种滤镜的使用方法。

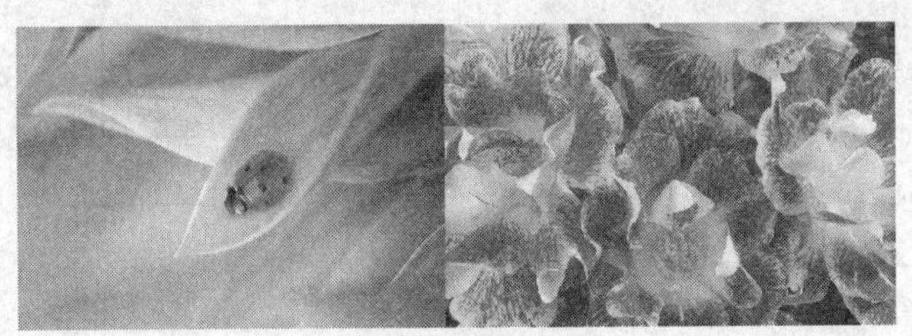

图 13-66　素材图像

图 13-67　实例效果

制作该图像的具体操作如下。

❶ 打开“昆虫.jpg”素材图像，选择【滤镜】→【扭曲】→【旋转扭曲】命令，在打开的“旋转扭曲”对话框中设置旋转角度为-644，如图 13-68 所示。单击 确定 按钮得到图 13-69 所示的图像扭曲效果。

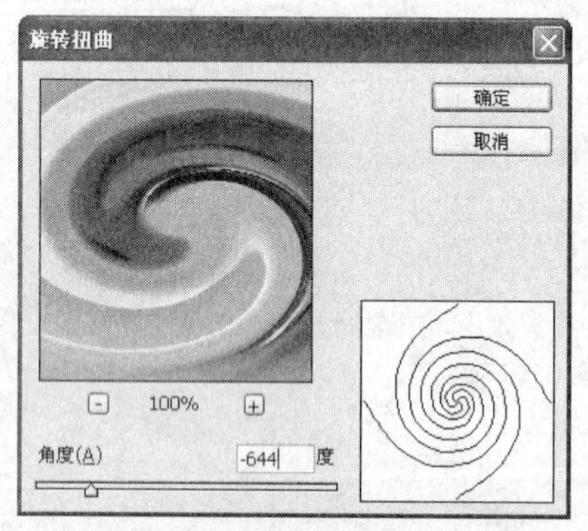

图 13-68　设置旋转角度

图 13-69　图像扭曲效果

❷ 打开“花朵 2.jpg”素材图像，选择【滤镜】→【模糊】→【径向模糊】命令，在打开的“径向模糊”对话框中设置参数如图 13-70 所示，单击 确定 按钮得到径向模糊效果，如图 13-71 所示。

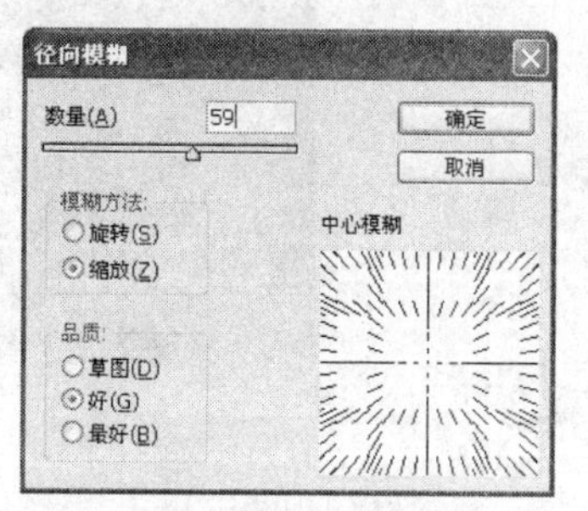

图 13-70　设置参数

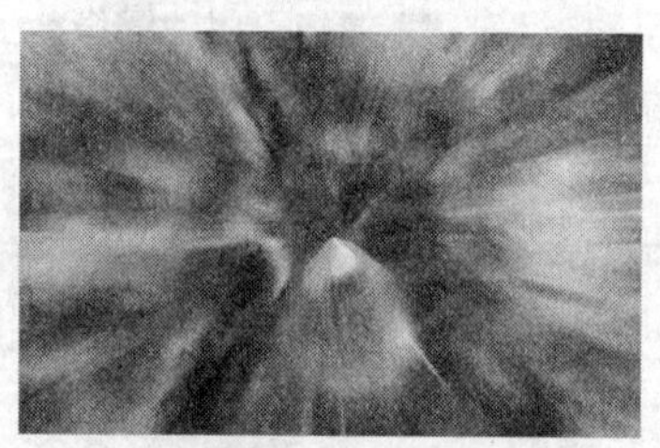
图 13-71　径向模糊效果

❸ 再次运用【旋转扭曲】命令，设置与步骤 1 相同，花朵 2 图像得到图 13-72 所示的效果。

图 13-72　旋转扭曲效果

❹ 使用移动工具 将花朵 2 图像拖动到昆虫图像文件中，按【Ctrl + T】组合键适当调整花朵 2 图像的大小，使其布满整个画面。这时“图层”面板中将默认花朵 2 图像为图层 1，设置该图层混合模式为“叠加”，如图 13-73 所示，得到的图像效果如图 13-74 所示。

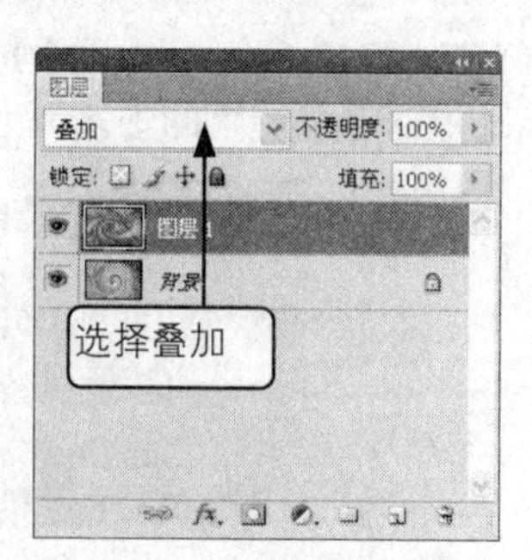

图 13-73　设置图层混合模式

图 13-74　图像效果

图 13-75　输入文字

❺ 使用横排文字工具 T 在画面右下方输入文字，在属性栏中设置字体为 Cataneo BT，适当调整文字大小，完成实例的制作如图 13-75 所示。

试一试

在"图层"面板中设置不同的图层混合模式，看看图像有哪些变化。

8. 案例——制作鱼缸里的小孩

本案例将使用图 13-76 所示的"鱼缸.jpg"、"小孩.psd"图像，制作"鱼缸里的小孩"图像效果，如图 13-77 所示。通过该案例的学习，可以掌握"球面化"滤镜的使用。

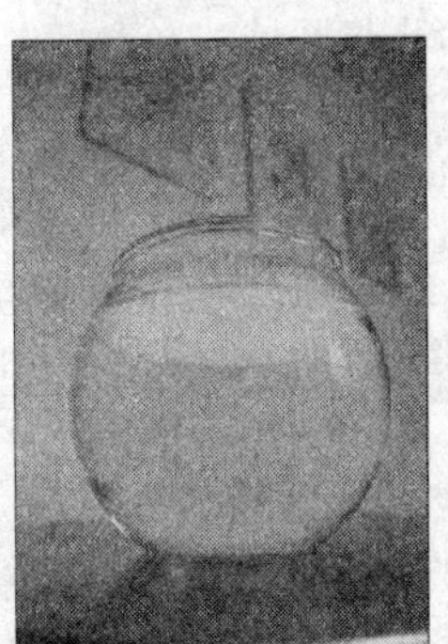
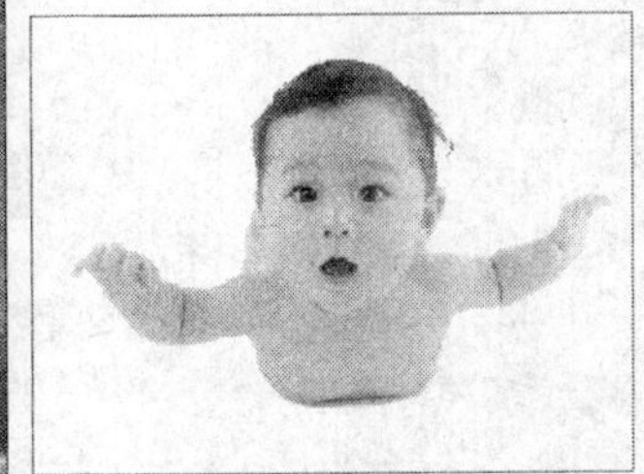
图 13-76　素材图像

图 13-77　实例效果

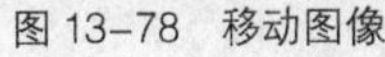
图 13-78　移动图像

制作该图像的具体操作如下。

❶ 打开"鱼缸.jpg"和"小孩.psd"图像，将小孩图像拖入鱼缸图像中，调整大小及位置如图 13-78 所示，"图层"面板中将自动得到图层 1。按【Ctrl+B】组合键打开"色彩平衡"对话框，调整参数如图 13-79 所示。单击 确定 按钮，效果如图 13-80 所示。

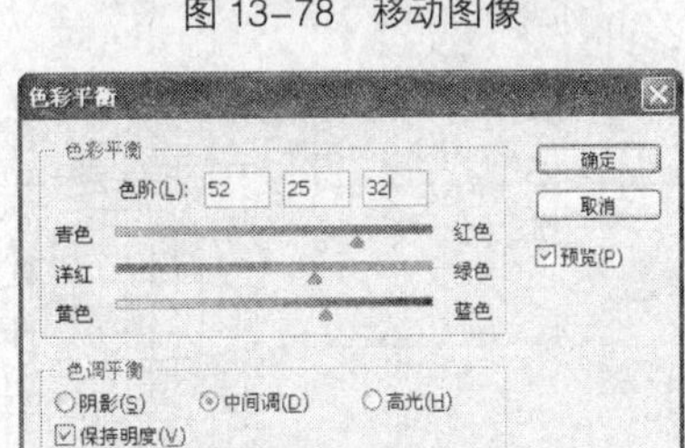

图 13-79　调整颜色

图 13-80　图像效果

❷ 将此图层混合模式设置为“正片叠底”，选择椭圆选框工具，在属性栏中设置羽化值为 10，然后在图 13-81 所示的位置创建椭圆选区。

图 13-81　创建椭圆选区

❸ 选择【滤镜】→【扭曲】→【球面化】命令，设置参数如图 13-82 所示，效果如图 13-83 所示。

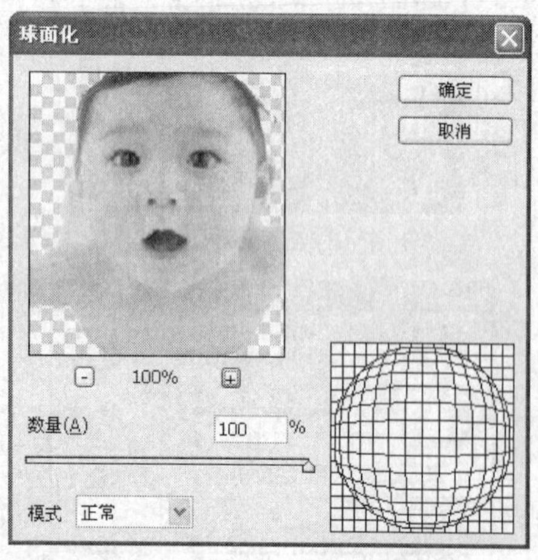

图 13-82　“球面化”对话框

图 13-83　图像效果

❹ 将此图层复制一个副本，将其图层混合模式设置为“柔光”，最终效果如图 13-77 所示。

想一想

为什么在使用“球面化”滤镜之前需要先选择图像区域?

13.1.2　滤镜的设置与应用二

前面介绍了 Photoshop CS4 中的一部分滤镜，下面介绍其他滤镜的使用方法。

1. 像素化滤镜组

大部分像素化滤镜会将图像转换成平面色块组成的图案，并通过不同的设置达到截然不同的效果。像素化滤镜组提供了 7 种滤镜，选择【滤镜】→【像素化】命令，在弹出的子菜单中选择相应的滤镜项即可使用。

彩块化

使用“彩块化”滤镜可以使图像中纯色或颜色相似的像素结为彩色像素块而使图像产生类似宝石刻画的效果。该滤镜没有参数设置对话框，直接应用即可，应用后效果比原图像更加模糊。

彩色半调

使用“彩色半调”滤镜可以模拟在图像的每个通道上使用扩大的半调网屏效果。对于每个通道，该滤镜用小矩形将图像分割，并用圆形图像替换矩形图像。圆形的大小与矩形的亮度呈正比。其参数控制区和对应的滤镜效果如图 13-84 所示。

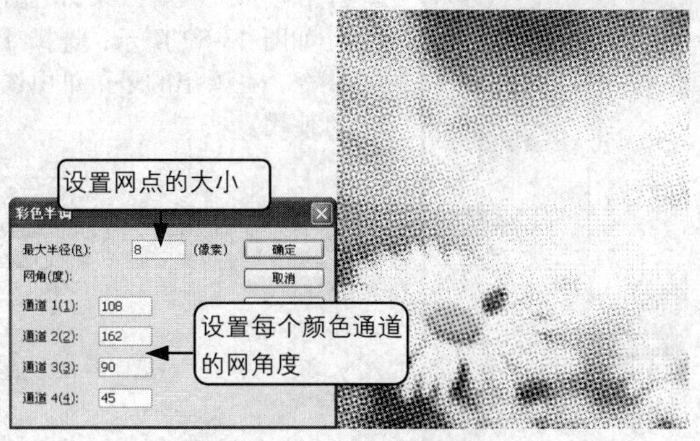

图 13-84　彩色半调滤镜

晶格化

使用“晶格化”滤镜可以将相近的像素集中到一个纯色有角多边形网格中。其参数控制区和对应的滤镜效果如图 13-85 所示。

图 13-85　晶格化滤镜

点状化

使用“点状化”滤镜可以使图像产生随机的彩色斑点效果，点与点之间的空隙将用当前背景色填充。其参数控制区和对应的滤镜效果如图 13-86 所示。

铜版雕刻

使用“铜版雕刻”滤镜将在图像中随机分布各种不规则的线条和斑点，产生镂刻的版画效果。其参数控制区和对应的滤镜效果如图 13-87 所示。

马赛克

使用“马赛克”滤镜将一个单元内所有色彩相似的像素统一颜色后再合成更大的方块，从而产生马赛克效果。对话框中的“单元格大小”选项用于设置产生的方块大小。其参数控制区和对应的滤镜效果如图 13-88 所示。

图 13-86　点状化滤镜

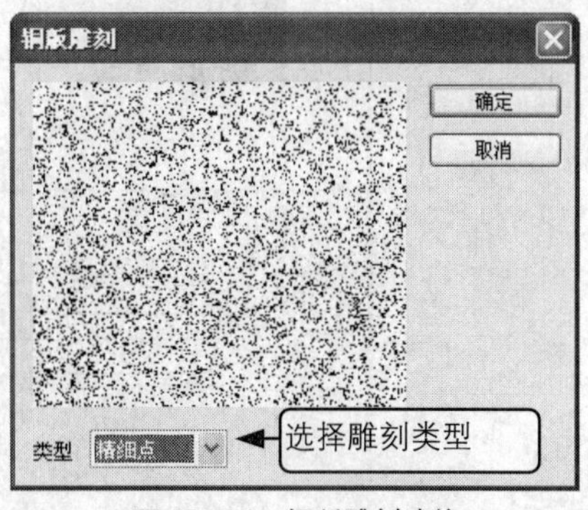

图 13-87　铜版雕刻滤镜

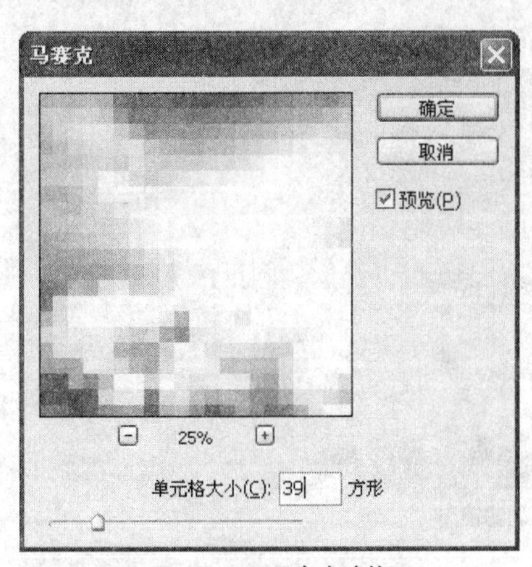

图 13-88 马赛克滤镜

碎片

使用"碎片"滤镜可以使图像的像素复制 4 倍，然后将它们平均移位并降低不透明度，从而产生模糊效果。该滤镜无参数设置对话框。

2. 渲染滤镜组

渲染滤镜组用于在图像中创建云彩、折射和模拟光线等效果。该滤镜组提供了 5 种滤镜，如图 13-89 所示，选择【滤镜】→【渲染】命令，在弹出的子菜单中选择相应的滤镜项即可使用。

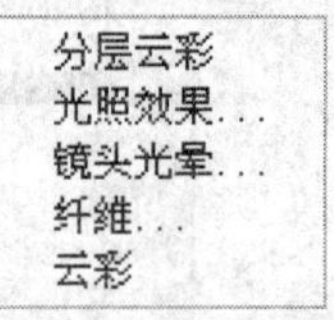

图 13-89 渲染滤镜组

分层云彩

"分层云彩"滤镜将使用随机生成的介于前景色与背景色之间的值，生成云彩图案效果。该滤镜无参数设置对话框。

光照效果

"光照效果"滤镜的功能相当强大，可以通过改变 17 种光照样式、3 种光照类型和 4 套光照属性，在 RGB 模式图像上产生多种光照效果。其参数设置对话框如图 13-90 所示。

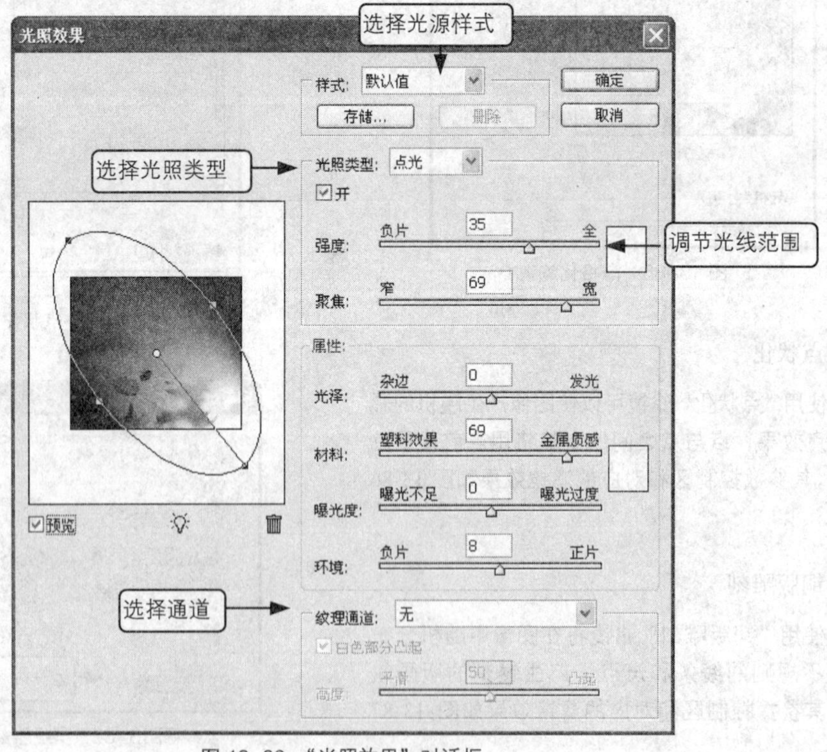

图 13-90 "光照效果"对话框

各选项含义如下。

◎ “强度”栏：拖动其右侧的滑块可以控制光的强度，其取值范围为-100～100。该值越大，光亮越强。单击其右侧的颜色图标，在打开的“拾色器”对话框中可以设置灯光的颜色。

◎ “光泽”栏：拖动其右侧的滑块可以设置反光物体的表面光洁度。拖动滑块从“杂边”端到“发光”端，光照效果越来越强。

◎ “材料”栏：用于设置在灯光下图像的材质，该项决定反射光色彩是反射光源的色彩还是反射物本身的色彩。拖动其右侧的滑块从“塑料效果”端到“金属质感”端，反射光线颜色从光源颜色过渡到反射物颜色。

◎ “曝光度”栏：用于设置光线的亮暗度。

> 注意：选择“纹理通道”下拉列表框中的“无”选项时，“白色部分凸出”复选框将变为不可设置状态。

◎ “高度”栏：选中该项，纹理的凸出部分用白色表示，凹陷部分用黑色表示。

◎ “预览”框：单击预览框中的光源焦点即可确定当前光源，在光源框上按住鼠标左键并拖动可以调节该光源的位置和范围，拖动光源中间的控制点可以移动光源的位置。拖动预览框底部的💡图标到预览框中可添加新的光源。将预览框中光源的焦点拖到其下方的🗑图标上可删除该光源。

镜头光晕

使用“镜头光晕”滤镜可以模拟亮光照射到相机镜头所产生的折射。其参数对话框如图 13-91 所示。

纤维

使用“纤维”滤镜可以将前景色和背景色混合生成一种纤维效果。其参数对话框如图 13-92 所示。

云彩

使用“云彩”滤镜将在当前前景色和背景色之间随机地抽取像素值，生成柔和的云彩图案效果。该滤镜无参数设置对话框。需要注意的是，应用此滤镜后原图层上的图像会被替换。

图 13-91　镜头光晕滤镜

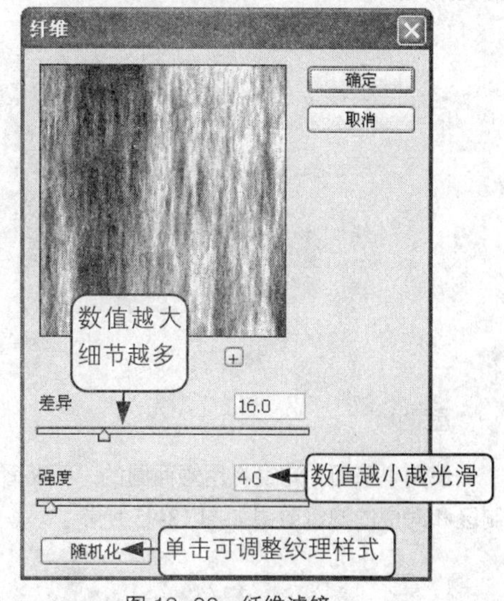

图 13-92　纤维滤镜

3. 艺术效果滤镜组

艺术效果滤镜组为用户提供了模仿传统绘画手法的途径，可以为图像添加绘画效果或艺术特效。该组滤镜提供了 15 种滤镜，全部位于该滤镜库中，如图 13-93 所示。

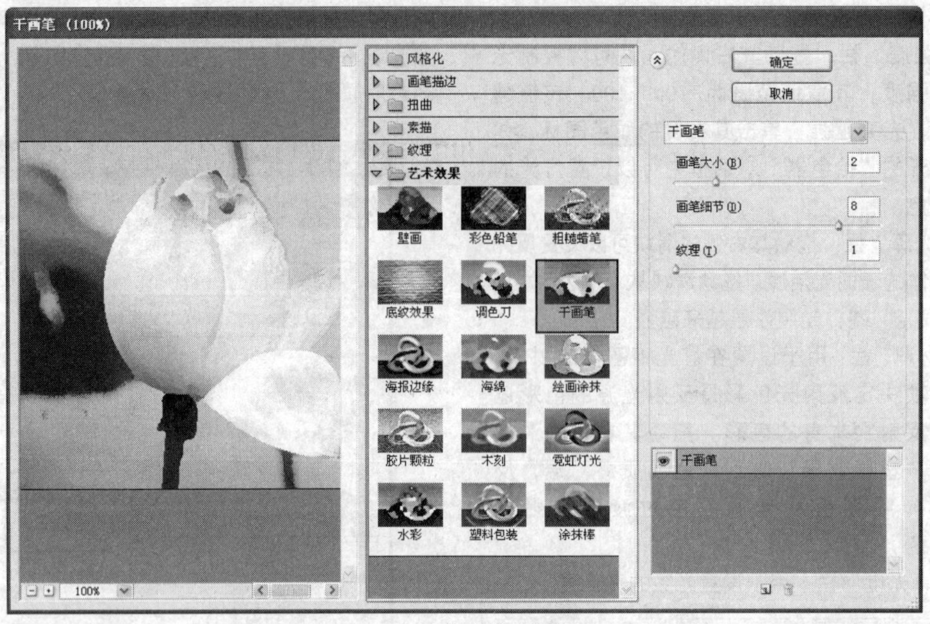

图 13-93　艺术效果滤镜组

塑料包装

使用“塑料包装”滤镜可以使图像表面产生类似透明塑料袋包裹物体的效果。其参数控制区和对应的滤镜效果如图 13-94 所示。

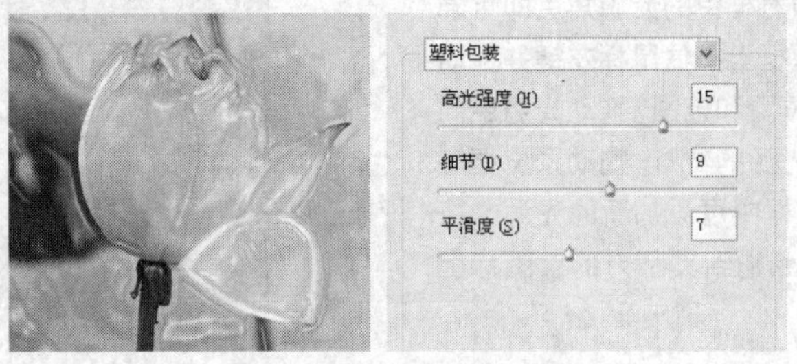

图 13-94　塑料包装滤镜

壁画

使用“壁画”滤镜将用短而圆的、粗略轻涂的小块颜料涂抹图像，产生风格较粗犷的效果。其参数控制区和对应的滤镜效果如图 13-95 所示。

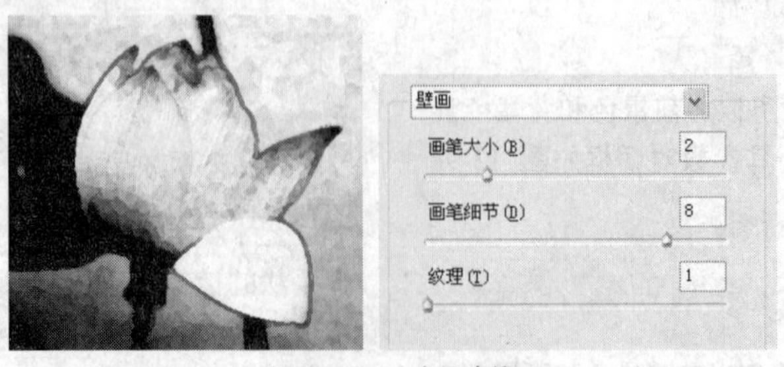

图 13-95　壁画滤镜

干画笔

使用“干画笔”滤镜能模拟使用干画笔绘制图像边缘的效果。该滤镜通过将图像的颜色范围减少为常用颜色区来简化图像。其参数控制区和对应的滤镜效果如图 13-96 所示。

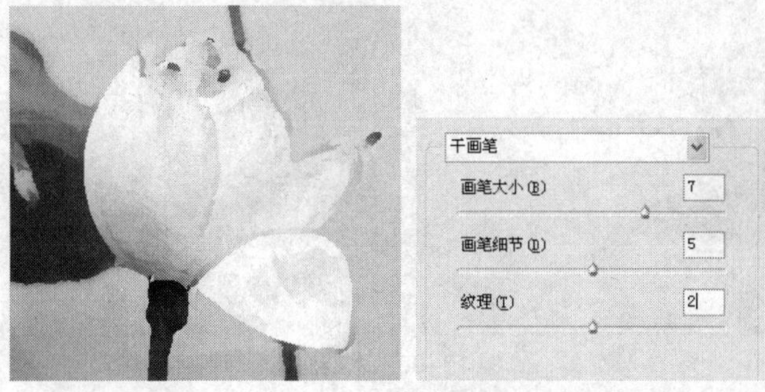

图 13-96　干画笔滤镜

底纹效果

使用“底纹效果”滤镜可以使图像产生喷绘图像效果。其参数控制区和对应的滤镜效果如图 13-97 所示。

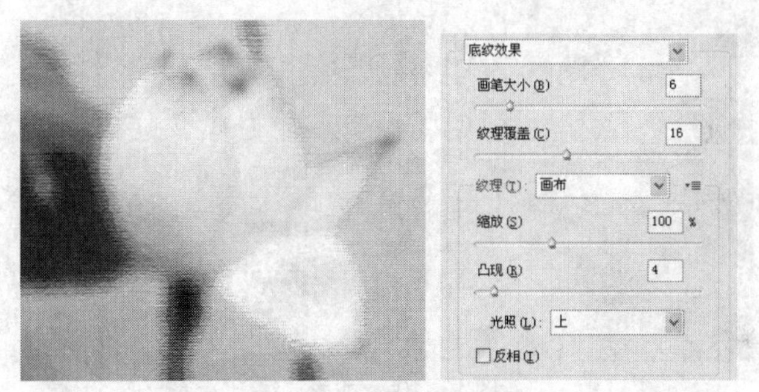

图 13-97　底纹效果滤镜

彩色铅笔

使用“彩色铅笔”滤镜可以模拟用彩色铅笔在纸上绘图的效果，同时保留重要边缘，外观呈粗糙阴影线。其参数控制区和对应的滤镜效果如图 13-98 所示。

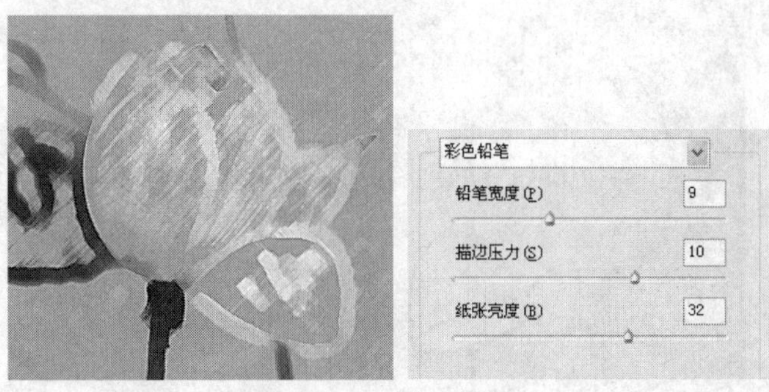

图 13-98　彩色铅笔滤镜

木刻

使用“木刻”滤镜可以使图像产生木雕画效果。其参数控制区和对应的滤镜效果如图 13-99 所示。

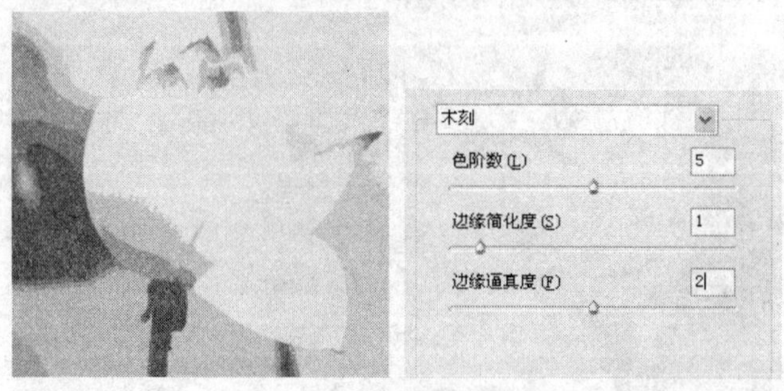

图 13-99 木刻滤镜

水彩

使用“水彩”滤镜可以简化图像细节，以水彩的风格绘制图像，产生一种水彩画效果。其参数控制区和对应的滤镜效果如图 13-100 所示。

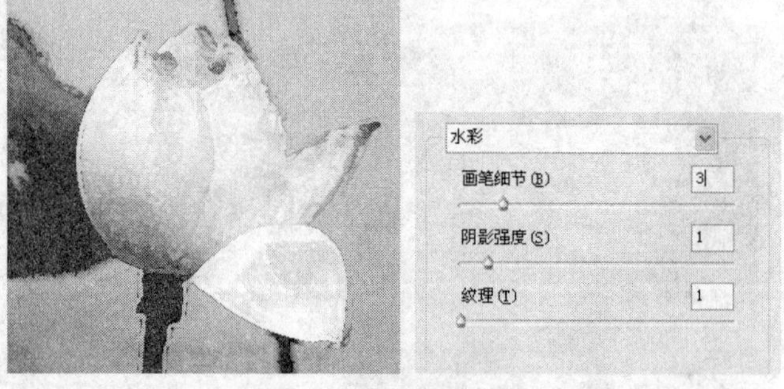

图 13-100 水彩滤镜

海报边缘

使用“海报边缘”滤镜根据设置的海报化选项，减少图像中的颜色数目，查找图像的边缘并在上面绘制黑线。其参数控制区和对应的滤镜效果如图 13-101 所示。

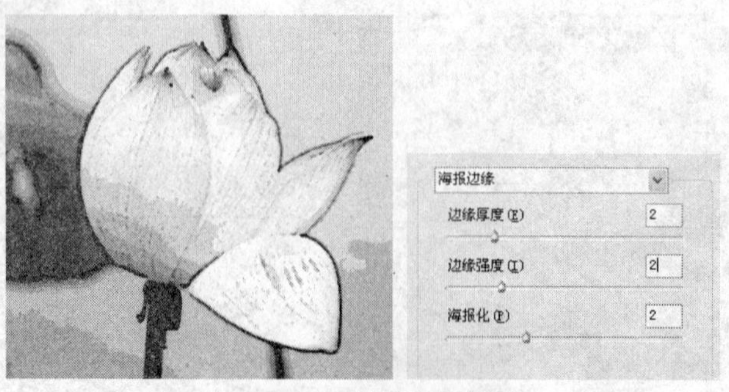

图 13-101 海报边缘滤镜

海绵

使用“海绵”滤镜可以模拟海绵在图像上画过的效果，使图像带有强烈对比色纹理。其参数控制区和对应的滤镜效果如图 13-102 所示。

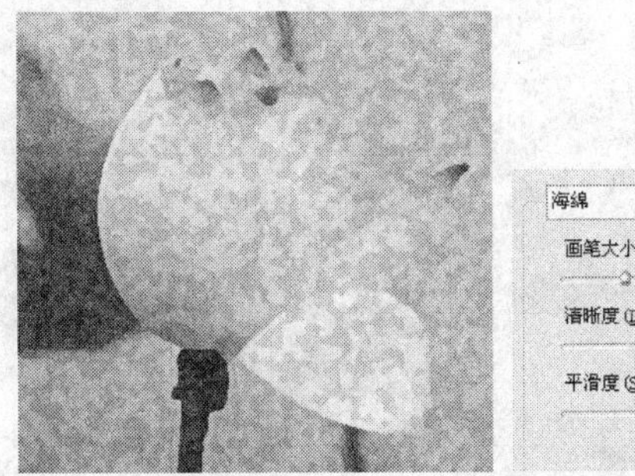

图 13-102　海绵滤镜

涂抹棒

“涂抹棒”滤镜使用短的对角线涂抹图像的较暗区域来柔和图像，可增大图像的对比度。其参数控制区和对应的滤镜效果如图 13-103 所示。

图 13-103　涂抹棒滤镜

粗糙蜡笔

使用“粗糙蜡笔”滤镜可以模拟蜡笔在纹理背景上绘图，产生一种纹理浮雕效果。其参数控制区和对应的滤镜效果如图 13-104 所示。

图 13-104　海绵滤镜

绘画涂抹

使用“绘画涂抹”滤镜可以模拟各种画笔涂抹的效果。其参数控制区和对应的滤镜效果如图 13-105 所示。

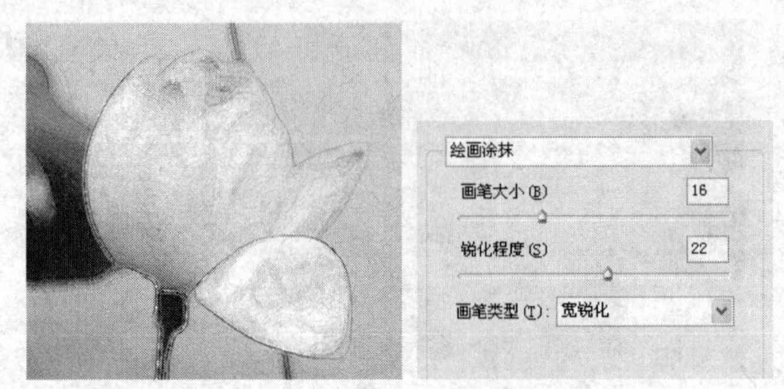

图 13-105　绘画涂抹滤镜

胶片颗粒

使用“胶片颗粒”滤镜可以在图像表面产生胶片颗粒状纹理效果。其参数控制区和对应的滤镜效果如图 13-106 所示。

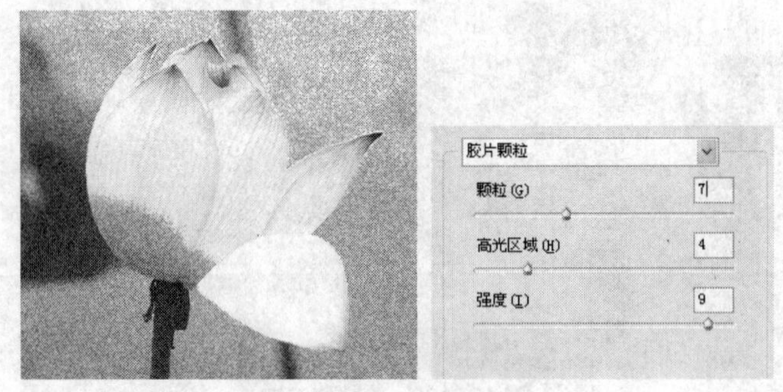

图 13-106　胶片颗粒滤镜

调色刀

使用“调色刀”滤镜可以减少图像中的细节，生成描绘得很淡的画布效果。其参数控制区和对应的滤镜效果如图 13-107 所示。

图 13-107　调色刀滤镜

霓虹灯光

使用“霓虹灯光”滤镜可以将各种类型的发光添加到图像中的对象上，产生彩色氖光灯照射的效果。其参数控制区和对应的滤镜效果如图 13-108 所示。

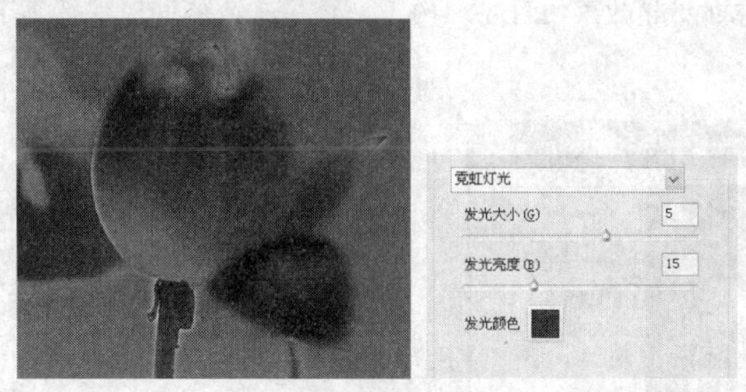

图 13-108 霓虹灯光滤镜

4. 杂色滤镜组

杂色滤镜组主要用来向图像中添加杂点或去除图像中的杂点，通过混合干扰，制作出着色像素图案的纹理。此外，杂色滤镜还可以创建一些具有特点的纹理效果，或去掉图像中有缺陷的区域。杂色滤镜组提供了 5 种滤镜，选择【滤镜】→【杂色】命令，在弹出的子菜单中选择相应的滤镜项即可使用。

减少杂色

“减少杂色”命令用于去除在数码拍摄中，因为 ISO 值设置不当而导致的杂色，同时也可去除使用扫描仪扫描图像时，由于扫描传感器导致的图像杂色。其对话框如图 13-109 所示。

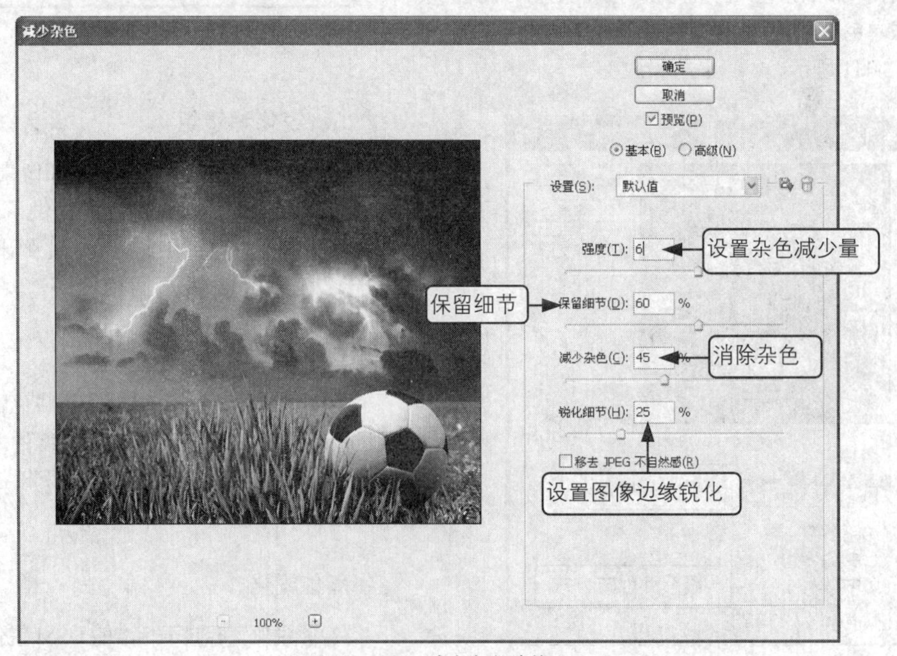

图 13-109 减少杂色滤镜

蒙尘与划痕

使用“蒙尘与划痕”滤镜可以将图像中有缺陷的像素融入周围的像素，达到除尘和隐藏瑕疵的目的。其参数控制区和对应的滤镜效果如图 13-110 所示。

图 13–110　蒙尘与划痕滤镜

添加杂色

使用“添加杂色”滤镜可以向图像随机地混合彩色或单色杂点。其参数控制区和对应的滤镜效果如图 13-111 所示。

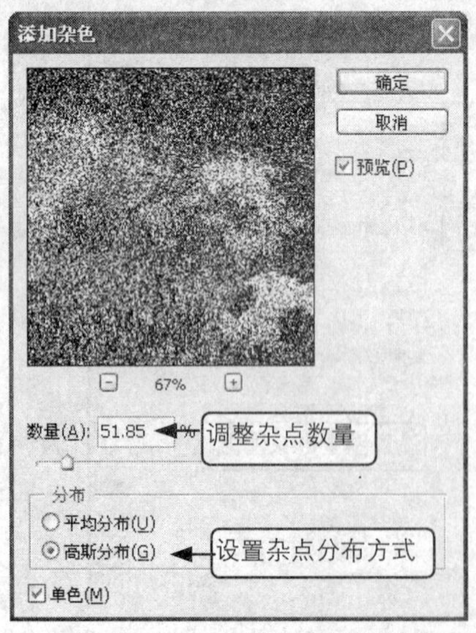

图 13–111　添加杂色滤镜

去斑

使用“去斑”滤镜可以对图像或选择区内的图像进行轻微的模糊和柔化处理，从而实现移去杂色的同时保留细节。该滤镜无参数设置对话框。

中间值

使用“中间值”滤镜可以通过混合图像中像素的亮度来减少图像的杂色。其参数控制区和对应的滤镜效果如图 13-112 所示。

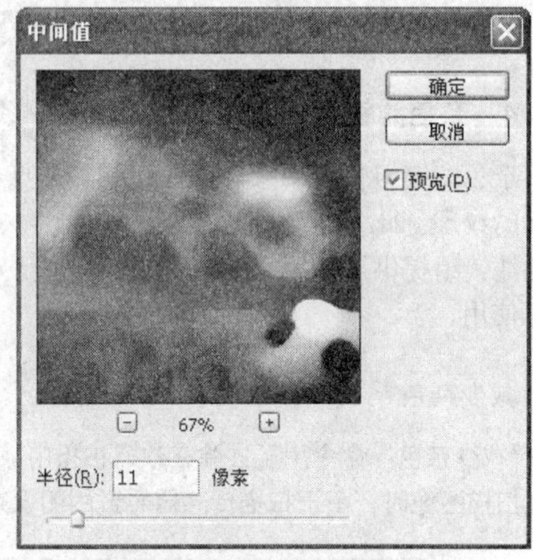

图 13–112　中间值滤镜

5. 锐化滤镜组

锐化滤镜组能通过增加相邻像素的对比度来聚焦模糊的图像。该滤镜组提供了 5 种滤镜，选择【滤镜】→【锐化】命令，在弹出的子菜单中选择相应的滤镜项即可使用。

USM 锐化

使用“USM 锐化”滤镜可以锐化图像边缘，通过调整边缘细节的对比度，在边缘的每侧生成一条亮线和一条暗线。其参数控制区和对应的滤镜效果如图 13-113 所示。

智能锐化

“智能锐化”相较于标准的 USM 锐化滤镜，智能锐化的开发目的是用于改善边缘细节、阴影及高光锐化，在阴影和高光区域它对锐化提供了良好的控制。其参数控制区和对应的滤镜效果如图 13-114 所示。

图 13–113　USM 锐化滤镜

锐化

使用“锐化”滤镜可以增加图像中相邻像素点之间的对比度，从而可聚焦选区并提高其清晰度。该滤镜无参数设置对话框。

进一步锐化

“进一步锐化”滤镜的锐化效果要比“锐化”滤镜更强烈。该滤镜无参数设置对话框。

锐化边缘

“锐化边缘”滤镜用来锐化图像的轮廓，使不同颜色之间分界更明显。该滤镜无参数设置对话框。

图 13–114　智能锐化滤镜

6. 智能滤镜

选择【滤镜】→【转换为智能滤镜】命令，可以将图层转换为智能对象，应用于智能对象的任何滤镜都是智能滤镜。智能滤镜将出现在“图层”面板中应用这些智能滤镜的智能对象图层的下方，如图 13-115 所示。普通滤镜在设置好后效果不能进行重新编辑，但如果将滤镜转换为智能滤镜后，就可以对原来应用的滤镜效果进行编辑。单击“图层”面板中添加的滤镜效果可以开启设置的滤镜命令，对其进行重新编辑，如图 13-116 所示。

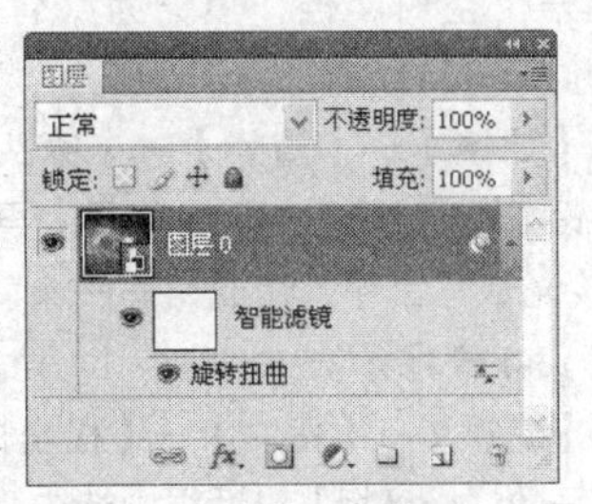

图 13–115　转换为智能对象图层

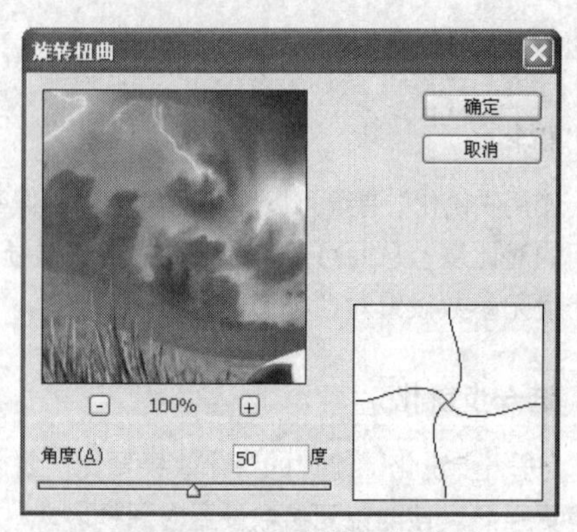

图 13-116　重新设置滤镜

注意：使应用智能滤镜之后，可以将其（或整个智能滤镜组）拖动到“图层”面板中的其他智能对象图层上，但无法将智能滤镜拖动到常规图层上。

7. 案例——制作荧光圈图像

本实例将制作一个“荧光圈”特效图像，制作完成的效果如图 13-117 所示。通过该案例的学习，可以掌握“镜头光晕”、“极坐标”“水波”等滤镜的具体操作。

图 13-117　荧光圈图像效果

制作该图像的具体操作如下。

❶ 新建一个空白文档，填充为“背景”图层黑色。

❷ 选择【滤镜】→【渲染】→【镜头光晕】命令，设置参数如图 13-118 所示。再使用两次“镜头光晕”命令，让光感呈一条斜线分布，如图 13-119 所示。

❸ 选择【滤镜】→【扭曲】→【极坐标】命令，在打开的“极坐标”对话框中选中“平面坐标到极坐标”单选项，效果如图 13-120 所示。

图 13-118　设置镜头光晕参数

图 13-119　镜头光晕效果

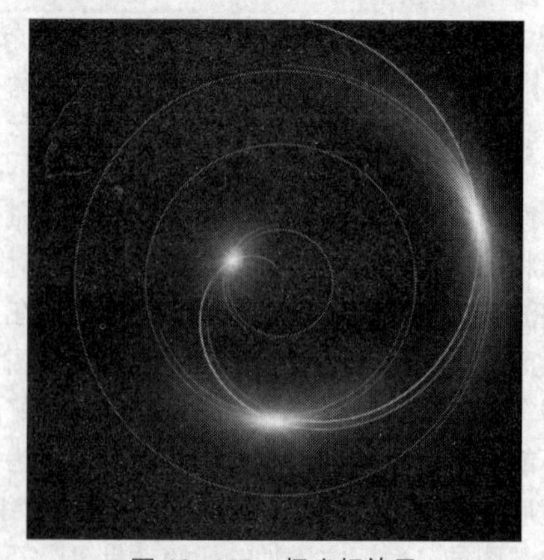

图 13-120　极坐标效果

❹ 将“背景”图层复制为“背景副本”图层，按【Ctrl+T】组合键将图像旋转 180°，效果如图 13-121 所示。

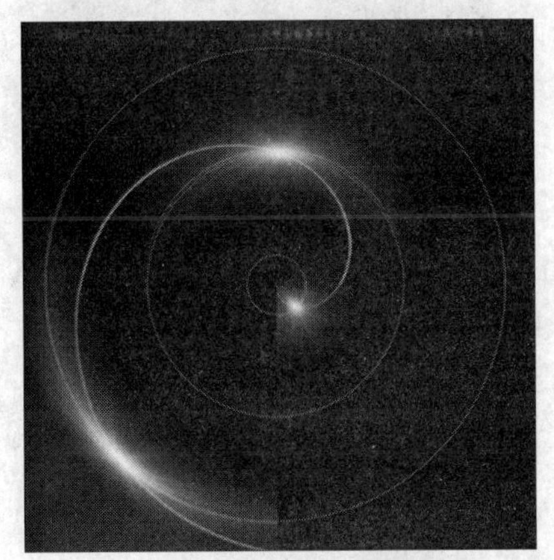

图 13-121 旋转 180°效果

❺ 设置“背景副本”图层的混合模式为“滤色”，将“背景副本”和“背景”图层合并为一个图层，选择【滤镜】→【扭曲】→【水波】命令，设置参数如图 13-122 所示。

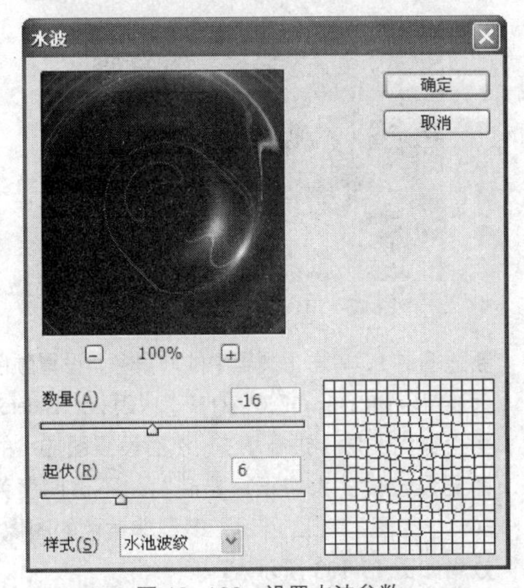

图 13-122 设置水波参数

❻ 选择【滤镜】→【模糊】→【高斯模糊】命令，设置“半径”选项为“0.5 像素”，将图像变得柔和一些。

❼ 新建“图层 1”，选择渐变工具，在属性栏中选择“色谱”渐变，在图层 1 做线性渐变填充。设置图层 1 的图层混合模式为“叠加”，效果如图 13-123 所示。

图 13-123 改变图层混合模式效果

❽ 使用画笔工具为光圈添加闪亮效果，完成实例的制作，如图 13-124 所示。

想一想

本例中为什么要改变图层的混合模式呢？如果设置其他混合模式会有什么效果？

8. 案例——制作国画图像效果

本实例将对图 13-124 所示的“风景.jpg”图像制作国画图像效果，制作完成的效果如图 13-125 所示。通过本案例的学习，可以掌握“纹理化”滤镜和图层混合模式的具体操作。

图 13-124 风景图像

图 13-125 国画效果

制作该图像的具体操作如下。

❶ 按【Ctrl+O】组合键打开“风景.jpg”素材文件，按【Ctrl+J】组合键复制背景图层得到图层 1，如图 13-126 所示，选择【图层】→【调整】→【去色】命令为图像去色，如图 13-127 所示。

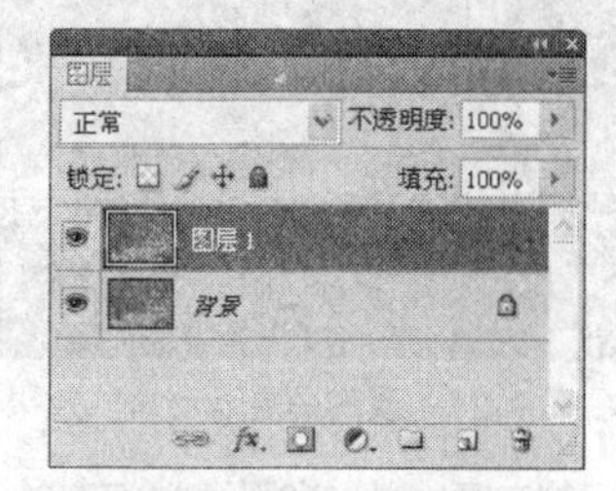

图 13-126　复制图层

图 13-127　去除图像颜色

❷ 选择【滤镜】→【模糊】→【高斯模糊】命令，打开“高斯模糊”对话框，设置半径为 1.5，如图 13-128 所示，单击 确定 按钮，得到朦胧的图像效果。

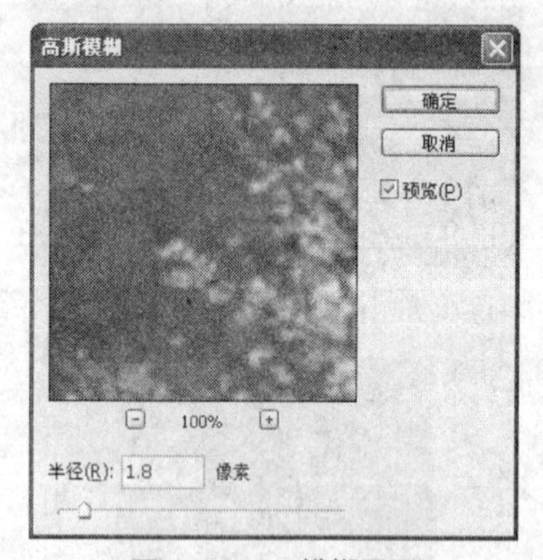

图 13-128　模糊画面

❸ 按【Ctrl+J】组合键复制图层 1，得到图层 1 副本。然后设置“图层”面板中的图层混合模式为“亮光”，得到颜色对比度较强的图像效果，如图 13-129 所示。

❹ 选择背景层，按【Ctrl+J】组合键复制背景层为背景副本，再将背景副本置于图层最上方，在“图层”面板中设置图层混合模式为“颜色”，如图 13-130 所示。

图 13-129　图像效果

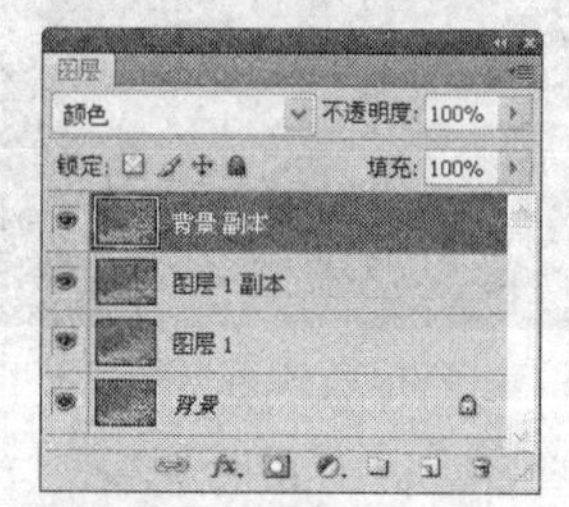

图 13-130　改变图层混合模式

❺ 选择【图层】→【拼合图像】命令，拼合所有图层，得到的图像效果如图 13-131 所示。

图 13-131　拼合图像效果

❻ 新建图层 1，单击工具箱中的前景色，设置颜色为淡黄色（R236，G226，B177），按【Alt+Delete】组合键对图层 1 进行填充，然后设置图层 1 的图层混合模式为“正片叠底”，不透明度为 60%，如图 13-132 所示，得到偏黄色的图像，效果如图 13-133 所示。

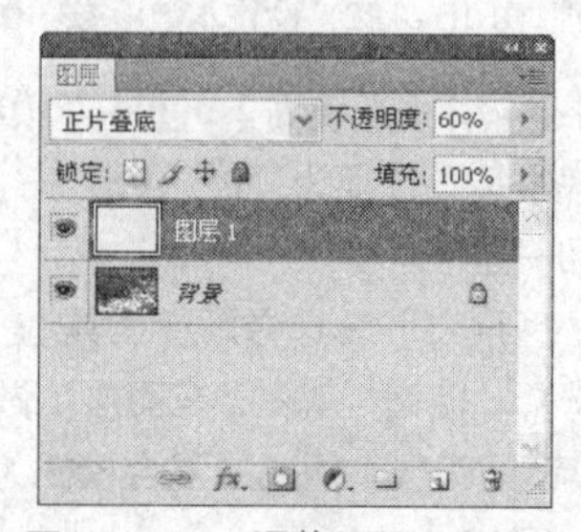

图 13-132　调整图层混合模式

图 13-133　图像效果

❼ 选择【滤镜】→【纹理】→【纹理化】命令，在“纹理”下拉列表中选择“画布”，设置缩放为 110，凸现为 8，如图 13-134 所示。

❽ 设置纹理化效果后，单击 确定 按钮回到画面，使用裁切工具选择一个适当的画面区域进行裁切，使画面形成竖式构图，如图 13-135 所示。

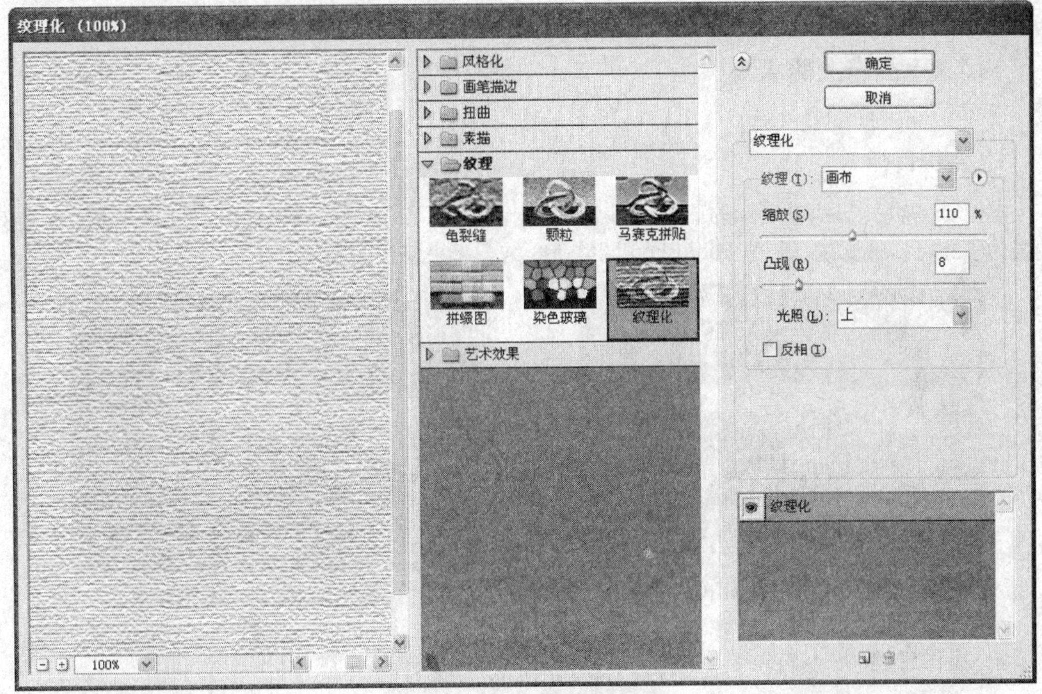

图 13-134　设置纹理化滤镜

图 13-135　最终效果

想一想

能不能使用其他滤镜命令制作出国画效果呢？

13.2 上机实战

本章的上机实战将分别制作画布上的水滴效果和青砖图像效果。综合练习本章学习的知识点，熟练掌握滤镜中各命令参数的设置方法。

上机目标：

◎ 熟练掌握各种滤镜的使用；

◎ 熟练掌握滤镜之间的结合使用。

建议上机学时：4 学时。

13.2.1 画布上的水滴

1. 实例目标

本例要在如图 13-136 所示的蘑菇画面中添加水滴效果，完成后的效果如图 13-137 所示。本实例主要为了练习多种滤镜与其他 Photoshop 调整命令结合起来使用的操作方法。

图 13-136 蘑菇图像

图 13-137 水滴效果

2. 操作思路

制作画面上的水滴需要使用添加杂色、高斯模糊、浮雕效果、置换等多种滤镜，本例的操作思路如图 13-138 所示。

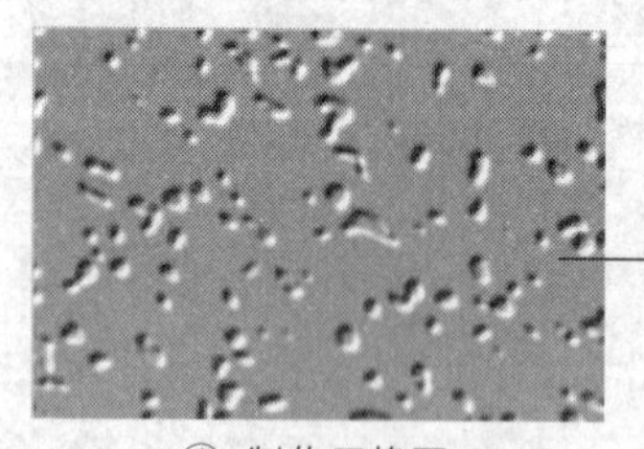

① 制作置换图

② 应用置换滤镜

③ 完成效果

图 13-138 制作画布上水滴的操作思路

制作本例的具体操作如下。

① 打开“蘑菇.jpg”素材图像，再新建一个和“蘑菇.jpg”大小相同的图像文件。

② 在新建的图像文件中选择【滤镜】→【杂点】→【添加杂点】命令，为图像添加杂点，然后选择【滤镜】→【模糊】→【高斯模糊】命令，为图像应用模糊效果。

③ 选择【图像】→【调整】→【阈值】命令，在“阈值”对话框中设置阈值色阶为 150，然后选择【风格化】→【浮雕效果】命令，为图像应用浮雕效果。

④ 将图像保存为“置换.psd”文件，然后切换到“蘑菇.jpg”图像。

⑤ 选择【滤镜】→【扭曲】→【置换】命令，在弹出的对话框中采用默认设置，直接单击 确定 按钮，然后选择刚才保存的“置换.psd”文件作为置换图。

⑥ 切换到“置换.psd”图像窗口，将其中的图像复制到“蘑菇.jpg”中生成一个新图层，将该图层的混合模式设置为“叠加”。

⑦ 按【Ctrl+M】组合键调整曲线，最后得到画布上的水滴效果。

13.2.2 制作青砖底纹

1. 实例目标

本例制作一个青砖底纹图像效果，完成后的参考效果如图 13-139 所示。本例在制作过程中，首先使用“云彩”和“底纹效果”滤镜，制作出砖块底纹效果，然后运用铅笔工具绘制出砖块线条，通过“光照效果”滤镜得到立体砖块，最后对砖块做整体色调的调整。

图 13-139 青砖图像

2. 操作思路

使用滤镜可以制作出许多奇特的图像。根据上面的实例目标，本例的操作思路如图 13-140 所示。

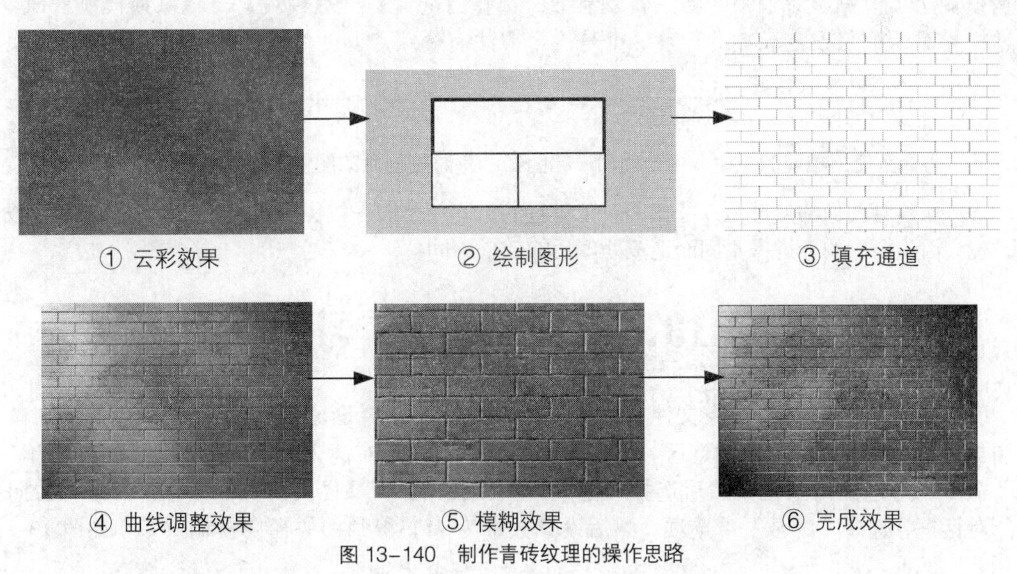

图 13-140 制作青砖纹理的操作思路

制作本例的具体操作如下。

① 新建一个图像文件，设置前景色为灰绿色（R104,G118,B121），背景色设置为深灰绿色(R50,G63,B65)，选择【滤镜】→【渲染】→【云彩】命令，得到云彩图像。

② 为图像应用“底纹效果”滤镜后，复制一次图层，分别应用“查找边缘”和“干画笔”滤镜，然后将图层 1 副本的图层混合模式设置为“叠加”。然后按【Ctrl+E】组合键合并图层。

③ 新建一个图像文件，使用铅笔工具绘制砖块图像，选择【编辑】→【定义图案】命令进行存储。

④ 切换回原来的图像，新建“Alpha1”通道，选择【编辑】→【填充】命令，选择刚才存储的图形进行填充。

⑤ 切换到“RGB”通道，选择【滤镜】→【渲染】→【光照效果】命令，设置光照效果，注意需使用“Alpha1”通道作为纹理通道。

⑥ 使用“喷溅”和“高斯模糊”滤镜使得到的效果更加自然，然后打开“曲线”对话框调整色调得到青砖纹理的最终效果。

13.3 常见疑难解析

问：怎么制作很自然的阳光效果？

答：在 Photoshop CS4 滤镜中使用【渲染】→【光照效果】命令，可以制作阳光效果。

问：如何巧妙去除扫描图像上产生的网纹？

答：有 3 种方法。一是减少杂色法：选择【滤镜】→【杂色】→【减少杂色】命令，这是最快速简便的去网纹方法。二是放大缩小法：先用较高的解析度扫描图片，然后用 Photoshop 将图片缩小为所需的大小。例如原来的图片是用 200dpi 扫描的，图片大小为“240×160”，网纹明显。我们用 300dpi 来扫描，图片大小增加为“360×240”，画面仍有轻微的网纹，然后执行“图像/图像大小”命令把图片缩小为“240×160”，同时将“重定图像像素”选项参数设定为“两次立方”。缩小后图片的网纹几乎完全消除了，画面颜色变得相当平整，品质提高不少。三是模糊法：模糊法对细密的网纹特别有效。选择【滤镜】→【模糊】→【高斯模糊】命令，通过模糊对话框来设定模糊的程度，可是这个方法有个缺点，就是网纹减轻了，但画面也模糊了，使用时要小心。

问：为什么使用相同的滤镜命令处理同一幅图像，有时处理后的图像效果却不同？

答：滤镜对图像的处理是以像素为单位进行的，即使是同一幅图像在进行同样的滤镜参数设置时，也会因为图像的分辨率不同而造成处理后的效果不同。

13.4 课后练习

(1) 打开“袋鼠.jpg”图像文件，如图 13-141 所示，选择套索工具在袋鼠图像周围做大致图像选择，创建袋鼠图像的选区，然后在选区中单击鼠标右键，在弹出的快捷菜单中选择“羽化”命令，对选区做羽化，然后选择【滤镜】→【模糊】→【径向模糊】命令，打开“径向模糊”对话框，选中“缩放”单选项，然后设置数量为 45，得到图像径向模糊效果，如图 13-142 所示。

(2) 打开素材图像“花朵.jpg”，如图 13-143 所示。复制背景图层，选择【滤镜】→【模糊】→【高斯模糊】命令，为图像应用模糊效果；再次复制背景图层，得到背景图层 2，对其应用“扩散亮光”命令，然后在“图层”面板中将图层混合模式设置为“叠加”即可，效果如图 13-144 所示。

图 13-141　素材图像

图 13-142　图像径向模糊效果

图 13-143　素材图像

图 13-144　图像效果

第 14 课
动作与批处理文件

学生：老师，我周末在家里整理一些图片，可很多图片的色彩模式都不相同。如果我想把这些图片的色彩模式都改为 CMYK 模式，该怎么做呢？这么多的图片要处理，如果一张一张地处理会很耽误时间！

老师：别急，在 Photoshop CS4 中可以批处理图像，一次完成，可以节约很多时间！

学生：真的吗？那都是些什么功能呢？

老师：首先需要通过“动作”面板的操作来记录在图像中的所有操作，这就需要学习在“动作”面板中新建组、新建动作，以及了解面板底部各项按钮的操作方法等。然后通过“批处理”对话框，在其中设置相应选项，找到所要处理的图像文件夹，进行统一处理，这样就能快速处理图像了。

学生：这个功能非常实用呢。老师，那我们就赶快学习吧！

学习目标

- 了解“动作”面板的组成
- 熟悉使用“动作”功能记录操作过程的方法
- 掌握“批处理”命令的操作
- 掌握创建快捷批处理的方式

14.1 课堂讲解

动作就是对单个文件或一批文件回放的命令。大多数命令和工具操作都可以记录在动作中。本课主要讲述动作的使用和批处理文件的操作方法。通过相关知识点的学习，可以掌握“动作”面板的操作，以及使用批处理命令操作。

14.1.1 动作的使用

在 Photoshop CS4 中，可以将图像进行的一系列操作有顺序地录制到“动作”面板中，然后就可以在后面的操作中，通过播放存储的动作来对不同的图像重复执行这一系列的操作。通过“动作”功能的应用，对图像进行自动化操作，从而大大提高了工作效率。下面进行具体讲解。

1. “动作”面板

在 Photoshop 中，自动应用的一系列命令称为“动作”。在“动作”面板中，程序提供了很多自带的动作，如图像效果、处理、文字效果、画框和文字处理等。选择【窗口】→【动作】命令，将打开图 14-1 所示的“动作”面板。

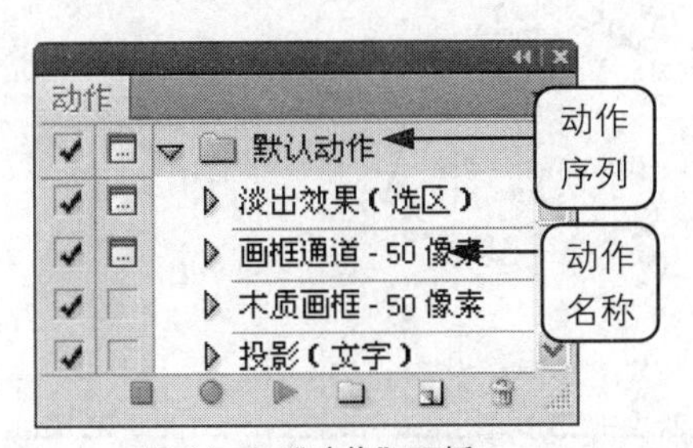

图 14-1 “动作”面板

“动作”面板中各组成部分的名称和作用如下。

◎ **动作序列**：也称动作集，Photoshop 提供了“默认动作”、“图像效果”、“纹理”等多个动作序列，每一个动作序列中又包含多个动作，单击“展开动作”按钮，可以展开动作序列或动作的操作步骤及参数设置，展开后单击按钮便可再次折叠动作序列。

◎ **动作名称**：每一个运作序列或动作都有一个名称，以便用户识别。

◎ **“停止播放/记录”按钮**：单击该按钮，可以停止正在播放的动作，或在录制新动作时单击暂停动作的录制。

◎ **“开始记录”按钮**：单击该按钮，可以开始录制一个新的动作，在录制的过程中该按钮将显示为红色。

◎ **“播放选定的动作”按钮**：单击该按钮，可以播放当前选定的动作。

◎ **“创建新组”按钮**：单击该按钮，可以新建一个动作序列。

◎ **“创建新动作”按钮**：单击该按钮，可以新建一个动作。

◎ **“删除”按钮**：单击该按钮，可以删除当前选定的动作或动作序列。

◎ **按钮**：在动作名称前的按钮，用于显示面板中的动作或命令能否被执行。当按钮中的勾形为黑色时，表示该动作或命令可以执行；当勾形为红色时，表示该动作或命令不能被执行。

◎ **图标**：按钮后的图标，用于控制当前所执行的命令是否需要弹出对话框。当图标显示为灰色时，表示暂停要播放的动作，并打开一个对话框，用户可在其中设置参数；当图标显示为红色时，表示该动作的部分命令中包含了暂停操作。

◎ 在动作组和动作名称前都有一个三角形按钮，当三角形按钮呈状态时，单击该按钮可展开组中的所有动作或动作所执行的命令，此时该按钮变为状态；再次单击该按钮，可隐藏组中的所有动作和动作所执行的命令。

2. 动作的创建与保存

通过动作的创建与保存，用户可以将自己制作的图像效果，如画框效果、文字效果等制作成动作保存在计算机中，以避免重复的处理操作。

创建动作

打开要制作动作范例的图像文件，切换到“动作”面板，单击面板底部的“创建新组”按钮，打开图 14-2 所示“新建组”对话框。单击面板底部中的“创建新动作”按钮，打开“新建动作”对话框进行设置，如图 14-3 所示。

图 14-2 “新建组”对话框

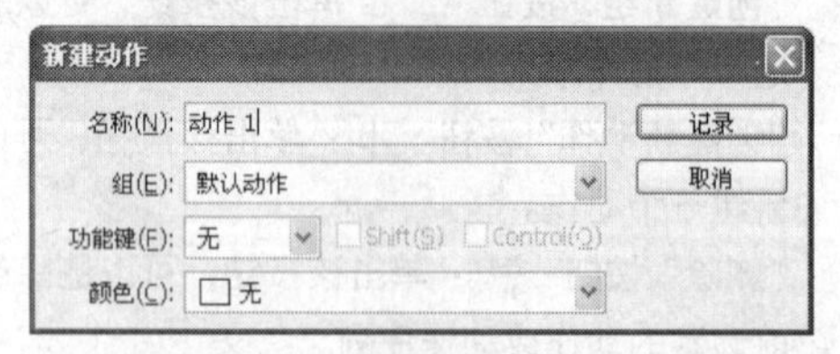

图 14-3 “新建动作”对话框

- ◎ **“名称”文本框**：在文本框中输入新动作名称。
- ◎ **“组”下拉列表框**：单击右侧的三角形按钮，在下拉列表中选择放置动作的动作序列。
- ◎ **“功能键”下拉列表框**：单击右侧的三角形按钮，在下拉列表中为记录的动作设置一个功能键，按下功能键即可以运行对应的动作。
- ◎ **“颜色”下拉列表框**：单击右侧的三角形按钮，在下拉列表中选择录制动作色彩。

此时根据需要对当前图像进行所需的操作，每进行一步操作都将在“动作”面板中记录相关的操作项及参数，如图 14-4 所示。记录完成后，单击“停止播放/记录”按钮完成操作。创建的动作将自动保存在“动作”面板中。

图 14-4 记录动作

保存动作

对于用户自己创建的动作将暂时保存在 Photoshop CS4 的“动作”面板中，在每次启动 Photoshop 后即可使用，如不小心删除了动作，或重新安装了 Photoshop CS4 后，用户手动制作的动作将消失。因此，应将这些已创建好的动作以文件的形式进行保存，需使用时再通过加载文件的形式，载入到“动作”面板中即可。

选定要保存的动作序列，单击“动作”面板右上角的按钮，在弹出的下拉菜单中选择“存储动作”命令，在打开的“存储”对话框中指定保存位置和文件名，如图 14-5 所示，完成后单击保存(S)按钮，即可将动作以“.ATN”文件格式进行保存。

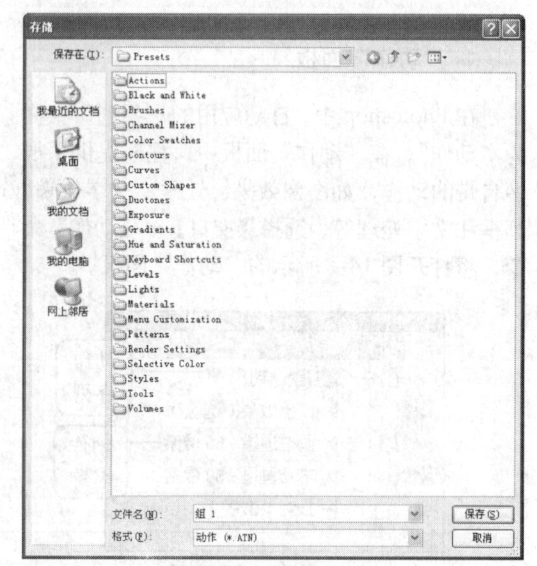

图 14-5 存储动作

3. 动作的载入与播放

无论是用户自己创建的动作，还是 Photoshop CS4 软件本身提供的动作序列，都可通过播放动作的形式自动地对其他图像实现相应的图像效果。

载入动作

如果需要载入保存在硬盘上的动作序列，可以单击“动作”面板右上角的按钮，在弹出的下拉菜单中选择“载入动作”命令。在弹出的

“载入”对话框中查找需要载入的动作序列的名称和路径，即可将要载入的动作序列载入到“动作”面板中。

提示：单击 ▾≡ 按钮后，也可直接选择其菜单底部相应的动作序列命令来载入，同时选择“复位动作”命令可以将“动作”面板恢复到默认状态。

播放动作

在录制并保存对图像进行处理的操作过程后，即可将该动作应用到其他的图像中。打开需要应用该动作的图像文件。在“动作”面板中选取保存的动作，单击“播放选定的动作”按钮 ▶ ，即可将该动作应用到此图像上，如图 14-6 所示。

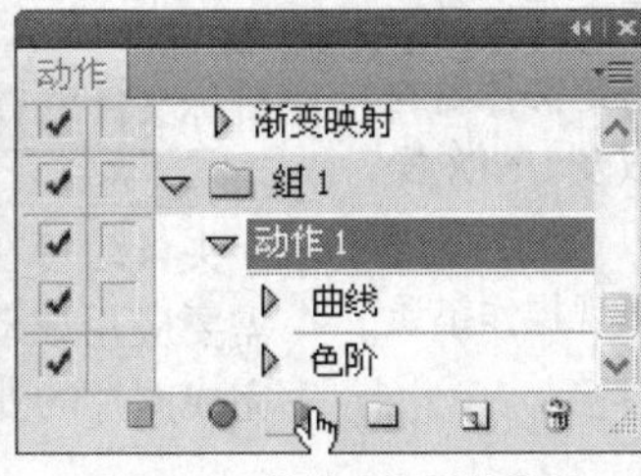

图 14-6　播放动作后的效果

14.1.2　使用“批处理”命令

在对图像应用“批处理”命令前，首先需要通过“动作”面板将对图像执行的各种操作进行录制，然后才能将该动作应用到其他图像中，从而进行批处理操作。下面进行具体讲解。

打开需要批处理的所有图像文件或将所有文件移动到相同的文件夹。选择【文件】→【自动】→【批处理】命令，打开“批处理”对话框，如图 14-7 所示。其中各选项的定义如下。

◎ **“组”下拉列表框**：用于选择所要执行的动作所在的组。

◎ **“动作”下拉列表框**：选择所要应用的动作。

◎ **“源”下拉列表框**：用于选择需要批处理的图像文件来源。选择“文件夹”选项，单击 选择(C)... 按钮可查找并选择需要批处理的文件夹；选择“导入”选项，则可导入其他途径获取的图像，从而进行批处理操作；选择“打开的文件”选项，可对所有已经打开的图像文件应用动作；选择 Bridge 选项，则用于对文件浏览器中选取的文件应用动作。

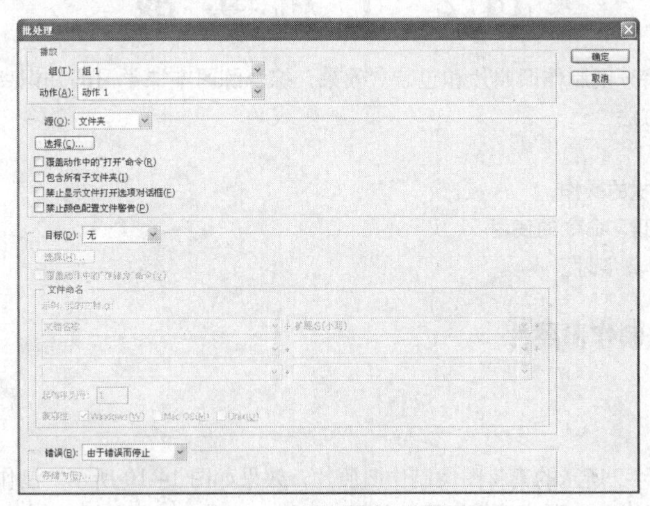

图 14-7　“批处理”对话框

◎ **"目标"下拉列表框**：用于选择处理文件的目标。选择"无"选项，表示不对处理后的文件做任何操作；选择"存储并关闭"选项，可将进行批处理的文件存储并关闭以覆盖原来的文件；选择"文件夹"选项，并单击下面的 选择(C)... 按钮，可选择目标文件所保存的位置。

◎ **"文件命名"栏**：在"文件命名"选项区域中的 6 个下拉列表框中，可指定目标文件生成的命名形式。在该选项区域中还可指定文件名的兼容性，如 Windows、Mac OS 以及 UNIX 操作系统。

◎ **错误**：在该下拉列表框中可指定出现操作错误时软件的处理方式。

14.1.3 创建快捷批处理方式

使用"创建快捷批处理"命令的操作方法与"批处理"命令相似，只是在创建快捷批处理方式后，在相应的位置会创建一个快捷方式图标，用户只需将需要处理的文件拖至该图标上即可自动对图像进行处理。

选择【文件】→【自动】→【创建快捷批处理】命令，打开"创建快捷批处理"对话框，如图 14-8 所示，在该对话框中设置快捷批处理和目标文件的存储位置以及需要应用的动作后，单击 确定 按钮。打开存储快捷批处理的文件夹，即可在其中看到一个的快捷图标，将需要应用该动作的文件拖到该图标上即可自动完成图片的处理。

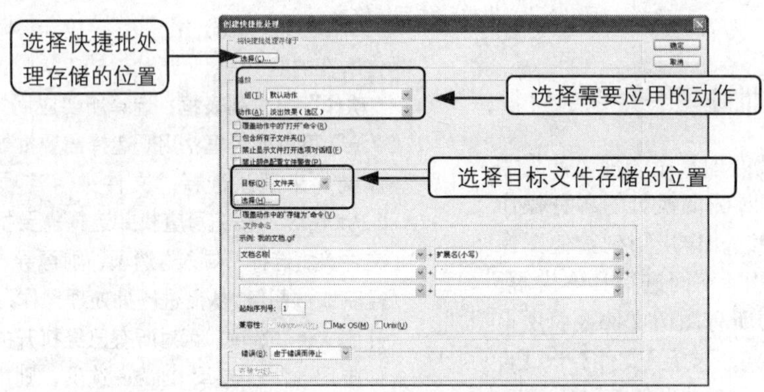

图 14-8 "创建快捷批处理"对话框

14.2 上 机 实 战

本课上机实战将分别制作旧照片和包装盒效果，综合练习本课学习的知识点，熟练掌握动作与批处理文件的操作方法。

上机目标：

◎ 掌握"动作"面板的操作；

◎ 熟练掌握"批处理"命令的使用。

建议上机学时：2 学时。

14.2.1 快速制作旧照片

1. 实例目标

本实例将对图 14-9 所示的素材图像制作旧照片，效果如图 14-10 所示。制作时首先要选择所需的序列组，然后播放动作，即可得到旧照片效果。

图 14–9　素材图像

图 14–10　旧照片效果

2. 操作思路

制作本实例主要通过“动作”面板对图像进行操作。根据上面的实例目标，本例的操作思路如图 14-11 所示。

制作本例的具体操作如下。

❶ 打开“小屋.jpg”图像文件，选择【窗口】→【动作】命令，打开“动作”面板。

❷ 单击“动作”面板右侧的按钮，在弹出的快捷菜单中选择“图像效果”命令，这时在“动作”面板中将添加图像效果序列组。

❸ 选择“仿旧照片”动作，单击面板底部的“播放选定的动作” 按钮，图像中将会做自动操作，得到旧照片效果。

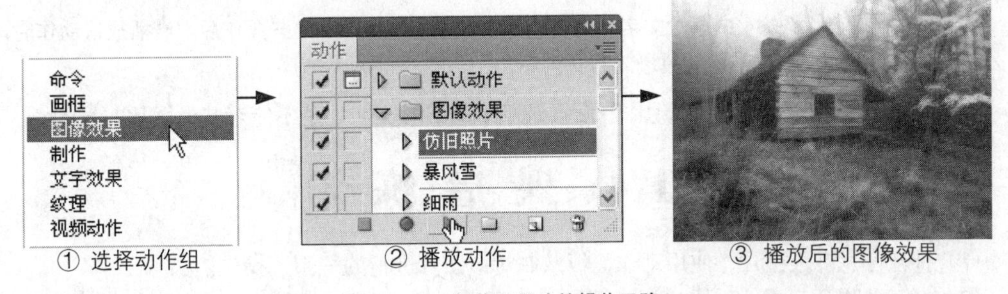

① 选择动作组　② 播放动作　③ 播放后的图像效果

图 14–11　制作旧照片的操作思路

14.2.2 批处理图像格式

1. 实例目标

本实例将为文件夹中的所有图像转换图像模式，为了做到一次处理多个图像文件，需要运用 Photoshop CS4 中的“批处理”命令。

2. 操作思路

如果需要在多个图像中做相同的操作，可以运用“批处理”命令进行统一操作。根据上面的实例目标，本例的操作思路如图 14-12 所示。

制作本例的具体操作如下。

❶ 将所有需要处理的图片移动到同一个文件夹中，打开其中一张图片，在“动作”面板中新建一个名称为“批处理”的动作组，并在该组中新建一个动作，进入动作的记录。

❷ 选择【图像】→【模式】→【CMYK 颜色】命令，将当前图片转换为 CMYK 模式。

❸ 选择【文件】→【存储为】命令，将图像存储为 TIFF 格式，然后单击“动作”面板中的“停止播放/记录”按钮，即显示面板中记录的动作。

❹ 选择【文件】→【自动】→【批处理】命令，在打开的对话框中将“组”设置为“批处理”，“动作”设置为“动作 1”；单击“源”下拉列表框下的 选择(C)... 按钮，在其中选择需要处理的文件夹；单击“目标”下拉列表框下的 选择(C)... 按钮，选择目标文件的存放位置，单击 确定 即可完成批处理操作。

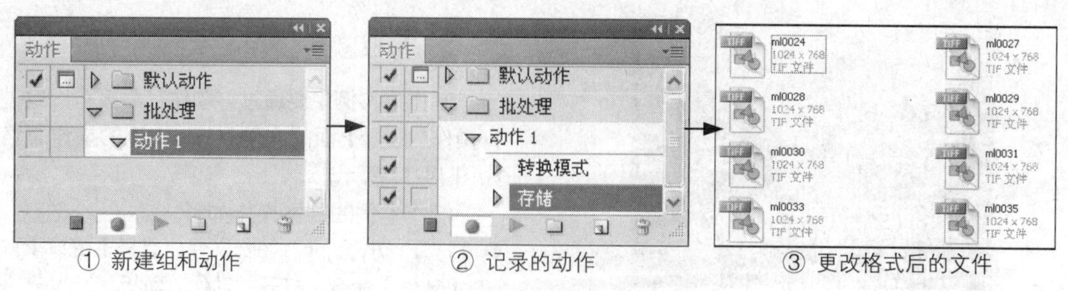

图 14-12　批处理图像格式的操作思路

14.3　常见疑难解析

问：如何在 Photoshop CS4 中批量将图片改成一定尺寸？

答：先打开一幅需要改变尺寸的图片，同时打开“动作”面板，按下动作的录制键，然后对图片进行操作。完成图片操作后，按【Ctrl+W】组合键，再按【Enter】键，保存修改结果，同时停止动作录制。在“动作”面板中对刚才录制的每一步操作过程进行复制，同时打开多张图片，按下“动作”面板中刚才操作的播放键即可。

问：在 Photoshop CS4 中输入文字，再使用其他命令，当记录下这些操作后，当播放该动作时，为什么只能播放其他命令，而不能播放输入的文字呢？

答：在 Photoshop CS4 中用“动作”面板录制下的书写文字，是不能对其他图片实行的。

14.4　课 后 练 习

（1）打开任意一张图片，使用动作面板录制对该图片进行的一系列操作。

（2）打开“骏马.jpg”素材图像，如图 14-13 所示，在“动作”面板的快捷菜单中选择“画框”命令，再选择“拉丝铝画框”，单击“播放选定的动作”按钮 ▶ 对当前图片应用该动作，观察当前图像应用该动作后的效果。制作后的效果如图 14-14 所示。

图 14-13　素材图像

图 14-14　播放动作后的效果

（3）将第 2 题中记录的动作创建为快捷批处理方式，将其他需要处理的图片拖到生成的快捷批处理图标上，然后观察这些图片的变化。

第 15 课 图像的印前处理及输出

学生：老师，通过前面的学习我们掌握了 Photoshop CS4 中所有的工具和命令的使用方法，现在我能通过软件制作出许多漂亮的图像效果，还能制作一些广告作品，但是对于专业的广告知识我还不了解，而且也不能将自己喜欢的作品打印输出电脑，该怎么操作呢？

老师：之前我们介绍了如何使用软件来制作图像，也简单介绍了几种专业广告设计知识，但这些知识还需要通过一些专业书籍和实际工作经验才能丰富起来。

学生：那现在能说说图像在设计前的一些准备工作，以及如何打印输出图像吗？

老师：当然可以。本课就是重点介绍图像的印前处理及输出的。首先要介绍在设计图像之前的一些准备工作，如何为图像定稿，如何在电脑中校正色彩等，然后介绍如何设置打印页面及其他参数等。

学生：好的，那我们就赶快学习吧！

学习目标

- 了解图像设计前的准备工作
- 了解设计提案和定稿
- 掌握色彩校正、分色以及打样操作
- 了解和掌握 Photoshop 与其他软件之间的协作关系
- 熟练打印页面的设置
- 掌握“打印”对话框的参数设置

15.1 课堂讲解

本课将主要讲解图像在印刷前的处理以及在电脑中输出图像。通过本课的学习，可以系统地了解和掌握图像的后期操作，对于制作一幅完整的作品有非常大的帮助。

15.1.1 图像设计与印前流程

一个成功的设计作品不仅需要具备熟练的软件操作能力，还需要在设计图像之前就最好准备工作。下面就来介绍图像设计与印刷前的流程。

1. 设计前准备

在设计广告之前，首先需要在对市场和产品调查的基础上，对获得的资料进行分析与研究，通过对特定资料和一般资料的分析与研究，可初步寻找出产品与这些资料的连接点，并探索它们之间各种组合的可能性和效果，并从资料中去伪存真、保留有价值的部分。

2. 设计提案

在大量占有第一手资料的基础上，对初步形成的各种组合方案和立意进行选择和酝酿，从新的思路去获得灵感。在这个阶段，设计者还可适当多参阅，比较相类似的构思，以利调整创意与心态，使思维更为活跃。

在经过以上阶段之后，创意将会逐步明朗化，它会在设计者不在意的时候突然涌现。这时可以制作设计草稿，制定初步设计方案。

3. 设计定稿

从数张设计草图中选定一张作为最后方案，然后在计算机中做设计正稿。针对不同的广告内容可以选择使用不同的软件来制作，现在运用最为广泛的是 Photoshop 软件，它能制作出各种特殊图像效果，为画面增添丰富的色彩。

4. 色彩校准

如果显示器显示的颜色有偏差或者在打印图像时造成的图像颜色有偏差，将导致印刷后的图像色彩与在显示器中所看到的颜色不一致。因此，图像的色彩校准是印前处理工作中不可缺少的一步。色彩校准主要包括以下几种。

◎ **显示器色彩校准**：如果同一个图像文件的颜色在不同的显示器或不同时间在同一显示器上的显示效果不一致，就需要对显示器进行色彩校准。有些显示器自带色彩校准软件。如果没有，用户可以通过手动调节显示器的色彩。

◎ **打印机色彩校准**：在计算机显示屏幕上看到的颜色和用打印机打印到纸张上的颜色一般不能完全匹配，这主要是因为计算机产生颜色的方式和打印机在纸上产生颜色的方式不同。要让打印机输出的颜色和显示器上的颜色接近，设置好打印机的色彩管理参数和调整彩色打印机的偏色规律是一个重要途径。

◎ **图像色彩校准**：图像色彩校准主要是指图像设计人员在制作过程中或制作完成后对图像的颜色进行校准。当用户指定某种颜色后，在进行某些操作后颜色有可能发生变化，这时就需要检查图像的颜色与当时设置的 CMYK 颜色值是否相同，如果不同，可以通过“拾色器”对话框调整图像颜色。

5. 分色和打样

图像在印刷之前必须进行分色和打样，二者也是印前处理的重要步骤。下面将分别进行讲解。

◎ **分色**：在输出中心将原稿上的各种颜色分解为黄、品红、青、黑 4 种原色，在计算机印刷设计或平面设计软件中，分色工作就是将扫描图像或其他来源图像的颜色模式转换为 CMYK 模式。

◎ **打样**：印刷厂在印刷之前，需要将所印刷的作品交给出片中心。出片中心先将 CMYK 模式的图像进行青色、品红、黄色和黑色 4 种胶片分色，再进行打样，从而检验制版阶调与色调能否取得良好再现，并将复制再现的误差及应达到的数据标准提供给制版部门，作为修正或再次制版的依据，打样校正无误后交付印刷中心进行制版、印刷。

15.1.2 Photoshop 图像文件的输出

Photoshop 可以与很多软件结合起来使用，这里主要介绍两个常用软件：Illustrator 和 CorelDRAW。下面将进行具体讲解。

1. 将 Photoshop 路径导入到 Illustrator 中

通常情况下，Illustrator 能够支持许多图像文件格式，但有一些图像格式不行，包括 RAW、RSR 格式。打开 Illustrator 软件，选择【文件】→【置入】命令，找到所需的.PSD 格式文件即可将 Photoshop 图像文件置入到 Illustrator 中。

2. 将 Photoshop 路径导入到 CorelDRAW 中

在 Photoshop 中绘制好路径后，可以选择【文件】→【导出】→【路径到 Illustrator】命令，将路径文件存储为 AI 格式，然后切换到 CorelDRAW 中，选择【文件】→【导入】命令，即可将存储好的路径文件导入到 CorelDRAW 中。

3. Phtoshop 与其他设计软件的配合使用

Photoshop 除了与 Illustrator、CorelDRAW 配合起来使用之外，还可以在 FreeHand、PageMaker 等软件中使用。

将 FreeHand 置入 Photoshop 文件可以通过按【Ctrl+R】组合键来完成。如果 FreeHand 的文件是用来输出印刷的，置入的 Photoshop 图像最好采用 TIFF 格式，因为这种格式存储的图像信息最全，输出最安全，当然文件也最大。

在 PageMaker 中，多数常用的 Photoshop 图像都能通过置入命令来转入图像文件，但对于 PSD、PNG、IFF、TGA、PXR、RAW、RSR 格式文件，由于 PageMaker 并不支持，所以需要将它们转换为其他可支持的文件来置入。其中 Photoshop 中的 EPS 格式文件可以在 PageMaker 中产生透明背景效果。

15.1.3 图像的打印输出

图像处理校准完成后，接下来的工作就是打印输出，为了获得良好的打印效果，掌握正确的打印方法是很重要的。只有掌握打印输出的操作方法，才能将设计好的图像作品作为室内装饰品、商业广告或用来个人欣赏等。下面将具体介绍图像的打印输出操作。

1. 设置打印页面

在打印输出图像之前，用户一般都应根据打印输出的要求对纸张的页面大小和方向等进行设置。

在 Photoshop CS4 中打开需要打印的图像文件，选择【文件】→【页面设置】命令，打开“页面设置”对话框，如图 15-1 所示。在“大小”下拉列表框中选择打印纸张的大小，一般较常用的纸张大小有 A4、16 开和 B5 等；在“来源”下拉列表框中选择打印纸张的进纸方式；在“方向”栏中可根据图片的大小进行“纵向”或“横向”的选择。

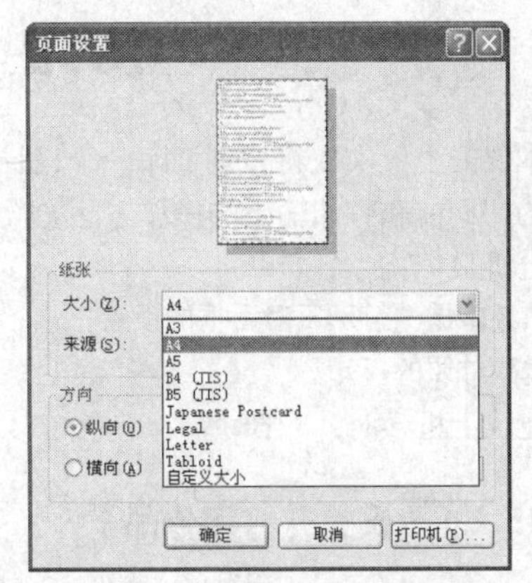

图 15-1 “页面设置”对话框

2. 打印图像

在打印图像之前还需要对图像进行一些常规设置，包括设置打印图纸的大小、图纸放置方向、打印机的名称、打印范围和打印份数等参数。

选择【文件】→【打印】命令，打开“打印”对话框，这时可以看到准备打印的图像在页面中所处的位置及图像尺寸等数据，如图 15-2 所示。各选项含义如下。

◎ “位置”栏：用来设置打印图像在图纸中的位置，系统默认在图纸居中放置，取消选中“图像居中”复选框，可以在激活的选项和数值框中手动设置其放置位置。

◎ “缩放后的打印尺寸”栏：用来设置打印图像在图纸中的缩放尺寸，选中“缩放以适合介质”复选框后系统会自动优化缩放。

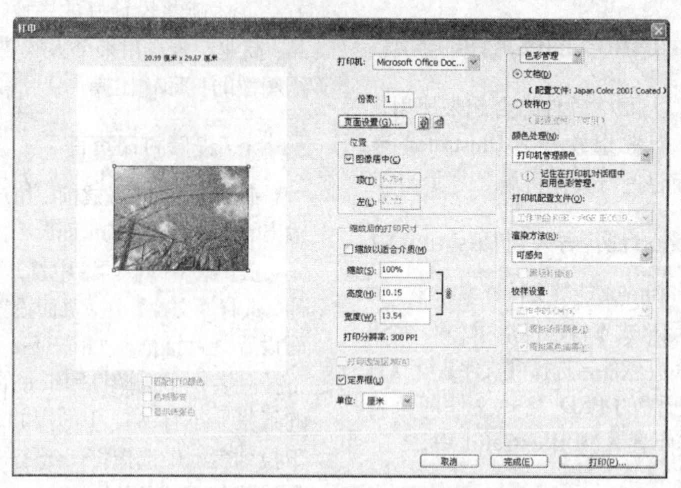

图 15-2 “打印”对话框

15.2 上机实战

本课的上机实战将分别打印一个设计作品和一张寸照，综合练习本章学习的知识点，熟练掌握图像的印刷前和打印输出的操作方法。

上机目标：

◎ 熟练掌握“打印”对话框的设置；

◎ 掌握寸照的打印。

建议上机学时：3 学时。

15.2.1 设置并打印作品

1. 实例目标

本实例将为一张“风景.jpg”素材图像进行打印设置，如图 15-3 所示。

图 15-3 设置图像打印参数

2. 专业背景

在打印作品时，用户还需要掌握一些纸张大小和开本的专业知识。下面就来介绍常用的纸张大小和开本的尺寸。

通常将一张按国家标准分切好的平板原纸称为全开纸。在以不浪费纸张、便于印刷和装订生产作业为前提下，把全开纸裁切成面积相等的若干小张称之为多少开数；将它们装订成册，则称为多少开本。以下是常用纸张的尺寸参照表：

大度纸张：850mm×1168mm
开数（正度）尺寸 单位（mm）
全开 844×1162
2 开 581×844
3 开 387×844
4 开 422×581
6 开 387×422
8 开 290×422

正度纸张：787mm×1092mm
开数（正度）尺寸 单位（mm）
全开 781×1086
2 开 530×760
3 开 362×781
4 开 390×543
6 开 362×390
8 开 271×390
16 开 195×271

3. 操作思路

了解关于纸张大小和开本的相关专业知识后便可开始设计与制作了。根据上面的实例目标，打印风景照的具体操作如下。

❶ 打开“风景.jpg”图像，使用选区工具选取需要打印的图像部分。
❷ 通过“打印”对话框设置其打印属性，最后对其进行打印。

15.2.2 打印寸照

1. 实例目标

本例将为一个少女的证件照进行打印操作，需要打印的寸照如图 15-4 所示。本例主要通过“打印”对话框对图像进行高度、宽度等设置，并且还需要设置好图像在页面中的位置及方向。

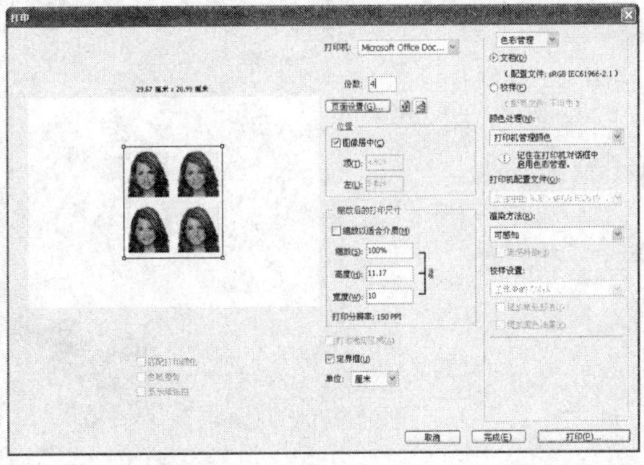

图 15-4 打印寸照

2. 操作思路

每个人都有制作证件照片的时候，制作好后就需要对照片进行打印。打印寸照的具体操作如下。

❶ 打开“寸照.jpg”图像文件，选择【文件】→【打印】命令，打开“打印”对话框。

❷ 在对话框中设置页面方向、缩放和高度等参数，单击 打印(P)... 按钮即可。

15.3 常见疑难解析

问：打印图像时，如何设置打印药膜选项？

答： 如果是在胶片上打印图像，应将药膜设置为朝下，若打印到纸张上，一般选择打印正片。若直接将分色打印到胶片上，将得到负片。

问：什么是偏色规律？如果打印机出现偏色，该怎么解决呢？

答： 所谓偏色规律是指由于彩色打印机中的墨盒使用时间较长或其他原因，造成墨盒中的某种颜色偏深或偏浅，调整的方法是更换墨盒或根据偏色规律调整墨盒中的墨粉，如对偏浅的墨盒添加墨粉。为保证色彩正确也可以请专业人员进行校准。

15.4 课后练习

（1）在 Photoshop 中绘制一个矢量图形，切换到 Illustrator 中，选择【文件】→【置入】命令将其导入到 Illustrator 中。

（2）任意打开一张照片，练习设置打印选项参数，然后将其打印到一张 A4 的纸张上。

第 16 课
综合实例

学生：老师，终于完成了 Photoshop 的学习，我可以松一口气了！但是我对于 Photoshop 中的许多功能还不能灵活运用。

老师：别急，学习需要一个循序渐进的过程，软件的操作需要长期的练习才能越来越熟练，而且在设计作品的过程中，也能学习到很多新的知识。知识的积累需要一个漫长的过程，我们学习软件也一样。

学生：哦，您说的对。我除了要熟练掌握软件的操作技巧外，还应该多学习一些设计方面的知识。

老师：是的，下面我们就来制作广告实例！

学习目标

- 了解平面广告的种类
- 熟悉 Photoshop 中各功能的应用方法

16.1 课堂讲解

本课将以绘制广告实例为主，同时介绍平面设计的相关知识。学习好设计理论知识，能够为今后的设计工作带来极大的好处。软件只是绘制图像的工具，专业知识才是支撑整个画面的核心能力。

16.1.1 实例目标

学习了前面的Photoshop CS4软件的操作知识后，下面来制作一个茶楼户外宣传广告，效果如图 16-1 所示。制作本实例时，首先使用了一个牡丹花作为背景图像，然后加以图像处理，然后配以青花瓷的茶壶以及文字，让整个设计都能很好地表现出茶楼的文化底蕴。

图 16-1 实例效果

16.1.2 专业背景

使用 Photoshop CS4 能够制作出许多种平面广告设计，而到底什么是平面设计？平面广告设计的概念以及平面广告的种类是什么？下面将做详细介绍。

1. 平面设计的概念

设计是有目的的策划，平面设计是这些策划将要采取的形式之一。在平面设计中需要用视觉元素来为人们传播设想和计划，用文字和图形把信息传达给大众，这才能体现设计的价值。

2. 平面设计的种类

平面设计包含的类型较广，归纳起来，包含以下几大类。

DM 单广告设计

DM 单指以邮件方式，针对特定消费者寄送广告的宣传方式，为仅将于电视、报纸的第 3 大平面媒体。DM 单广告是目前最普遍的广告形式之一，如图 16-2 所示。

图 16-2 DM 单广告

包装设计

包装设计就是要从保护商品、促进销售、方便使用的角度，进行容器、材料和辅助物的造型、装饰设计，从而达到美化生活和创造价值的目的。如图 16-3 所示。

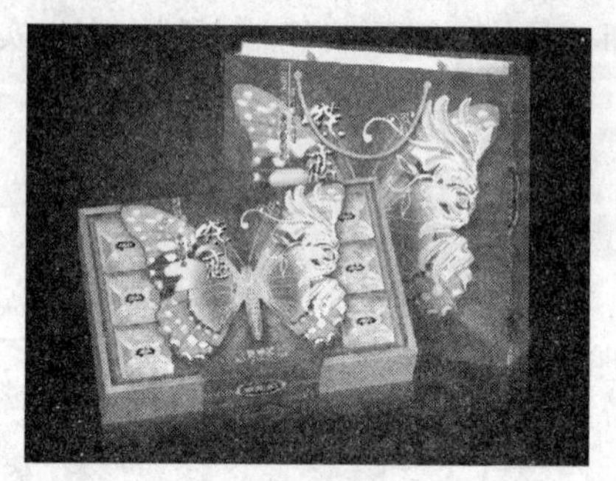

图 16-3 包装设计

海报设计

海报又称之为招贴，其意是指展示于公共场所的告示。海报特有的艺术效果及美感条件，是其他任何媒介无法比拟的。设计史上最具代表性的大师，大多因其在海报设计上的非凡成就而名垂青史。

平面媒体广告设计

主流媒体包括广播、电视、报纸、杂志、户外、互联网等，与平面设计有直接关系的媒体主要是报纸、杂志、户外、互联网，我们称之为平面媒体。广播主要是以文案取胜，影视则主要以动态的画面取胜，应该说包括互联网在内，我们通常称这三者为多媒体。

POP 广告设计

POP 广告是购物点广告或售卖点广告。总而言之，凡应用于商业专场、提供有关商品讯息、促使商品得以成功销售的所有广告和宣传品，都可称之为 POP 广告。

书籍设计

书籍设计又称之为书籍装帧设计，用于塑造书籍的“体”和“貌”。“体”就是为书籍制作承载内容的容器，“貌”则是将内容传达给读者的外衣，书籍的内容就是通过装饰将“体”和“貌”构成完美的统一体。

VI 设计

VI 设计全称为 VIS（Visual Identity System）设计，意为视觉识别系统设计，是 CIS（Corporation Indentification System，企业识别系统）中最具传播力和感染力的部分。

网页设计

网页设计包含静态页面设计与后台技术衔接两大部分，它与传统平面设计项目的最大区别，就是最终展示给大众的形式不是依靠印刷技术来实现的，而是通过计算机屏幕以多媒体的形式展示出来。

16.1.3 制作分析

了解上面的平面设计专业知识后，就可以开始设计制作了。根据上面的实例目标，本例的操作思路如图 16-4 所示。

① 填充选区

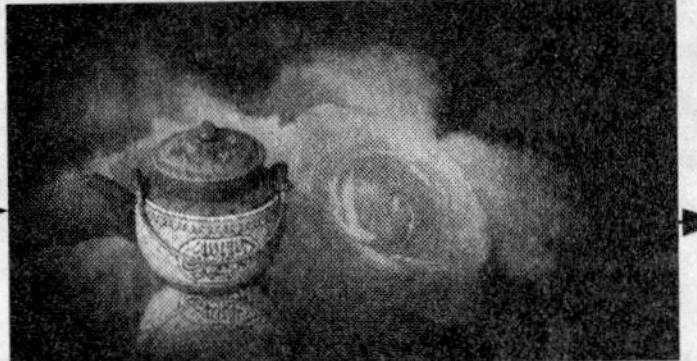

② 制作投影

③ 输入文字

图 16-4 制作茶楼户外广告的操作思路

16.1.4 制作过程

制作本例的具体操作如下。

❶ 选择【文件】→【新建】命令，打开“新建”对话框，设置文件名称为“户外广告”，“宽度”和“高度”为 15cm × 8cm，其余参数设置如图 16-5 所示。

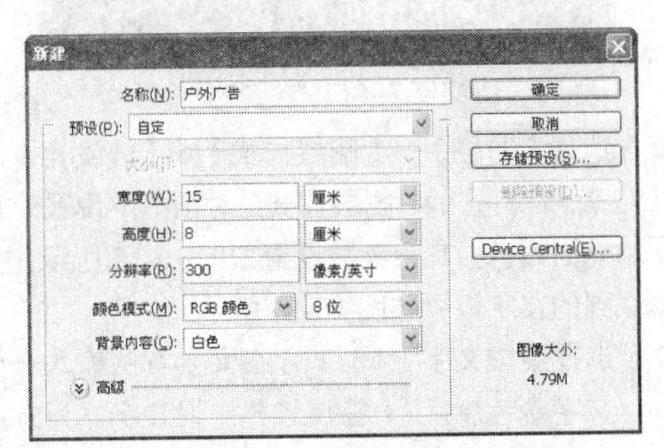

图 16-5 新建文件

❷ 打开“牡丹.jpg”素材图像，使用移动工具 将其拖动到当前编辑的文件中，按【Ctrl + T】组合键调整大小，使图像布满整个画面，如图 16-6 所示。

图 16-6 调整图像大小

❸ 选择【图像】→【调整】→【亮度/对比度】命令，在打开的“亮度/对比度”对话框中设置亮度为-30，如图 16-7 所示，单击 确定 按钮后得到的图像效果如图 16-8 所示。

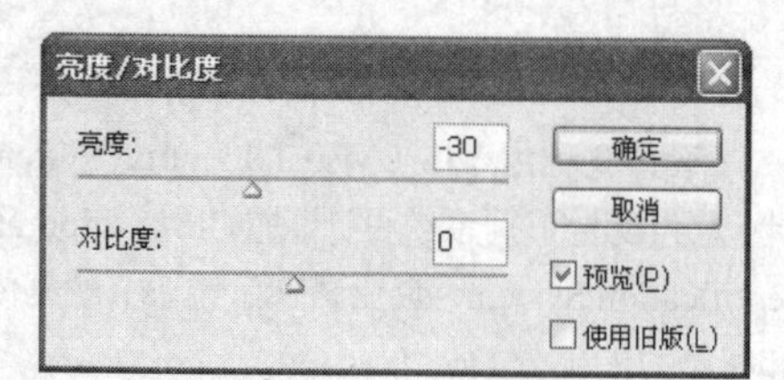

图 16-7 调整图像亮度

❹ 新建一个图层，选择椭圆选框工具 ，在属性栏中设置羽化值为 50，如图 16-9 所示，然后在画面中创建一个椭圆选区，选择【选择】→【反向】命令后为选区填充黑色，如图 16-10 所示。

图 16-8 调整后的图像效果

❺ 打开“茶壶.psd”素材图像，将其拖动到当前编辑的图像中，适当调整大小后复制一次该对象，进行垂直翻转，放到茶壶图像下方，如图 16-11 所示。

图 16-9 设置羽化值

图 16-10 填充选区颜色

图 16-11 复制对象

❻ 为复制的茶壶图像添加图层蒙版，如图 16-12 所示，使用画笔工具 遮盖下部分图像，得到投影效果，如图 16-13 所示。

图 16-12 添加图层蒙版

图 16-13 制作投影

❼ 选择工具箱中的横排文字工具 T，在属性栏中设置字体为文鼎中行书繁，颜色为暗红色（R46，G2，B1），输入文字后效果如图 16-14 所示。

图 16-14 输入文字

❽ 选择【图层】→【图层样式】→【外发光】命令，在打开的“图层样式”对话框中设置外发光为白色，其余参数设置如图 16-15 所示，得到的文字效果如图 16-16 所示。

❾ 选择竖排文字工具 IT，在文字右侧输入一行文字“老茶馆”，在属性栏中设置字体为方正小标宋体，填充颜色为暗红色（R46，G2，B1），

效果如图 16-17 所示。

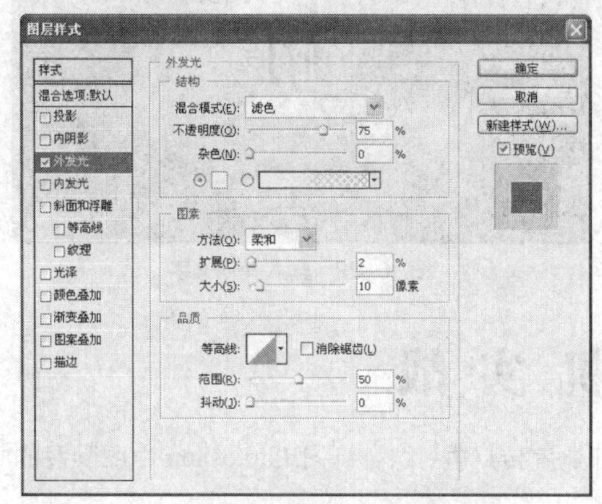

图 16-15　设置外发光参数

图 16-16　文字效果

图 16-17　输入文字

❿ 选择【图层】→【图层样式】→【描边】命令，在打开的“图层样式”对话框中设置描边颜色为淡黄色（R255，G243，B206），其余参数设置如图 16-18 所示，得到的文字效果如图 16-19 所示。

⓫ 选择竖排文字工具 T，在老茶馆左右两侧再输入几行英文文字，同样填充为暗红色，文字效果如图 16-20 所示。

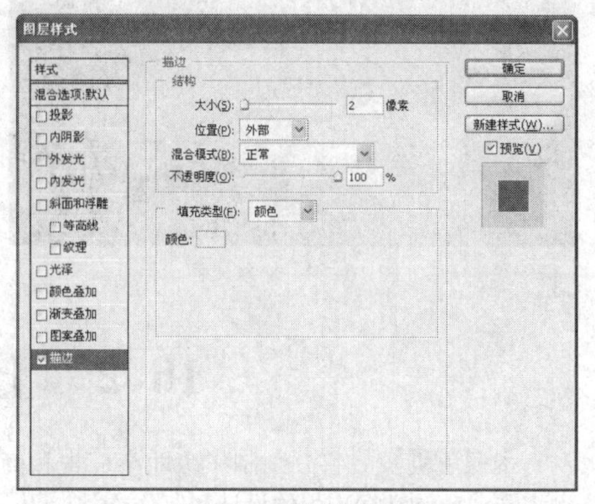

图 16-18　设置描边参数

图 16-19　文字效果

图 16-20　输入英文文字

⓬ 分别为这些文字应用“描边”图层样式，设置描边颜色为淡黄色，得到的效果如图 16-21 所示。

⓭ 在画面右侧分别输入几行介绍性文字，填充为白色，完成本实例的制作，如图 16-22 所示。

图 16-21　输入文字

图 16-22　输入其他文字

16.2　上 机 实 战

本课上机实战将分别制作房地产广告和商场开业宣传广告，综合练习 Photoshop 中所学习的知识点，熟练掌握广告的设计和制作方法。

上机目标：

◎　掌握 Photoshop 中各项命令和功能的操作；

◎　掌握画面设计中颜色和文字等元素的搭配。

建议上机学时：4 学时。

16.2.1　制作房地产广告

1. 实例目标

本实例将设计制作一个房地产形象广告，图像效果如图 16-23 所示。形象广告需要体现出楼盘的特色，以及给人的舒适度，所以以卷轴为主要图像，最后加以文字和背景颜色的修饰，让整个画面更加生动、漂亮。

2. 操作思路

制作本实例主要手绘卷轴图像，然后在上面添加素材图像，并通过调整图层混合模式完成。根据上面的实例目标，本例的操作思路如图 16-24 所示。

图 16-23　房地产形象广告效果

① 绘制卷轴图像

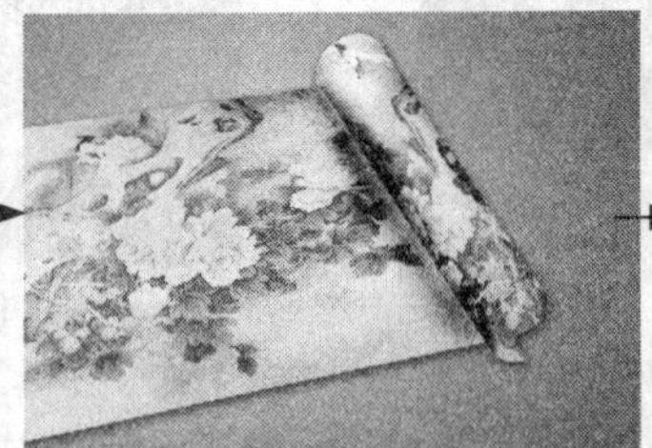

② 添加素材图像

③ 添加文字

图 16-24　制作房地产形象广告的操作思路

制作本例的具体操作如下。

❶ 新建一个图像文件，使用渐变工具为背景图像做射线渐变填充，设置颜色为土黄色（R124，G87，B41）到浅黄色（R232，G224，B175）。

❷ 新建一个图层，选择钢笔工具绘制出卷轴

的基本外形，使用渐变工具对其做渐变填充。

❸ 选择画笔工具在卷轴中添加淡黄色和深黄色，使画轴更加具有立体感。

❹ 选择【图层】→【图层样式】→【投影】命令，打开“图层样式”对话框，为其添加黑色投影。

❺ 打开素材图像，放到卷轴中，使用加深工具对部分图像做加深处理，然后设置该图层的混合模式为“正片叠底”。

❻ 选择横排文字工具T，在画面中输入文字，完成实例的制作。

16.2.2 商场开业宣传广告

1. 实例目标

本实例将制作一个商场开业的宣传广告，图像效果如图 16-25 所示。制作本实例需要结合了 Photoshop 中多种工具和命令，所以必须要求对软件操作非常熟练。

图 16-25 商场开业广告

2. 操作思路

本实例中首先融合了多种素材图像，组合成一幅喜庆的画面，然后绘制其他图像和文字。根据上面的实例目标，本例的操作思路如图 16-26 所示。

① 添加素材图像

② 绘制花纹图形

③ 输入文字

图 16-26 制作商场开业广告的操作思路

制作本例的具体操作如下。

❶ 新建一个图像文件，使用渐变工具为画面做线性渐变填充，设置颜色为红色到深红色。

❷ 打开素材图像“门.psd”、“飘带.psd”、“灯笼.psd”和“龙柱子.psd”，分别将其放到画面中，并适当调整图像大小。

❸ 选择钢笔工具绘制画面中间的花纹图形，转换路径为选区后，做橘黄色线性渐变填充。

❹ 选择横排文字工具T，在画面中输入文字，并为文字添加“斜面和浮雕”、“渐变叠加”等图层样式。

16.3 常见疑难解析

问：在设计一个广告画面时，怎样搭配颜色会更加好看呢？

答：色彩搭配的一个基本原则，就是较强或较突出的色彩用得不要多，用少量较强的色彩来与较淡的色彩搭配显得很生动、很活泼，但如果搭配比例反过来，会使人产生压迫感。同一色彩使用的面积大或小，效果也会有很大差异。

问：制作一个广告一般需要多长时间呢？

答：一个成功的广告，往往在制作之前就需要收集许多资料，在脑海中勾勒出草图，经过反复推敲，再运用软件绘制出来，然后对颜色、素材图形、文字等要素进行反复调整，所以只要有时间，可以慢慢地制作广告画面。

16.4 课后练习

（1）新建一个图像文件，使用钢笔工具、文字工具制作一张个人名片。

（2）制作一个茶叶形象宣传广告，首先为背景填充淡黄色，然后使用画笔工具，调整多种笔触，绘制出背景中的河流、渔夫等图像，最后调用茶碗素材，绘制花纹图像，输入文字，再做适当的调整即可，如图 16-27 所示。

图 16-27　茶叶形象宣传广告

附录
项目实训

为了培养学生使用 Photoshop 进行图像处理和平面设计与制作的能力，本书共设置了 5 个项目实训，对应 5 个设计作品，分别围绕“标志制作”、“海报设计”、 “封面设计”、“宣传单制作”和“户外广告”这 5 个主题展开，各个项目都来源于实际工作中，具有一定的专业性和代表性。通过实训，学生能将所学的软件理论知识灵活应用于设计与制作的实际工作，提高独立完成设计任务的能力，增强就业竞争力。

实训 1　标志设计

【实训目的】

通过实训掌握Photoshop在企业形象设计中的应用，具体要求及实训目的如下。

◎ 为一家运动馆设计标志，要求设计要富有创造性，标志中的外形特征具有易认性，标志的整体识别性强。

◎ 了解企业形象设计的内容与要求，重点掌握企业标志的构成元素和特点等。

◎ 熟练掌握钢笔工具、形状工具、椭圆选区工具和文字工具的使用。

【实训参考效果】

本次标志设计的参考效果如下图所示，学生还可在标志设计基础上制作出名片、员工吊牌、员工服饰等企业形象设计内容。

【实训参考内容】

1. 创意与构思：在了解标志相关知识的基础上，结合企业特点进行构思，如本例参考效果的设计主题是以变形奔跑的人物代表运动的意念。

标志

2. 制作过程：先使用钢笔工具绘制类似人物运动的形状，再使用圆形工具绘制一个圆环，填充颜色后，在圆环中添加文字。

实训 2　能源公益海报制作

【实训目的】

通过实训掌握Photoshop在海报制作中的应用，具体要求及实训目的如下。

◎ 要求以地球为呼吁对象，体现节约资源的意义，制作一则能源公益海报；

◎ 了解海报的分类、海报的表现形式、海报的组成元素和海报的设计要求；

◎ 熟练掌握移动和复制图像操作；

◎ 熟练掌握钢笔工具、魔棒工具、文字工具和“去色”命令等。

【实训参考效果】

本次实训制作的海报参考效果如下图所示，相关素材提供在本书配套光盘中。

【实训参考内容】

1. 创意与构思：本例以地球和金币为主要对象，制作一个节约能源、减少浪费的公益广告。其中地球代表我们生活的环境，左侧的地球吐露金币，代表能源的浪费，环境的日益恶劣，而右侧的地球用一只手作为衬托，则代表节约能源从每个人做起。

2. 制作海报背景：使用渐变工具为图像应用径向渐变填充，设置颜色从绿色到淡绿色。

能源公益海报效果

3. 制作主题图像效果：将“地球”和“金币”图像调入新建图像窗口中并进行组合。

4. 为海报添加相关的文字元素。

实训3　旅游书封面设计

【实训目的】

通过实训掌握Photoshop在书籍封面设计方面的应用，具体要求及实训目的如下。

◎ 了解书籍装帧设计的组成、封面设计的要点、书籍封面的尺寸，以及封面、封底和书脊的分割方法；

◎ 熟练掌握使用标尺和参照线确定封面、书脊和封底的位置的方法；

◎ 熟练掌握矩形选框工具、画笔工具、文字工具、图层样式和自定形状工具的使用。

【实训参考效果】

本次实训的平面展开图和最终立体效果的参考效果如下图所示，相关素材提供在本书配套光盘中。

旅游书籍封面的展开效果图

【实训参考内容】

1．上网搜索资料：了解书籍装帧设计的概念、要求以及书籍装帧的各组成部分。

2．准备素材：搜集与旅游书籍封面设计相关的文字、图像等素材。

3．制作封面：新建一个图像窗口，使用标尺和参照线确定好封面、书脊和封底的位置，添加封面上的文字元素和图形装饰，要注意构图的方法。

4．制作封底：根据封面来制作封底，添加相关文字元素。

5．制作书脊。

实训4　折页宣传单制作

【实训目的】

通过实训掌握 Photoshop 在宣传单设计方面的应用，具体要求及实训目的如下。

◎ 要求宣传单的宽度和高度分别为 15 厘米和 22 厘米，一共 3 页，相关的产品图片已提供了素材，整体设计要体现产品的特点和珠宝文化内涵；

◎ 了解什么是折页宣传单，掌握宣传单的设计要点与构图方法；

◎ 熟练掌握渐变工具的使用方法；

◎ 熟练掌握使用文字工具添加和编辑美术文本的方法。

【实训参考效果】

本次实训的折页宣传单的参考效果如下图所示，相关素材提供在本书配套光盘中。

【实训参考内容】

1．查看产品和资料：认真查看提供的产品素材，从产品名称、包装样式和产品介绍等内容上总结产品的特点，获取相关产品信息，为创意构思作好准备。

2．制作第 1 页宣传单：新建图像窗口后调入产品图片，再加上准备好的背景底图即可。

3．制作第 2 页宣传单：调入相关文字资料，再运用准备好的素材进行装饰，再对画面文字进行排版，处理文字标题等。

4．制作第 3 页宣传单：输入相关文字介绍，调入相关素材，再运用文字工具和选框工具处理细节即可。

第 1 页

第 2 页

第 3 页

实训 5　户外广告制作

【实训目的】

通过实训掌握 Photoshop 在户外广告设计方面的应用，具体要求及实训目的如下。

◎ 要求为某房地产制作的户外广告，要求以大气、简洁的画面来吸引路人；

◎ 了解什么是户外广告、户外广告的分类和户外广告的设计准则等行业知识；

◎ 熟练掌握使用钢笔工具和变换图像操作进行绘图的技巧；

◎ 熟练掌握文字工具、矩形选框工具、渐变工具和光照效果滤镜的应用。

【实训参考效果】

本次实训的户外广告参考效果如下图所示，相关素材提供在本书配套光盘中。

房地产户外广告效果

【实训参考内容】

1．创意分析：本例以橘红色为主色调可以给人一种刺激的视觉效果，从而引人注目。其经典部分则是画面中大量空白背景，给人一种大气的感觉。

2．制作广告画面：新建相应图像大小后，运用钢笔工具将画面划分为弧形区域两部分，左侧填充线形纹理，然后导入产品图像和人物素材等进行编辑。

3．编辑人物和灯柱：调入人物和灯柱素材图片，运用变换操作进行编辑。

4．添加文本：为制作好的画面添加文本。

5．绘制路牌柱：使用矩形选框工具和渐变工具绘制路牌柱，将画面拼合到路牌柱。